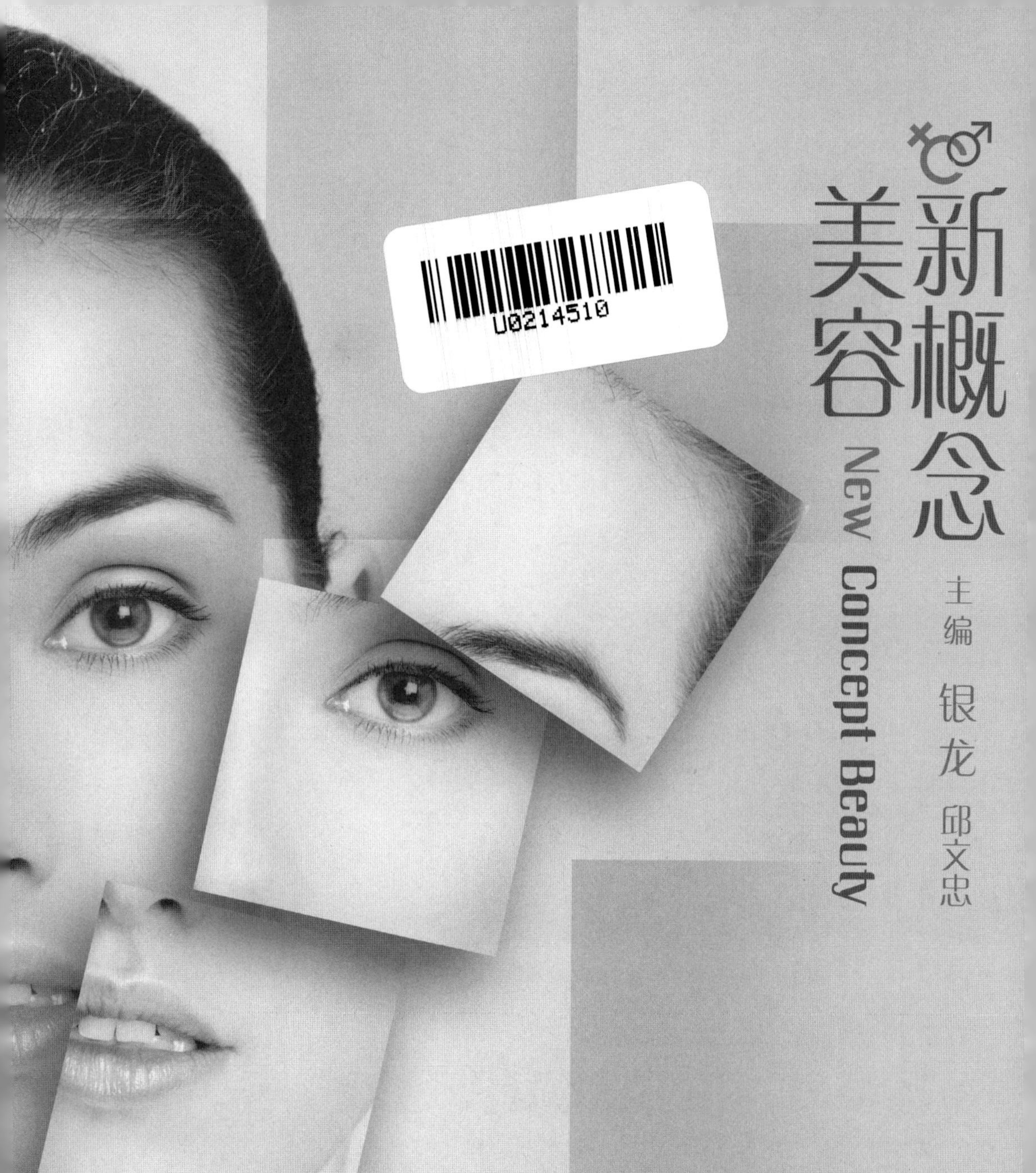

美容新概念

New Concept Beauty

主编 银龙 邱文忠

SPM 南方出版传媒
广东科技出版社｜全国优秀出版社
·广州·

图书在版编目（CIP）数据

新概念美容／银龙，邱文忠主编．—广州：广东科技出版社，2019.4
ISBN 978-7-5359-7059-6

Ⅰ．①新…　Ⅱ．①银…　②邱…　Ⅲ．①美容－基本知识　Ⅳ．①TS974.1

中国版本图书馆CIP数据核字（2019）第026202号

新概念美容
New Concept Beauty

责任编辑：方　敏　李　莎
封面设计：小　鹿
医学绘图：Vicky
责任校对：冯思婧　谭　曦
责任印制：彭海波
出版发行：广东科技出版社
（广州市环市东路水荫路11号　邮政编码：510075）
http：//www.gdstp.com.cn
E-mail：gdkjyxb@gdstp.com.cn（营销中心）
E-mail：gdkjzbb@gdstp.com.cn（编务室）
经　销：广东新华发行集团股份有限公司
排　版：友间文化
印　刷：佛山市浩文彩色印刷有限公司
（佛山市南海区狮山科技工业园A区　邮政编码：528225）
规　格：787mm×1 092mm　1/16　印张21　字数450千
版　次：2019年4月第1版
2019年4月第1次印刷
定　价：98.00元

新概念
美容
New Concept
Beauty

编委

为了清朗的
美容世界

当今时代，美容行业的发展可谓日新月异，你要是足不出户一年半载，当再次回归现实之中，会惊讶一切都变化太快了：美容院店铺林立，美容项目升级换代，美容技术的发展更是让人觉得不可思议。

美丽是女人一生所追求的目标，为了美丽而消费的观念如今也被越来越多的人认可和推崇。然而，美容并不会立竿见影，所以很多人在进行了几次美容项目后就大发感言说没有效果。

近年来，整容失败的个案开始不断涌现，浮肿的、凹陷的、诱发癌症的、毁容的、矫形失败的……虽然整容失败并不是什么天灾人祸，可以到正规医院进行治疗，但绝大多数的医院只会采取保守治疗。然而，美容或者整容失败的人绝不会就此罢休，他们一心想要留住青春和美丽，最后大多都找上了我们。让我们这些私家医生哭笑不得的是，这些美容失败案例，因仪器使用不当的占16%、乱用荷尔蒙的占45%、外科创口愈合失败的占20%、盲目康复训练的占8%、滥用药物的占6%、旁门左道的占5%，这仅仅是大数据下的简单分类，还有一些诱发癌症的失败案例就更复杂了。

出于对生命的尊重，我们集结了医学美容领域的医生，联合香港中文大学、南方医科大学，对海峡两岸及香港、澳门地区的美容行业进行了为期三年的调查研究，从医学的角度出发，分析美容技术和美容潮流。得出的结论令人惊讶，现行的美容技术当中有50%以上在原理上不会产生任何效果，30%左右是连原理都无法成立的，90%的美容概念依然停留在20世纪末，只不过换了一种新的视角和说法，本质上并没有多大改变。

我们针对上述现象，在保证生命质量的基础上对医学美容提出一种全新的美容标准，以便于爱美人士在面对五花八门的美容项目时，能确切知道哪些项目真正适合自己。

我们在收集材料的时候遇上了不少这样的个案：

一个女孩在进入一家美容医院的网站时，信息自动被一家名为“CZ”的化妆品有限公司记录。这家公司的一位美容顾问直接通过电话和这个女孩搭讪，说自己公司的美容护肤产品绝对可以解决她脸上的痘痘问题，以此诱惑女孩购买了一套4000元的产品。

女孩把产品套装买回去用了三天，美容顾问就打电话来询问使用情况，方式是在网络上通过照片判断她的皮肤状况，完成沟通以后，这个所谓的美容顾问认为4000元的产品套装效果有点慢，声称和其他顾问经过讨论，制订了两套专属方案，A方案贵但效果快，B方案便宜但效果慢。

女孩出于经济原因肯定会选择B方案，于是又把一个8000元的套装买了回去，两三天后，顾问又通过顾客新反馈的照片说产品的吸收情况没有达到预期效果，需要较贵的20000元C方案配合，否则原有的B方案无效。女孩被迫把C方案的产品买了回去，又用了两三天，顾问又通过新的照片判定皮肤的问题要通过身体排毒的D方案来应对，否则原有的B、C 方案都无效。

周而复始以后，女孩的几万元钱全部用完，并且跟顾问说不打算再用其他方案，一段时间之后，顾问意识到无法再从女孩身上骗取更多的钱，便声称女孩的皮肤和身体问题自己无能为力，需要更高级的顾问来解决。后来，女孩才意识到所谓的高级顾问也是用同样的套路——旧方案解决不了的问题需要用新方案来解决，否则所有旧方案都无效。

至此，女孩已经被骗取了40000多元，且因为是电话交易、口头“承诺”，没有任何书面证明文件，所以无法向相关部门投诉。

女孩把所有用过的美容产品拿去专业的检验中心做化验，被告知所有产品中的有效成分都是微量，其余都是水。例如，一个产品中含祛痘因子，虽真的有这个因子，不过比例是0.02%，稀释到几乎没有。国家产品安全检验的标准不是规定这个产品中的祛痘因子所占比例，而是规定这个产品中有没有祛痘因子，以及这个产品有没有副作用。

用水来美容肯定不会有任何副作用，现在很多美容公司就是钻了国家产品安全检验的漏洞来算计顾客，而顾客又无从申辩，因为效果这东西因人而异，没法说得清楚。

根据我们的随访调查，现在的电信营销中，这样的事例约占5%，也就是一百次交易当中就存在五次这种现象，但这只是保守估计，也许有更高的比例。

还有一种更令人深恶痛绝的现象。很多所谓的美容顾问会让顾客马上买产品，而且马上用产品，只要顾客一交钱，产品马上开封，不管产品有没有效果，一概不退，顾客只能吃哑巴亏。所以美容行业很混乱，不仅有不少投机取巧的营销方式在扰乱，而且美容技术和美容产品也不能轻易被鉴定，所以要以医学技术为基础重新研发新的美容技术，同时结合相应的理念才能使美容在营销的助力下走得更长远。

我们也曾经私下调查过几家在内地声名鹊起的美容公司，有韩国人开的，有台湾人开的，有港澳人开的，也有内地人开的，他们引入美容技术只有一个目的——圈钱，从来没有真正为爱美人士着想。最离谱的要数某家美容养生公司，他们甚至连技术都不引进，只是把一些很普通的电热毯包装成神乎其神的“高科技能量毯”，把很便宜的酵素包装成能治病和美容的“活泉”，还堆砌理论来为自己的产品和技术支撑，招募一群营销“高手”，让他们找无知的人进行销售，不管使用了产品后效果如何，总是往自己的脸上贴金，稍好一点就是自家产品的功劳，稍差一点就是使用者自己的问题。

以上不良现象完全是因为美容技术的滞后而造成的，等美容技术提升，所有人都知道美容技术和美容产品的优劣之后，美容界也就没有那么多的欺骗了。

美容业是为装饰生命而存在的一个行业，让我们携手努力，给生命一个单纯的美容，还美容界一个朗朗乾坤。

新概念
美容
New Concept
Beauty

目录

Contents

新概念
美容
New Concept
Beauty

Chapter 1 你所不知道的美容
——美容的定义

真正的美人是什么样的？

明眸皓齿是三等，语笑嫣然是二等，气质美如兰、绝世而独立则是一等。

一等美人只要往那一站，不需要说一句话，光靠举手投足、一笑一颦，便能轻而易举成为全场的焦点。

别人的美容冲着脸蛋去做文章，我们的美容则直奔人性而去。

三流的美容是让脸蛋变得漂亮，二流的美容是让整个人变得漂亮，一流的美容则是让整个人的气质都变得漂亮，这就是美容档次的区分。现在，我们提出一个更高的要求：最好的美容是让人的生命变得更漂亮，让所有经过美容的人随时随地散发出自己独特的气质和魅力。

最开始，人们美容的观念都是以面部美容为主，不管是祛斑、除皱，还是美白、抗衰，都是为了让自己变得更漂亮。后来，人们发现了一个定律：与人距离在10米之内，别人欣赏的是你的身段；距离在1米之内，别人欣赏的是你的容貌；而如果距离是0米，由于人的视觉受限，对方能感受到的就只有你的气质了。

现在的美容项目大多围绕“脸部+身体”美容做文章，于是有了瘦身、纤体、提拉等各种各样的身体塑形项目，然后是排毒、消脂、腺体修复等。

然而，无论美容技术发展到什么阶段，美容师采取什么样的手法，美容产品设计师研发出哪些新产品，美容都有一个共同点：只知道顾客做了美容之后看起来怎么样，却忽略了顾客做了美容之后，其家人和朋友会怎么看。

美容院有不少这样的故事：一个已婚妇女来到美容院，想要做能吸引老公注意的美容项目，美容师为她选取了最适合的脸部美容套餐，操作结束后，她满心欢喜地离开了。过了一段时间，已婚妇女满脸忧愁地来到美容院，告诉美容师那个脸部项目似乎作用不大，因为在晚上关灯睡觉时，老公摸到的是她身上的赘肉。于是，美容师又为她挑选了最佳的纤体塑形套餐，已婚妇女再次满意地离开了美容院。然而又过了一段时间，已婚妇女又很苦恼地来到美容院，告诉美容师她老公嫌自己的胸不够大。

现实生活中，类似的故事每天都在不断地上演。

“女为悦己者容”，这个道理亘古不变。为了让自己变得更加美丽，不少女人费尽心思，不断花费时间和金钱去装扮自己，于是才有了美容业的诞生和蓬勃发展。但是，一个棘手的问题摆在面前：什么样的美容才会令人满意？

因为无穷尽的欲望，人们对于自身的美容效果不会完全满意，或者把评判的标准放在别人身上。面对顾客的吹毛求疵，美容业只有不断地研发出更多新的技术，才能尽量满足其意愿。当技术受到局限的时候，就会出现盲目美容的现象。

无论是女人还是男人，都有着爱美的天性，从最原始的脸上图纹，到后来通过各种饰品来装扮自己……人类的美容史已经延续了数千年。美容技术和美容产品不断更新换代，既是历史的必然，也是人性的必然。二十岁的青涩，三十岁的成熟，四十岁的风韵，五十岁的优雅，六十岁的自在……每个年龄段都有每个年龄段的美容需求。

爱美之心人皆有之，虽说美容是绝大多数女人的专利，但也有不少男人为之着迷。清洁、补水、保湿、美白、嫩肤、抗皱、祛斑等都是最基础的美容步骤，大部分女士都懂，但只有10%的男士会略懂。

这些都是美容永恒的主题，即便人类历史再延续数万年，只要人类没有丧失爱美的本能，美容基本都不会脱离这些主题。

影响白皙肤质的原因不外乎就是晒伤、外界的污染、皮肤自身的老化，以及表皮的疤痕。要想保持皮肤美白，就要避免在太阳底下暴晒，夏日的海滩、山顶都是需要禁足的地方，还要经常保持皮肤清洁干爽，保证室内环境通风透气，剩下的就是进行适当运动了。

皮肤学的生物医学研究报告指出，人的皮肤颜色，遗传是相当关键的因素。如果你的爷爷、奶奶、公外、外婆四个人中，有一个是北欧人，不管是丹麦、瑞典、挪威或者是芬兰、冰岛，反正只要是经常生活在温带大陆性气候地区，这样你的皮肤就有一种抗黑色素沉淀的因子，无论怎么晒都只会红，而不会出现黝黑的状态，一旦脱离了紫外线的照射，那么你的皮肤就很容易恢复原有的白皙。可是，如果你的祖辈当中，有一个或几个来自非洲大草原，或者南美洲的热带地区，那么你的皮肤只要一晒就会呈现黑色，而且不容易产生褪黑现象。如果欧洲、非洲的血统都具备了，那么美容对你而言是多余的，因为不管怎么做都不会改变。

血统是没法改变的，只有不断强化皮肤的生理代谢循环，让皮肤的黑色素循环代谢功能发挥到极致，才可以让皮肤保持相对白皙的状态。所以，皮肤的美白产品更多是冲着黑色素循环去做文章。比如有很多产品加入了微量荷尔蒙（英文名hormone，源于希腊文，译为激素，即“激活”），让表皮变得有活性，黑色素就会重新被吸收或者转化为毛囊的组成成分。后来，人们发现激素很容易变异，那么美容产品的制造商就用活性酶或者质酸系列代替激素，让表皮的每一个细胞都“包裹”上一层薄薄的“细胞膜”，这样即便产生黑色素沉淀，也不容易看见。当然，还有掩耳盗铃的做法，就是用大量的酸二甲类和尿囊素的混合物，使皮肤产生“刷白”的现象，这等同装修房子时把外墙用油漆粉刷的面子工程。

除了对抗黑色素，还有以下让皮肤美白的正规办法。

（1）经常泡有浓厚海藻成分的水，让维生素B和纤维素去滋养整个皮肤结构，若能每天泡上半个小时，黑色素就没法在表皮沉淀。

（2）经常泡火山岩石的温泉，因为火山岩石里能产生大量的磁化现象，可替换皮肤中的黑色素，配合温泉中的矿物质，经过浸泡，皮肤细胞会出现凝胶的状态，皮肤会变得很有光泽。

（3）只要皮肤不过敏，可以经常用玫瑰花瓣泡澡，一个成年人每次至少要放500克以上。此外，还可以用茅根、野菊花、蛇花草替代，都是利用了植物中花青素的美白作用。

（4）至于护肤用品，可选择的就更多了，除了要求一整天都嫩白之外，短暂的美白效果根本不是什么技术性难题。

（5）还有一种方式，就是什么都不做，让皮肤自然而然地恢复到白皙的状态。这种做法不是不可以，但首先要满足两个条件：一是要到北欧居住，二是祖辈们都不是非洲血统。

影响皮肤的水嫩，除了皮肤的老化，还有外界的污染，不过这些都是现代人无法避免的。现在，除了新生儿，没有多少人的皮肤能呈现出一种水嫩的状态，只要是脱离了婴儿期，皮肤就会一直处于磨损和消耗的状态。

拥有像婴儿般的水嫩肌肤，是每个女人的梦想。然而，不管美容技术如何发展，这个梦想永远无法实现。但是，如果你的皮肤时刻保持光滑洁净，那么看上去就可以很水嫩。

如果只是要求一般的嫩肤，延缓皮肤的衰老，这个不怎么苛刻的要求倒是可以满足，因为令皮肤短暂性嫩滑的办法有很多。一般的美容院里，嫩肤的套装应该是数不胜数，但如果把产品拿去化验，所有产品当中，80%以上是纯净水，5%左右是胶原，剩下的就是让表层皮肤张开的化学用品。有点良心的生产商会用温和不伤皮肤的化学用品，要是无良商家，那就只能自求多福了。

日常生活中，让皮肤呈现水嫩状态的办法有很多。

（1）不要有太大的情绪反应。每天早上用纯净水拍打脸部（脸部表皮可吸收3mL水分）。

（2）夏天要做好防晒措施，避免在太阳底下暴晒，经常到阴凉处活动一下，保持通风透气很重要。

（3）不要经常加班熬夜，睡觉前不要喝太多水，日常饮食要清淡。

（4）激烈运动过后，应稍微补充生理盐水。行房后，最好用浓度为5%的盐分泡澡，可避免角质层的水分流失。

皮肤出现皱褶是最正常不过的现象，人有喜、怒、哀、乐的情绪变化，脸部肌肉会因表情变化而产生运动，运动过后，就一定会在表皮上留下痕迹。运动多了，痕迹也就加深了，于是就产生了皱纹。

去除皱纹的确要下一些功夫，注意以下几点。

（1）不能有太极端的表情变化，光是这点就很考验人的毅力。

（2）每隔3～5天就对脸部做一次香薰，让脸部感受到温热的熏蒸，从而促进脸部皱褶处的血液循环。

（3）每天晚上睡觉前可对脸部进行一些按摩，如果没有什么应酬交际，晚上不应化妆。

需要说明的是，上述方法并不能祛除皱纹，只能减缓皱纹出现的速度。

皮肤的滋养不在于抹了多少护肤品，再名贵、再好的美容产品，

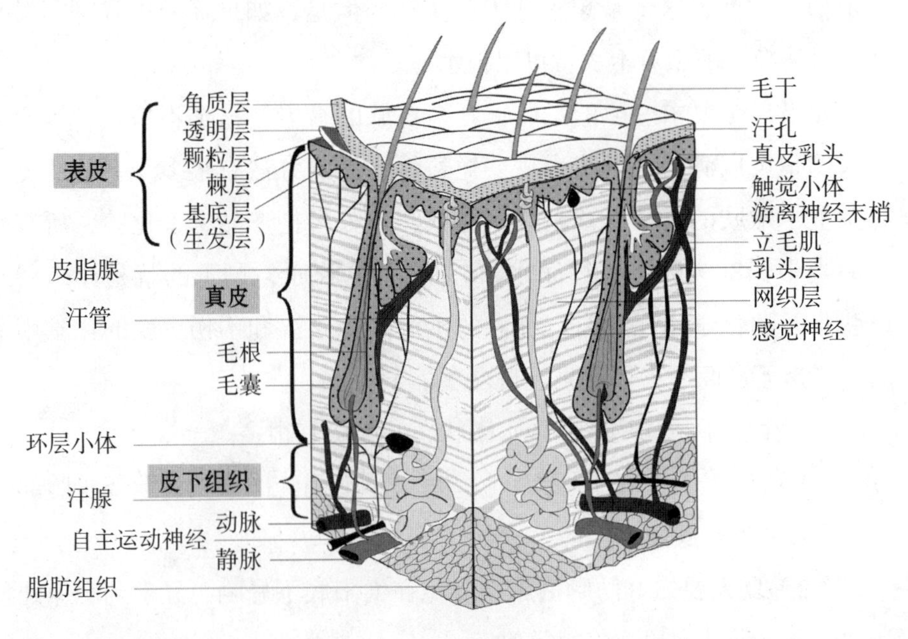

皮肤结构图

护肤效果也只是暂时的。人体皮肤有固定的代谢周期，表皮角质层一般在160小时（约一周）内会更新一次。如果角质层没有被代谢，看上去就好像饱经风霜的岩石层裂开一样。皮肤的滋养，应该是从最里面的基底层、棘细胞层（也称棘层）、颗粒层、透明层到最外面的角质层所进行的一系列滋养。

一般的护肤品只作用于表皮层，很少能深入到真皮层当中，完全到达皮下组织就更不可能，只有极少数高端的纳米渗入技术可以做到。

药物、烟酒、熬夜、过度劳累、营养不良、内分泌失调、饮食过于辛辣、性生活不协调等，这些都是皮肤无法得到滋养的因素。从另一个角度看，拥有传说中羊脂白雪般的肌肤是每个女人的梦想，然而，一般人是很难做到的。

那么，能否通过饮食让皮肤变得水润且富有光泽呢？我们根据对清代宫廷膳食材料的研究，向大家介绍以下几个食疗方。

01 西瓜皮甜品汤

【材料】西瓜皮600克（除去瓤、籽和西瓜翠衣），百花蜜50克，南杏仁20粒，清水1000毫升。

【做法】西瓜皮洗净后切碎，南杏仁磨碎，两者与百花蜜、清水一同放入锅里，大火烧开，改小火煮30分钟。

【功效】西瓜皮中所含的瓜氨酸能减轻身体水肿，促进伤口愈合和人体皮肤的新陈代谢。百花蜜富含硫胺素，加热后会释放出大量的钾、硫胺素，两者和南杏仁的醇腈酶合成以后，强化了瓜氨酸对血液的作用，代谢掉血液中多余的杂质，让身体达到完美状态。

【特点】每周一次，是不错的保健甜品，尤其适合本身比较容易水肿，却又无法有效改善的女性。另外，糖尿病的女性患者也可以通过这种方式来降低体内的血糖。

02 当归椰子炖乌鸡

【材料】乌鸡1只，椰子1个，红枣10个，当归50克，生姜片100克，高粱酒适量。

【做法】乌鸡洗净，去除内脏、脂肪，洗净斩块。椰子去壳，削去黑皮，破开倒出椰汁，椰肉切小块。红枣洗净。将所有材料同放入炖盅内，加适量清水，隔水炖4小时，煮好汤后加入少许高粱酒，下盐调味。

【功效】乌鸡的鸡肉蛋白与椰子肉都是能去腺体的杂质，是女性滋养的首选，红枣和当归能合成棕榈酸，活化皮下细胞的吸收能力。高粱酒可促使棕榈酸快速进入血液。

【特点】此汤能补血行气，滋阴降火，适合所有人。每4～5天喝一次，可以使皮肤的细胞有源源不断的供养，确保皮肤经常处于红润状态，而且不容易磨损。但血气旺盛的女性应减少饮用量，否则会很容易出现面部潮红。

03 天麻胡椒炖鱼头

【材料】新鲜鱼头1个（500克以上），天麻130克，胡椒100克，鸽子肾10副。

【做法】鱼头去鳃，洗净斩块。鸽子肾剖开，去除污秽，洗净。将所有材料同放入炖盅内，加适量清水，隔水炖6小时。汤好后下盐调味。

【功效】新鲜的鱼头和鸽子肾都是富含胶原蛋白的物质，而且它们的胶原容易被分解后让人体吸收，天麻、胡椒的作用是让血液亢奋起来，快速吸收胶原，这些各个腺体管和血管都变得柔性，就不会产生不良的硬化。最开始这个方是用来治头疼，其实就是给血管更多的增加胶原，让头部血液更顺畅。其实禽类的肾脏都有很多胶原，但鸽子肾比较容易分解，同时所含有的微量元素也少，不会“上火”。

【特点】此汤适合25岁以上人群，每月喝一次，能有效补充皮肤的胶原蛋白，可保持皮肤的弹性，比较适合经常出差的女性。但鸽子肾这种材料不太好找。

04 冰糖莲子炖燕窝

【材料】上好燕盏1个，白莲（去芯）10枚，冰糖20克。

【做法】莲子洗净。燕窝用清水浸发，洗净杂质。将所有材料同放入炖盅内，加入适量清水，隔水炖3小时。

【功效】燕窝胶原丰富，和莲子透过慢火炖，两种物质慢慢融合，就会产生出一种黄酮类的生物碱，使外周血管扩张，这样女人的腺体减轻很多负担，那滋润度就更容易呈现。炖3个小时才会产生物质性融合。

【特点】此汤能润燥、滋阴、清热，适合没有重大妇科疾病的人群。每十天喝一次，可维持皮脂腺滋润度，保证皮肤的粉嫩状态，比较适合体弱多病，要经常吃药的女性。

05 雪梨甘蔗炖雪莲

【材料】天山雪莲花瓣400瓣，雪梨肉400克，甘蔗汁800克。

【做法】将雪莲花瓣洗净，与其他材料同放入炖盅内，隔水炖2小时。

【功效】天山雪莲能释放出强悍的生物碱，让血液中受损的细胞获取修复能力，所以向来都是治疗的良方。甘蔗汁和雪梨经过慢火熬煮，就会融合生成一种多糖类的营养素，释放出天门冬氨酸、谷氨酸、丝氨酸、丙氨酸、缬氨酸、亮氨酸，是维持一个人的健康生态的重要因素。

【特点】野生雪莲极其稀有，价格十分昂贵。其具有通经活血、散寒除湿、排毒、抗衰老等作用。此汤适合所有人，每月喝一次，可让皮肤尽快恢复原有的弹性，达到很好的抗衰老效果。

正常情况下，我们每天都要对皮肤进行适当护理。如果希望达到美白或者抗衰老的效果，可以采取以下程序：

（1）洗脸。清洁是最重要的基础护理，其作用是清除皮肤表面多余的油脂、污垢、细菌、脱落的角质，促进护肤品的吸收。不过，“做好清洁”不等于“拼命清洁”。我们提倡清洁的原则是“充分且适度”。

（2）拍爽肤水。脸部皮肤的清爽就意味着表皮毛孔的打开，可以吸收更多滋润皮肤的营养。

（3）用护肤精华。护肤更多是修复损伤皮肤，还有滋润已经处于半受损状态的皮肤细胞。

（4）涂抹眼霜（或者啫喱）、乳液（或者乳霜）。在皮肤得到保护的基础上，再让脸部焦点位置更显光泽。

（5）在上述基础上进行防晒或者隔离。完成对脸部的保护措施。

护肤的程序可以复杂，也可以简单。在资讯发达的网络时代，每个人都可以有自己的护肤方法和主张，但总的原则是要切实符合皮肤的需要，让自己真正感到舒服。

如果情况紧急，必须在半个小时内让自己的肤色变得红润有光泽，我们也推荐一种应急润肤模式。

（1）用温水洗去脸上的污垢、油脂，如果天气超级炎热就直接洗澡。

（2）擦干脸部以后，用3个鸡蛋的蛋清和1个苹果的果肉搅拌，弄出来的蛋白苹果糊均匀地涂抹在自己的脸上，再用喷雾式蒸汽让脸部的温度提升。

（3）10分钟后，把已经风干的蛋白苹果糊清理掉，再涂上少许润肤乳。

这一方法是根据皮肤的生化原理。当皮肤去除污垢和油脂，同时身体体温上升的时候，对蛋白的吸收最容易，而当吸收的蛋白混合一定比例的果酸，就会让皮肤在短时间内变得相当紧致。当蛋白和果酸渗透以后，真皮层中的微循环进入了亢奋状态，整个脸就会呈现出一种红润的状态，再加入温和的润肤乳，脸上必定呈现出光泽。

这种做法真的只是应急使用，因为3~6小时后，皮肤因为自然的代谢会把所有蛋白和果酸全部代谢掉，原来的脸色会暴露无遗。这有点像童话故事中的灰姑娘，到了固定时间就会被毫不留情地打回原形。

美容其实并不复杂，复杂的只是人们对美的刻意追求。女人都希望自己天生丽质，拥有姣好的面容、白嫩的肌肤，奢望若干年之后，还能拥有年少时的容颜，就算青春不再，也依然希望皮肤能水嫩、光泽、有弹性，没有太多的皱纹、色斑或痘痘。这种几近疯狂的要求，促使很多女人在选择美容产品的时候陷入了盲目的状态。

护肤品的品牌选购更是崇洋媚外，即使是外国的大品牌也要货比三家，比较哪个国家的技术更高、精、尖，看哪个牌子的效果更好、价格更昂贵，能用日本的就不用韩国的，能用欧美的就不用亚洲的……然而，现实却很残酷，不少女人在用了一大堆所谓的顶级护肤品之后，皮肤的状况还是没有得到多少明显的改善，更有甚者，皮肤比之前变得更糟糕了。

为什么会出现这种情况呢？其实，“1+1=2”这个定律是不会出现在美容护肤品的累积使用上的，因为各种美容护肤品在生产的时候并不是为了相互搭配使用，更多的是成分之间的相互排斥，例如美白产品的焦点就只在于美白，对于美白过后用户会不会使用其他的去皱产品，产品的生产厂商根本不会考虑。

这样会出现什么样的结果？那就是在使用了多种美容产品以后，脸部的肌肤会出现各式各样的脂肪粒，这是由于不同的蛋白质相互拮抗所致。

短期内频繁更换美容护肤品，脸部会出现莫名的痒痛，这是因为美容护肤品中的微量元素沉淀过多，抑制了皮肤的免疫反应。长期使用高浓度的美容产品后会产生色素沉淀，脸部肌肤会变得蜡黄，因为皮肤的真皮层已经失去了自我修复的能力。

出现这种情况该怎么办？如何让肌肤的免疫水平和修复能力恢复到正常的状态？在这里，我们给大家介绍有一种相对简单的办法。

【材料】500克的甘蔗渣（榨完汁后的甘蔗），100克薄荷，20克白醋。

【做法】把甘蔗渣放入1000毫升的清水里，煮沸，加入薄荷和白醋，等水温降至30℃左右，脸部皮肤可以接受时，擦洗脸部。

【功效】利用蔗糖醇和薄荷醇的融合，以及醋酸的渗透，把表皮的杂质清洗掉，以减轻表皮的负担，这样有利于皮肤的循环和免疫的恢复。

【特点】凡是皮肤的阵发性红肿或者发痒都可以应对，但如果皮肤是持续性红肿或者发痒则没有太大的效果。

简单、直接、有效的护肤方法，为大家所喜闻乐见，同时一定会以这三个标准来要求美容业的技术。为此，我们提出一个全新的美容概念。

Chapter 2 美丽还能延续多久
——美容的发展

美容业要想持续发展，不仅要有新的思维、新的观念，更要有新的技术、新的营销模式，这样才能在多元的社会中赢得生存空间。

现代生活节奏很快，随着人们的要求不断提升以及网络的便利，传统的美容方式已经逐渐失去了竞争的地位。美容业要想持续发展，不仅要有新的思维、新的观念，更要有新的技术、新的营销模式，这样才能在多元的社会中赢得生存空间。

传统的美容都是把操作的重点放在脸部，而现代的美容已经把重点放在身体上，要知道，没有健康的身体，是不可能有美丽的容貌的，病怏怏的身体实在无法让人产生欣赏的欲望。林黛玉的柔弱美已经算是另类，别人所欣赏的就剩下她那份气质了。试想一下，一个女人，奄奄一息地躺在床上，即便拥有倾世的容颜又怎样，别人眼里更多的是怜悯惋惜，而绝非喜爱。

女人天生爱美丽，古代有女子为了瘦腰拼命减肥而落得严重营养不良，为了走路风姿摇曳就把脚裹得变了形……为美而疯狂的事例比比皆是。所以，现代很多缺乏医学基础理论的美容方式反而被大部分女人接受，比如注射性的针剂美容，燃烧脂肪的激光美容，操作师根本没有医学资质，但大部分女人仍愿意尝试，就是因为她们被爱美的欲望冲昏了头脑。对于美的追求，大多数女人都是盲目的，所以才有了现代医学健康美容这一提倡。

美容=危险?

美容是不是冒险？很多女人经常忽略了这个问题。

当今世界，科学技术日新月异，越来越多先进的医疗技术被应用到了美容业中。然而，不少投机商为了节约成本，竟不顾后果地使用劣质产品，其行为令人发指。令人费解的是，女性依然能不顾一切地砸钱尝试，估计也就是图一时的效果。然而，作息正常、没有太大压力、饮食均衡的女性，无论做什么美容项目，做完之后和原来的样子是没有多少差别的。有些美容项目，看似很好，但只要它在医学的理论上说不通或者很牵强，都是没有效果的，如果硬说有也只能是女性自己的心理效果。

根据WHO（世界卫生组织）2016年对女性美容的报告，只要同时满足作息正常、饮食均衡、没有压力这三个条件，基本就是最好的美容，但只有0.25%的女人能清醒地认同这个观点。

什么人需要美容？这个问题几乎会得到所有女人异口同声地回答：我要美容！

但是，当问她们具体需要什么样的美容时，估计大多数女人是一无所知。其实，不是她们无知，而是她们对世界的认识相当感性，往往把别人的审美标准用在自己身上，所以才会对隆胸、纤体、整容等一系列高风险的美容项目趋之若鹜。女人在乎的往往不是我怎么样，而是我在别人的眼里怎么样。

国外曾经进行过一个有趣的街头实验：一大群人故意化妆成各种职业人群，他们在街头专门称赞那些身材肥胖的女人，不管那些女人有没有化妆。其结果就是，所有路过的被称赞的女人都显得相当有自信，同时立刻去购买化妆品，完全不理会那些化妆品是原装货还是“山寨”货。

这个实验告诉我们，女人装扮不是为了自己，而是为了能从别人身上获得赞誉。很多美容院都忽略了女性这个特性，往往只是迁就女性自身的需求，其结果就是女性不太满意美容院的美容项目。其实，并非女人挑剔，而是她身边那一群人挑剔，所以，现在的美容不是针对一个人进行，而是根据她的另一半或者她身边的一群人进行。

健康的美容才是这个时代所需要的，系统的美容才是根本，随便在脸上涂抹一些东西，或者对脸部进行简单护理仅属于居家美容，没必要去美容院。随着网络不断发达，一个指令从手机上发出去，二十分钟内就会有一个美容师带着全副家当出现在你家门口。而20世纪80年代时开一家美容院，美容师坐等顾客上门，根据顾客的要求进行相关项目的选择和调整，这样的美容不管是从成本还是从产品的角度而言，都已经永远地成为过去。

美容院的寿命还剩下多少

进入21世纪，人们的要求明显上了档次，特别是医学教育进入平民百姓当中后，大部分人都或多或少地知道，不能盲目地美容，要会衡量各种美容项目的后果。面对会比较、懂原理的精明消费者群体，二十世纪八九十年代兴起的美容院注定没有生命力。

美容院要继续生存下去仍然有较大难度，原因如下：

（1）美容技术已经在不断地革新，还是那句话“稍稍落后，你就挨穷”，必须“人无我有，人有我优，人优我精”，但这样非常消耗成本，没有雄厚经济支撑的美容院注定无法在激烈的竞争当中生存下去。

（2）医学美容已经大面积地进入美容界，它有更严谨的操作规范和效果检验标准，无法弄虚作假。而传统的美容院要转型，聘请专业美容师的高成本无疑是巨大的压力。

（3）全方位美容逐渐取代了面部美容，无论是产品、技术还是人员素质，都加入了很多苛刻的要求，传统美容在未来可能会逐渐被淘汰。

（4）随着资讯网络的发展，顾客群体很容易就能知道什么美容好，什么美容不好，优劣比较在网上一搜便全部知道。一旦出现负面效果，美容院将面临致命打击。

如果传统美容院不复存在，人们面临的下一个问题就是：找谁美容?

在家里自己美容，成本是降低了，但总觉得没人伺候，有点不尽兴，而且什么步骤都得亲力亲为，肯定很费神。

若是在网上找一个美容师，成本是低，且足不出户就有人上门服务。但是，网络式的上门美容服务，一直都是安全系数很低的。

若是到一家高级会所，成本肯定没法降下去，而且那是贵族的圈子，再怎么土豪都无法融入。

若是到美容医院，则是整套流水化操作，但美容医院不能预测人流量，即便开设预约项目，按照档期来排，很多人也没有耐性等。况且到一家美容医院做面部护理显然是大材小用，完全没有必要。

有了上述高不成低不就的情况，才有了美容院的生存空间。倘若在法制很健全、资讯很发达的国家，在网上找美容师就足够了，例如美国；如果整体消费水平都处于高档次，大可以进入高档会所，小会所则基本用于叙旧和聊天，例如欧洲发达地区。

即便现在美容院能存在，也只是钻了美容业界的空档，要是没有赚钱的美容项目支撑，它也活不下去。所以，现在没有名牌产品支撑的美容院里几乎都是巧立名目，各式各样的脸部美容和身体美容，或者请所谓的大师、专家坐镇，有点苟延残喘的感觉。其实，真正好的美容产品怎么用都是好的，无须所谓的大师、专家吹得天花乱坠。

以中国现状而言，美容院的生存空间是越来越狭小，中小型的美容院肯定会被网络美容替代，大型的美容院必须走高端顾客路线，随便一个美容项目都必须在指定数额以上，因为成本是没法降低的。美容业的前景必须依赖美容业从业人员的专业化，以及美容师素质的提升。

严格来说，美容师和医生的作用接近，只是美容师的操作基础不需要像医生那么高端。但是二者都是面对着人体去进行操作，一个人好了没有，内脏被医生做了什么调理，没有多少人能看出来，只要这个人恢复到原来的正常状态，那基本上都是医生的功劳。美容师技术的高超与否则立竿见影，因为脸部操作完毕，是好是坏，是娇嫩还是干涩，是光滑还是起皱，对着镜子一照便知。

美容师的水平没法骗人，因为有没有效果，事实就摆在眼前。但是，天底下没有多少个功底深厚的美容师，一般的美容师都是十八九岁的小女生，学一学脸部的操作手法，会用面霜、精华，操作一下仪器，懂得跟客人讲述少许原理，训练一两个月就可以出师了，当然具有危险性的针剂美容和高端仪器还需要半年以上的实习才可以。经验丰富的美容师非常难找，因为哪个项目赚钱，美容师的兴趣和爱好便在哪里。很多美容师甚至不是把精力花在美容技术上，而是花在恭维和讨好顾客上，反正把顾客哄得开开心心，用一些没有危险的产品，就足以赚钱了。所以，美容师的整体素质和技能水平在短时间内无法得到明显提升。

对于美容，女人永远都需要，因为很少有人会对自己的容貌感到满意，丑的想变美，美的想变更美。即便美容院已经不太靠谱，对于现代的女性来说，美容院更多是消遣娱乐的地方，而那些美容功底一般的美容师几乎成了半个心理咨询师。美容业要持续发展，剩下的就是美容技术的不断改进，以及更多美容项目的更新、组合。

如果是脸部美容项目的各种组合，则以美白、嫩肤、去皱纹为主要核心，再加上消除皱纹、除疤祛痘、拉皮去眼袋等附加项目，来来去去也就是那么十几个。

如果是身体和脸部的美容，那项目的数量就多十几倍，全身美白、全身去脂、全身润肤等，但凡身体显露的部位，都可以拿来做文章，而且仪器还不少。脸部占一个人整体面积的1/20，能操作的部位也就是两个手掌的大小，所以脸部美容项目的局限性太大。身体就不一样了，而且针对私隐部位的项目就更多了。现在的美容院为了生存，重点从胸部、臀部、阴部这三个部分大做文章，脸部的项目反倒成了附送品。

女人“事业线”的美容

外在美不仅仅是脸蛋，身段和胸部都是重要的因素。如果你要夸奖一个女人，就说她身材凹凸有致，她肯定会心花怒放；如果你想折磨一个女人，就说她是“太平公主”，保证她满脸愁容。

胸部是最能凸显女人优势的特质之一，拥有一对完美双D罩杯的胸部是不少女人梦寐以求的。然而，从来没有做过任何整形，胸部完全是天生丽质的，只是少数。大多数女人因为先天或者后天的各种原因，胸部曲线总是存在这样或那样的遗憾。

胸部美容就是丰胸、美胸、挺拔，高难度一点就是增大、隆胸、润色等。经过改造的胸部也许更加具有诱惑力。

以前传统的观点是“一白遮三丑”，现在流行的论调似乎变为“一胸霸天下”。为了拥有靓丽的“事业线”，不少职场女性前赴后继。

传说中有这样一个很老套的故事。

一个富翁要娶一个老婆，结果有四个美女来竞争。富翁出了一道题，就是不管用什么方式，哪个美女能用某样东西把一个房间填满，她就能成为富翁的妻子，也就是亿万富婆。

第一个美女用了很多气球，塞满了大半个房间；第二个美女用了很多棉花，也塞满了大半个房间；第三个美女用了香料，结果整个房间都飘逸着阵阵芬芳；第四个美女则点亮了一支蜡烛，结果把整个房间都照亮了。

富翁最后选了谁？他直接选了第四个美女，即身材最完美的那个。

在某些庸俗男人的审美眼光里，女人身材玲珑有致最重要，而胸部无疑是最大的审美焦点。100米以外还没法看清脸部的时候，胸部曲线的优势就已经凸显出来了。

传说木瓜炖水鱼可以丰胸，让胸部变得圆润饱满，那一段时间没有熟透的木瓜也要摘下来，野生水鱼几乎面临灭顶之灾。由此可以想象，不少女性对于丰胸不是一般的执着。

现在的丰胸项目其实更多的是乳房脂肪的活跃、乳房中腺管的膨胀，以及把胶原通过乳房的皮肤渗透到乳房皮下脂肪层，也就是让乳房的皮肤厚起来。当然最直接的办法还是把硅胶直接填充进乳房当中，不过外科手术的伤痛是难以避免的，但是在女人要美不要命的原则下，这种伤痛也是可以忍受的。

我们所说的隆胸，是通过应用质量优良和大小适应的乳房假体植入胸大肌下，以增加乳房体积，改善乳房外形和对称性而改善手感的方法。隆胸的方法很多，比较常用的方法有硅胶囊假体植入、自体真皮—脂肪组织筋膜瓣游离移植、带蒂的真皮脂肪瓣充填植入、背阔肌真皮复合组织岛状瓣植入、腹直肌的真皮脂肪肌肉瓣转移等。

各种丰胸美容的危险系数

丰胸美容手段	危险度	成功率
硅胶囊假体植入	12.5%	85%以上
自体真皮—脂肪组织筋膜瓣游离移植	22%	90%
带蒂的真皮脂肪瓣充填植入	30%	75%左右
背阔肌真皮复合组织岛状瓣植入	26%	接近60%
腹直肌的真皮脂肪肌肉瓣转移	35%	70%

数据来源：美国美容职业工会2003—2013年对美容手术的统计调查。

危险系数最低的填充硅胶有一个弊端，因为它损伤了部分乳腺管，并且乳房假体在胸大肌下，给孩子哺乳时，乳腺管肯定第一个倒霉，婴儿吸不够母乳倒是其次，万一假体发生渗漏现象，或者被胸大肌周边的腺体吸收，再透过乳腺小叶管道由乳晕排泄，那么婴儿有4%左右的可能会喝到比三聚氰胺还糟糕的东西。当然，这也只是一个最不理想的假设。

比起填充硅胶假体，还有一种比较安全的方式，就是自体脂肪移植。把女士大腿或者肚腩上的脂肪抽取出来，这种方式说白了就是拆东墙补西墙，用的都是自身的东西，肯定不会被排斥，吸收也很快，完全弥补了填充硅胶的不足，就是对于操作人员的要求比较高，因为这完全是个技术活，要知道身体里面哪一部位的脂肪比较多，脂肪储存量如何，避开所有分泌腺管，把多余的脂肪抽取出来，然后注射在胸部。如果不熟悉身体各个生理解剖结构还真不容易，况且每个人身体上的脂肪量都不一样，这就有点考验操作者的医学功底了。

总之隆胸手术还是要寻求正规途径，否则还真会弄出人命，毕竟乳房下面就是心脏。

小屁屁也有大文章

臀部美容包括美臀、瘦臀、提臀，连带瘦腰减腰围，难度高一些的就是削臀、抽臀脂。

相比起胸部，臀部不见得太有比重，仅仅是因为女人很多时候都是把腰部和臀部联系在一起，但是臀部与腰部的比例是评判女人胖瘦的标准之一。特别是在中国，很多人把女人臀部宽大当作能生健康小孩的标志，虽然现代科学已经证明了这个观点不靠谱，但是很多人依然对此极为执着。

由于臀部肉厚，而且没有太多复杂的内外部结构，所以对于臀部的美容方式多种多样，甚至是在臀部纹上各种图案都没有问题，只要不伤及大腿内侧的大动脉和筋膜就行。

现在办公室的久坐族日益增多，因缺乏运动，所以久坐族的臀部越来越大；同时也因为没有运动，大腿皮脂腺越来越粗大，连带

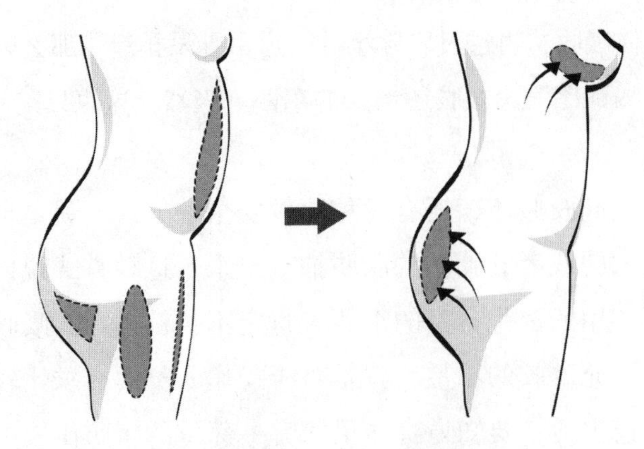
臀部脂肪转移示意图

臀部和大腿都变得肥大松弛，严重影响体形。很多女人不愿意穿紧身裤，就是因为一勒紧，臃肿的身材就会凸显出来，穿泳衣就更不敢想了。

瘦臀最直接的方式就是运动，跑步、跳远、爬山，只要是能让大腿交叉用力的活动都可以，每天能有30分钟这样的运动就足够了，这样就可以让屁股和大腿的皮脂腺尽快代谢和进行最大程度的脂肪燃烧。

要消除臀部脂肪就要经常保持提臀的状态。

让臀部提起来可能难度较大，因为臀部松弛除了脂肪积蓄、僵化外，还有皮肤松弛、韧带松弛的原因，尽管很多观点认为只要把臀部的皮肤提拉上去，臀部就自然挺起来了。这种皮肤提拉的观点已经过时，因为自肚脐以下、腹股沟以上的臀部位置，除基本骨骼外，脂肪占19%，肌肉占36%，表皮占18%，筋膜占11%，其余就是腺体组织和血管，如果只增加表面皮肤的紧致度，对于臀部的改造作用不大。

臀部的挺拔其实就是脂肪的减少、筋膜的增厚，而抽脂往往就是从臀部和大腿中把脂肪抽取出来，填入胸部。让臀部筋膜活跃化，可使双腿不断抖动，如果嫌坐着抖动的姿态不雅，大可以躺着，就是不要站着，因为站着抖动大腿，膝关节会很受累。至于把臀部变得白嫩，极少女人会有这个需求。

可以这么说，自体脂肪从臀部转移到胸部是丰胸美容手法中最成功的“乾坤大挪移”。

潮流的羞涩美容

现在中国内地的美容院，如果门前的招牌没有写上“生殖美容项目”这几个字，估计都不好意思继续在美容界混下去了。

现在中国境内的美容院，有1/3的美容项目是直接或间接地和生殖美容相关。为什么生殖美容现在能占据主导地位？人类最原始的两种本能当中，生殖就是其中一种，因而全世界的美容院当中，生殖美容必然拥有一席之地。

更重要的是，生殖美容是为了让身体对健康及衰老产生完善的预警机制。正如看到某个人一脸疲惫就知道他很疲倦，看到他脸部扭曲就清楚他身体有哪些不适。同样的道理，当生殖器外观出现瑕疵的时候，也代表着其身体内部已经出现了重大的问题。

一提及生殖美容，人们心里难免会有龌龊的想法。但我们想说的是，生殖美容不仅仅是为了两性之间的亲密关系而存在，更多是为了身体的健康而诞生。生殖美容在性开放的早期也不怎么流行，在日本最开始也不过是简单的操作，例如把阴毛梳理好或者剃掉。到了 21世纪，妇科疾病越来越多，而且人们的性观念也逐渐开放，不再羞于谈论床笫之事，也能正确对待两性生活，这个时候，生殖器的保养才有了真正的市场需求。

和脸部、胸部、臀部美容不一样，生殖美容在早期仍然是以保养为出发点，使得生殖器不至于出现难闻的气味、还能维持正常功能。事实上，生殖器是人体器官当中最复杂又最容易出现问题的部位，要真正做到美容，技术含量不会低。

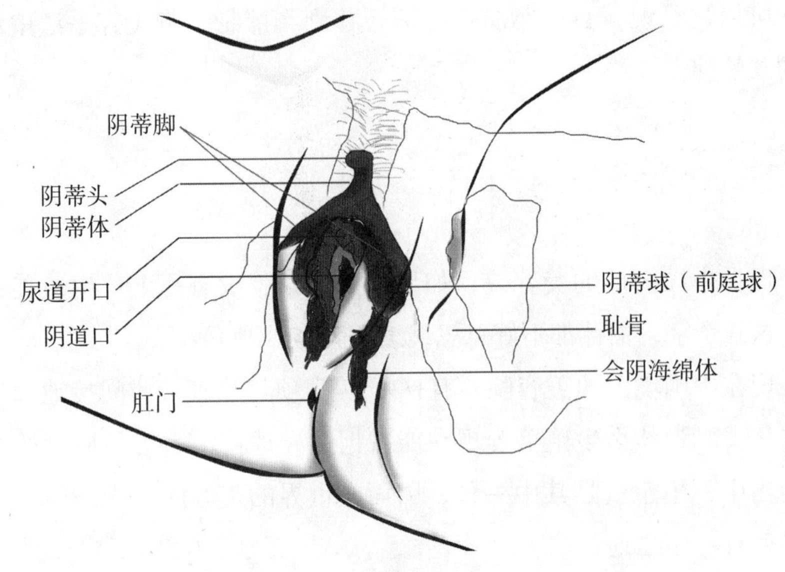

女性生殖器表里解剖图

上图仅仅是女性生殖器的外部结构，而生殖器的内部结构、腺体分泌结构、荷尔蒙搭配结构、筋膜结构以及脂肪结构配比等生理结构就更加复杂了。

为什么生殖器美容相当困难?

（1）生殖器集中了人体70%以上的腺体分泌终端，人类还没有懂得怎么判断动物健康与否的时候，都是下意识地去观察动物的屁股，屁股正常且没有异味，那动物本身就是健康的。生物的构造本性都是一样的，腺体终端分泌得好，身体本身就不会有什么问题。

（2）生殖器牵涉的腺体都很复杂，任何一个腺体出了问题，生殖器都会苦不堪言，所以美容操作师要熟悉人体生殖器的系统知识。

（3）生殖器的神经分布比重，在人体当中仅次于大脑，也就是一旦有什么刺激，立刻会有反应，所以生殖器美容的操作技巧也十分讲究。

（4）生殖器最大的作用就是繁衍，造物主让生殖器变得无比脆弱，稍有差错就会后患无穷。受牵连的不仅仅是自身，还有下一代的遗传。

（5）生殖美容的效果没有多少人可以同时见证，也就是个人的感

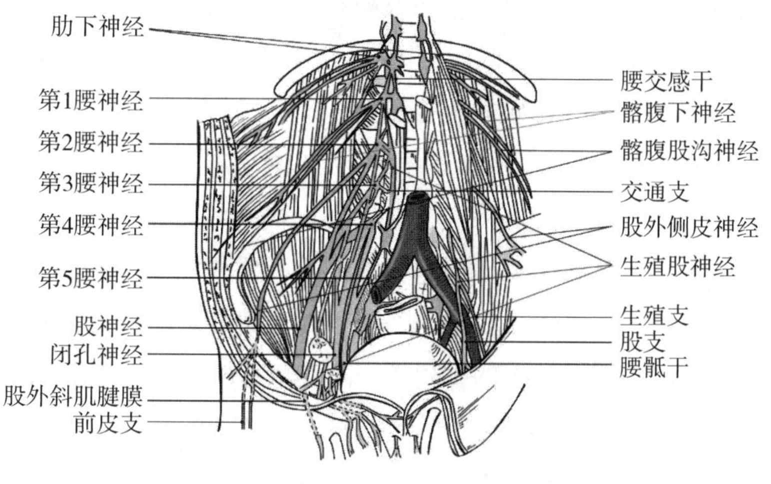

身体盆腔神经解剖图

觉以及最亲密的人才会知道，这样的审美结果不好评定。

生殖器这个领域，只有生理学和生殖学的专业人士才能涉足。而且效果只有自己知道，其他人一概不知，好与不好，谁说了算？

其实，人们普遍认为，生殖器更多是拿来“用”而不是拿来“看”的，而且都是围绕着“用”得怎样“舒适”来做文章，所以生殖美容更多是一种感受性的美容，你感觉好了，就是有效果；你感觉不太好，效果就一般。

因此，对于生殖美容，至今还没有一个成体系的标准，人们都是习惯性地将脸部的美容标准用在生殖器上，而且生殖器男女有别。

（1）白嫩或粉嫩，这只能是婴幼儿才有的现象，只要一过18岁，人体发育激素增加，生殖器表面会产生大量的色素沉淀，生殖器表皮会变得暗淡、黄褐、粗糙。当然，生殖器的内部更多的是黏膜组织，能保持原有的色泽已经很了不起了。

（2）有弹性和水嫩，这是腺体分泌正常的标准，但事实上没有几个人能达到这样的状态，人体摄取的激素过多，性生活频密或混乱，腺体分泌一定会产生异常，生殖美容在这一点上只能起到修复的作用。

（3）功能的强悍化，这是任何生物的期待，人也不会例外，男人都希望自己能“长期植树”，女人则希望自己能“海纳百川”。不管男女双方的期待如何，也要考虑个体心血管的状态。

（4）改善缺陷，比如生殖器太小的男人，他想增大；生殖器不饱满的女人，她想丰满起来。满足这两样也有技术，就是皮脂腺改造，与此同时也有一定的风险，特别是男人，弄不好很容易致残。

生殖美容要做到极致，与人们的生活习惯和营养代谢密切相关，一个长期熬夜、饮食不定时的人，再怎么对其生殖器做美容或保养都是白费劲，因为腺体枯竭的生殖器一定是气味难闻、色素混浊、毛发乱长，外表再怎么光鲜都没用。

生殖美容的操作方式更是千奇百怪，激光、火疗、水疗、石疗等都可以，只要感觉好、没有副作用，绝对大受欢迎。

胸部、臀部这两个部位的美容都做到位了，一个女人就完美了吗？这只能说她的身段完美，或者说她自我感觉完美，在30米外看她还是可以的，但并不意味着她能变得倾国倾城。一个女人想要通过美容让自己变得美丽，还需要借助各种美容手段。

Chapter 3
从头到脚要美丽
——身体各部位的美容

细长的柳眉，秀挺的瑶鼻，如画的眉眼，如玉脂般的肌肤，一顾倾人城，再顾倾人国。

每个女孩，都有个精致的梦，这个不难理解。

爱美之心，人皆有之。总有人在变美的道路上一往无前。发型、脸蛋、身体、体态、打扮，样样追求完美，力求即便没有相机的滤镜加持，素面朝天也能拥有360° 无死角的盛世美颜。

什么是大美女呢？大家都觉得美的，比如大眼睛，高鼻梁，巴掌脸，符合世俗标准审美的，那只是美女。

又符合标准，又超出想象的，只有造物主能生出来，整容医生想象不出来的，充满力量和个性的，那是大美女。

然而，传统意义上的标准美人，世间难得几个。如何保持终身美丽，更是个艰难的命题。若非天生丽质难自弃，很少人的美是一蹴而就的。多半是出身环境与后天际遇，最终历练和塑造了一个人。

美丽，需要时间打磨，更需要用心呵护。

最头顶的风景——秀发

东方人的头发乌黑，西方人的金黄、淡红……这是人种之间的差异，不管是什么人种，头发的标准不外乎五个：柔亮、顺滑、弹性、色泽一致、无分叉。

仔细留意所有选美大赛上的参赛选手，胜出的都是头发柔顺，头发不管长短，最重要的是与脸型协调，让脸型被衬托得更自然。

美容当然也包括头发护理，毕竟头皮是人体的最顶端，因为运动的关系，头皮得到的血氧是最少的，所以头皮容易发麻，产生各种缺氧现象。头发、头皮容易脱落是一个不争的事实，要把营养补充到头发上。

要把头发保养好，首先就是做倒立的动作，让聚集在下肢的血液尽快回流到心脏，并在肺部加速更新，使得流向头部的血液不断带来新鲜的氧气和营养。

头发清洁整齐，无污垢、头屑，这是个人生活习惯养成的。如果临时抱佛脚，随便到街上的发廊里梳洗一下也就可以了，洗发水和护发素，只要不是山寨货就好。

头发自然有光泽，有弹性，环境因素很重要。例如，在挖煤矿的地方，谁的头发都不可能有光泽，有弹性。

头发柔顺，无静电感，易于梳理，无分叉、断裂、打结，要想达到这个效果还真要费点心思。头发不可避免地接触空气，尤其是长时间的风吹日晒会让头发产生很多损伤，所以只能经常养护头发。

一个正常人，每天都会掉30～50根头发，一般是在梳头、拨弄头发，或者洗头的时候掉，如果要完全不掉发，那是绝不可能的事情，即便经常躺在床上，也会掉头发。

要头发色泽一致，最重要的就是不要染发，保持均衡的营养吸收，头发在60岁之前都可以保持原有的色泽，而60岁之后就要看营养能不能跟上。

要头发对外界有较好的抵抗能力，还真和基因脱离不了关系，根据世界卫生组织的报告，俄罗斯、德国、芬兰、瑞典、瑞士这五个国家的人发质最好，主要是因为他们长期要抗御寒冬，所以才让发质健壮起来。

要头发容易造型，而且造型持续时间较长，大可以用发胶或者头发定型剂，但这会造成发质损伤，有点得不偿失。头发还是自然比较好，如果非要保持某个头发造型，可以多用何首乌洗头，这样头发就会柔软而且相当有弹性。

使用护发素之类的美发产品，不会看到什么明显的效果，因为“护发”就是维护头发使用前的状态，如果一下子变差才是产品出了问题。

如果头发干枯打结，那就是营养缺少；

如果头发太油腻，那么就是个人的体质问题；

如果头发一下子变白，那肯定是内脏出了问题；

如果头发一下子掉了很多，不仅仅是秃顶，而且还很容易断裂，那肯定是中毒。

其实，养护头发有一个土方法，就是在每天晚上洗完头吹干以后，用普通的白兰地酒涂在头发上，然后再吹干。坚持一个月天天如此，那么头发就会长得浓密，但不可以让白头发变黑，因为头发变白是身体衰老的特征，无法用这种方法逆转。

头发的美容很早就有，即便是光头，一个月不洗，也会散发出一股难闻的油腻味道，所以才有了一开始的美容美发行业。只是现在头发美容关注的点范围越来越小，但依然不会消失。

人们对于头发美容，最头疼的不外乎头屑，更多都是从洗发水或者护发素上下手，极少有针对头发的疗程，所以才出现一个现象，就是以前的发廊逐渐向美容院转变，只有一些以理发为主的发廊还在坚持。

现在很多人都担心自己的发际线后移，或者出现“地中海”甚至秃头的现象。

根本原因有三个：第一个是滥用化妆品，使得头部微量元素积聚过度，破坏了毛囊的生长，因此头发也逐渐长不出来；第二个是经常在美容院里香薰和空调同时使用，产生一种物质叫三硫氧化碳，专门破坏人体的毛囊结构，让人体毛发不断脱落；第三个是精神压力大，促使头皮的供血不足，头发自然得不到养分而脱落。

美发研究出一个技术，就是把脑后的头发连毛囊一起拔出来，重新种植回掉发的地方。本质上是拆东墙补西墙，但这里有一个前提，就是恢复头皮的供养环境，才能让种植的头发重新获取养分，否则几天后依然是枯萎掉落。

要保持不掉发，经常做头部的按摩就足够，没有必要大费周章地植发，或者戴个假发更省事。

光是头发美，对于个人的魅力不会有太大的增值。头发只有在体型纤瘦的状态下，才会凸显出它本身的魅力所在。

附加颜值：★★★★

操作难度：★★

见效程度：★★★

提升颜值的关键——眉毛

人们对于眉毛很少会满意，因为总觉得好的眉毛才能衬得起一双眼睛，早在战国时期女人就有了画眉的习惯。好端端的眉毛被剃掉，然后重新画上一条新的，也没有别的重要原因，就是觉得原有的眉毛衬托不出眼睛的亮丽。

对眉毛的审美标准，从来就是“弯”和“秀”，所以现在才有了专业的纹眉美容专业，不过这事情有点接近画龙点睛，因为脸部能任意改动的只有三个位置，眉毛、眼睫毛，还有胡子，三者都是毛发，怎么改都不会对脸部伤筋动骨。画眉画得好，眼睛就可以被衬托出来，然后整个人就显得靓丽。要是谁把眉毛全剃掉，走在大街上肯定会被大家误认为是经过化疗的癌症患者。

看电视的时候，往往有很多脸部放大的镜头，哪些镜头让观众流连忘返呢？除了很有内涵的眼神外，就是秀气的眉毛会给人留下印象。

眉毛没有什么保养或者不保养的说法，觉得眉毛画得不好，把它抹掉重新画就可以了。

现在市场上的那些风水画眉大多是骗人的，眉毛如果能左右一个人的命运，那么它一定不会那么容易被剃掉或者改变。同理，如果眉毛能改变命运，那么与眉毛性质一样的头发、胡须、腋毛，甚至阴毛也是可以改变命运的，事实上，这些完全不可能。

眉毛只能作为眼睛的一种衬托，眼睛大，才能凸显出眉毛的秀丽。或者眼睛长得妩媚、有灵气，眉毛才显得重要，如果眼睛太小，眉毛太浓，整个人怎么看都是没有睡醒的状态，看看那些没有整容的韩国人就知道了。

大小眼、三角眼……要是眼睛长得不好，眉毛再怎么漂亮也不会有任何的魅力。

附加颜值：★★★

操作难度：★★★★

见效程度：★

放电的辅助动力——眼睫毛

眼睫毛的功能是保护眼睛，硬给眼睫毛做美容，90%会对眼睛造成损害。因此，对于眼睫毛顺其自然就好了，没有必要上色或者用其他方式去修改。

不是说眼睫毛没有审美价值，只是如果眼睛长得不好看，眼睫毛也很难提升颜值。

用假的眼睫毛装饰也是潮流之一，不过很讲究技术，因为5米之内看五官觉得眼睫毛还能把眼睛衬托得相当美丽；但0.5米之内看五官，假眼睫毛就暴露无遗。所以，很多假眼睫毛都是模特的专利，只可远观不可近看。

附加颜值：★

操作难度：★★★★★

见效程度：★

迷人的魅力——眼睛

一张脸能让人留下印象的，首先是眼睛，因为眼睛最容易吸引别人的焦点。明亮的眼睛不仅可以让一个女人的颜值提升不少，也可以让一个普通的小男生瞬间成为白马王子。

“眼睛是心灵的窗户”，都说眼睛会说话，它不仅藏着一个人的心事，而且是身体健康的密码。看眼睛，不仅看到一个人，还看出一个人的命，所以人类天生就懂得从眼睛当中感觉一个人的美丽与健康。

“明亮清澈”“妩媚动人”则是各有各的标准，没法说得清楚，都是根据个人的审美决定，只要两个眼睛之间的距离不要太宽，或者是明显的三角眼，或者眼睛周围布满皱纹，那么很多人都可以接受。

什么原因导致眼睛被丑化？

熊猫眼睛。也就是有黑眼圈，眼睛周围出现水肿性膨胀，看上去有种乌黑的感觉。

原因：肾功能不太好。

尽管引起眼部水肿、形成黑眼圈的情况很多，但就全身器官而言，通常肾功能不太好的人最容易出现眼部的水肿问题。中国传统医学认为，肾主水，是指肾具有主持全身水液代谢、维持体内水液平衡的作用，如果它出了问题，水肿会在全身各个部位发生，眼部水肿更为明显。

用错美容产品、吃错保健品、被人用拳头打了眼部都不会让眼睛持续成为熊猫眼，一定是体内的水分代谢出现问题才会这样。所以，疯狂使用美容产品或者乱吃保健品，并不能有效解决熊猫眼，唯一的途径只有多做运动，不要熬夜，作息规律，强化肾功能。

紧张的眼睛。也就是眼睑不由自主地经常抽动，让别人以为是很紧张，或者认为有什么不太好的预兆。

原因：压力太大。

当身体或心情感受到压力或者太疲劳的时候，神经会随之紧张以至于不能自主放松，在眼睛上的表现是一直眨眼、眼睑抽动、视力一阵阵模糊、畏光等。所以有的时候出现眼皮跳，不管是左眼皮跳还是右眼皮跳，其实都是太紧张、太疲劳的表现。

眼睛不管是左边跳还是右边跳，并不完全是喜事或者灾祸的先兆，别给自己无谓的心理暗示，以免自寻烦恼。

人在睡觉的时候，眼皮都会不由自主地跳动，大概每五分钟跳动3~4次。

浑浊的眼睛。别以为这是眼睛很深情的样子，这是可以从眼睛里拉出丝来，就是一种黏稠的白色丝状物质，与常用的胶水十分相似，眼角有时还痒痒的有一种胶水样物体，就好像潜到水里睁开眼睛一样。

原因：有过敏性结膜炎。

急性过敏性结膜炎，不仅和你的用眼卫生有关，还与眼睛的疲劳程度有关，你需要一瓶抗疲劳的眼药水帮忙。用了过期的眼部美容产品可能会出现这种现象，温和性的化学产品不慎掉在眼睛里也会这样。

眼睛浑浊可能看上去有点沧桑的美感，但这种美感还是不要为妙，毕竟是过敏性炎症，很可能会影响视力。

突出的眼睛。眼球突出，即俗话所说的金鱼眼。

原因：甲状腺机能亢进症。

甲状腺机能亢进症，简称甲亢，是指各种原因导致的甲状腺机能增高、分泌激素增多的一组内分泌疾病。除了眼睛突出外，还会伴随皮肤紧绷、食欲不振、腹胀便秘、关节不灵活、肌肉酸痛和精神不振等症状，应尽快就医。

专科医生才是解决突出眼睛的法宝，美容产品和营养素之类的一律无效。

流泪的眼睛。眼睛总是莫明地流眼泪，同时伴有眼部疲劳，时不时让你有一种昏昏欲睡的感觉，但你的脑海又相当清醒。

原因：你应该戴眼镜了。

其实，这更多是宅男宅女常有的现象，也有可能是近视或散光得不到及时矫正的结果，或者眼镜的度数应该调换了。当你想看清楚一个物体而又无法看清楚的时候，眼部自动的努力调节会让眼睛很累，出现干涩、酸、流眼泪等现象。

两眼变四眼，的确让人有点难以接受，不过现代的医学可以通过眼部眼膜削薄外科手术解决这个问题。如果眼科手术的医生医术高明一点，还可以借助这一个机会让你的眼睛变得更加美丽动人。

呆滞的眼睛。眼睛瞳孔时不时地扩大，特别是转头看别人的时候，让人觉得你没有精神。

原因：出现抑郁倾向，或有抑郁症。

瞳孔的动态变化与某些神经官能障碍精神病关系密切。抑郁症患者常表现出持久的瞳孔扩大，这种瞳孔扩大与大脑活动有关，抑郁症患者的选择性注意是受损的，这使得他们视线迟钝、目光呆滞，瞳孔扩大说明他们视野缩小。

“美人一回眸”就惹来倾国倾城的传说，但前提是这个美人的眼睛有神，不呆滞。

血色的眼睛。眼睛里结膜充血，不仅有很多红血丝，而且是整片都泛红。

原因：结膜炎。

眼白，医学上称为“巩膜”，正常的时候，上面覆盖着一层结膜，眼结膜的血管都是瘪着的，血管内并没有血液通过，呈现出洁净的瓷白色。但当遇到细菌、病毒等入侵时，红色的血液从四面八方蜂拥面至，巩膜也就红起来了，也就是结膜炎。

眼睛是人体全身上下唯一一个没有遮掩的地方，细菌、病毒时刻看准眼睛入侵，所以为什么眼睛痒痛过后，伤风感冒咳嗽接踵而至。不过造物主也给予眼睛充分的免疫功能，只要有点细菌或病毒，眼睛都会出现炎症，提醒身体该做抵抗的准备了。

干涩的眼睛。眼睛干燥，需要经常揉动眼睛，而且很多时候都可以从眼角掏出眼屎。

原因：眼睛使用过度。

眼睛干燥，与长时间的注视以及眨眼的次数减少有关，眨眼是一种保护性的神经反射作用，使泪水均匀地涂在角膜和结膜表面，以保持其润湿。正常人眨眼为10～20次/分钟，而由于长时间在电脑前工作、看电视，喝水顾不上不说，眨眼也顾不上了，眼睛就要罢工了，所以先是干燥。

眼睛干燥的时候，涂抹再多再好的保养品也是徒劳，它所需要的是休息，或者眺望远方。如果这时候用苹果、黄瓜或土豆洗净切薄片敷在眼睛上，眼周的皮肤就会被这些蔬果的果酸腐蚀而变得更糟糕。

异物的眼睛。就是眼睛的结膜粗糙，看上去好像有什么东西藏在眼睛里面。

原因：沙眼。

顾名思义，因患病的眼睑结膜粗糙不平，形似沙粒，所以叫“沙眼”。被沙眼病原体侵袭后，还会感到眼睛发涩、干燥磨痛、逆风流泪、睫毛倒长等，如不及时治疗，不仅会造成视力下降，严重时还会失明。注意眼部卫生是对沙眼的最好预防，像用手揉眼的不良习惯要改掉。这可不是开玩笑，例如添加了荧光剂的化妆品一旦在涂抹的过程中进入眼睛，那后果将不堪设想，这就是为什么很多人在干净的环境中居然也会患上沙眼。

苍白的眼睛。眼睛结膜苍白。

原因：贫血，要滋补。

从眼睑结膜（眼皮内面）的苍白，可以得知血液颜色较淡，进而推测是否有贫血。贫血大多和营养状况有关，不是营养不良就是偏食厌食。如果同时感到头晕乏力、气短头痛、腰酸、腿软，稍一活动就两眼冒金星，那是因为贫血而导致眼睛苍白，解决的办法不是冲着眼睛去，进补才是治疗贫血的好办法。

对于苍白的眼睛，别指望配戴隐形眼镜就能遮盖，结膜的苍白会凸显眼睛周围的皱纹，所以，这里才是保健品发挥作用之处。

痒痒的眼睛。眼睛突发性发痒，或者在睡眠中感觉有异物进入眼睛。

原因：敏感体质。

眼睛痒是很多眼部疾病的先兆，但是，如果没有其他伴随症状如眼睛发红、爱流眼泪、怕光，而只是干痒，那么很有可能是过敏体质的表现，同时伴随鼻痒、流清鼻涕、打喷嚏等鼻子过敏症状，脱离过敏源是最好的解决办法，洗澡可以缓解大多数过敏症状，选个好环境睡觉也是重要因素。

涂抹脸部护肤品的时候，多注意安全，或者闭上眼睛，别使用太多刺激性的含激素产品，特别是祛痘的护肤品，这些很容易让脸部皮肤变得敏感，甚至连眼睛也受到影响。

肮脏的眼睛。眼睛动不动就出现眼屎。

原因：上火。

如果只是眼屎多，而没有其他的眼部不适，有可能是“上火”了，是不是最近吃了太多油腻食物，而较少吃水果、蔬菜呢？如果同时出现舌苔发黄、增厚，还有大便干燥、怕热口干的情况，就更说明身体有内热，需要服用一些泻火药。

一般人经常只是把眼屎抹去，然后滴上几滴眼药水。其实没有必要，眼屎本身就是泪腺的排泄物，不是炎症，用眼药水只会降低眼睛的免疫力。

黑暗的眼睛。不是眼睛乌黑，而是眼睛有夜盲症。当黄昏降临的时候，眼睛也随之看不清楚东西，这就是夜盲症。患夜盲症的眼睛在晚上基本上是空洞的。

原因：缺乏维生素A。

夜盲症是体内缺乏维生素A而引起的。治疗的方法也很简便，多吃富含维生素A的食物就能有效改善，如蔬菜（胡萝卜、甜薯）、蛋类、牛奶、动物肝脏等；吃含维生素A补品鱼肝油等。美容产品对夜盲症作用不大。

眼睛的美容相当重要，因为眼睛占据面容颜值的80%。

要让眼睛美丽动人，除了要长得好看以外，还需要注意以下这些辅助性的美容方法。

常看绿色树木和草丛，它们能减少强光线对眼睛的刺激，缓解视觉疲劳，到山岭里到处走走也是一个不错的选择。

在电脑显示器旁放个台灯，分散的光源可以让眼睛感觉不那么累，台灯不要太耀眼，香薰灯就差不多了。

菊花有清热明目的功效，每日小酌几杯，可当养目的调养小药，但也不用天天拿来当水喝，毕竟菊花也是很寒凉的东西。

多眨眼睛，轻轻地、一下一下地眨，这是对眼睛的放松小操，也可以冲着心仪的异性做这个小动作。

坚持做眼保健操，是让你眼睛明亮动人的基础，我们都应该知道眼睛的魅力所在。

在办公桌上放一杯水来增加湿度，或者采用加湿器，湿润的空气对肌肤和眼睛都有好处。

附加颜值：★★★★★

操作难度：★★★★

见效程度：★★★★

侧面的风景——耳朵

耳朵是在脸部两侧，90%以上都不是对称的，只是看不出来而已，而且因为发型的关系，耳朵几乎隐藏在头发底下，几乎不显山露水。

耳朵的好看与否界限不太明显，人类觉得最漂亮的耳朵，就是像精灵那样有个尖尖的耳郭，这样才显得脸部秀气。所以才有了现在的外科耳郭整形手术，把耳朵变成像精灵那样尖尖的，同时也会对脸部进行相应调整，让整个脸部看上去像精灵。

中国传统的医学认为耳朵与肾有关，如果耳朵越来越“瘦”，多半是因为肾虚，此时男人还常常会伴有听力下降、耳鸣头晕等症状。而耳朵变黑也是肾气衰败之相，耳朵变黑的人多数还会有怕冷的表现，并且通常有遗精、早泄的问题，耳朵发红则说明体内循环不好。

除了耳郭的整形手术，单纯的耳朵美容也相当容易，每晚临睡前做一次耳部的按摩就很好。要记得不要只按摩耳郭，耳周围也要一一按摩，一直延伸到颈部，按摩时不要太用力，要从上至下，当然最好是有人帮忙。

附加颜值：★★★

操作难度：★★★

见效程度：★★

脸部的中轴线——鼻子

鼻子位于脸部的正中央，稍有任何偏差都会影响美感。

挺拔、清秀都是美鼻应有的标准，但东方人有30%是塌鼻子，其中有部分是全塌的，所以显得脸部轮廓有点平。

（1）鼻子大小。鼻子大小与呼吸状况大有关系。鼻翼较宽、鼻梁高挺，说明呼吸器官发达，生理构造良好，能呼吸到充足空气；但在污染严重的地方，鼻子也会吸入过多废气。如果鼻翼较小，表明呼吸功能较弱，不透风的地方会让人气短、胸闷。在办公室待1~2小时，就应该去楼道或窗边呼吸5分钟新鲜空气，以防缺氧。

（2）鼻翼煽动。正常呼吸时鼻翼煽动，可能是肺活量太低造成的。不要掉以轻心，肺活量过低将影响你的正常代谢功能。每天练习5分钟腹式呼吸——吸气时涨起肚皮，呼气时缩紧肚皮，很快你的肺活量就能提高不少，但注意不要让鼻孔因为吸气而过度扩张，以免影响美观。

（3）鼻头粉刺。鼻头上出现粉刺，多半是消化系统出了问题。多吃香蕉、红薯之类的食品，保持消化道通畅，就能避免消化不良。乱用美容产品去粉刺，粉刺是去掉了，但是毛孔会变得粗大，看到皮肤表面全是一个一个的窟窿。可以把粉刺挑去，不过要记得过后消炎，否则毛囊变大的时候，鼻子就会起一个个疙瘩，颜值就大大降低了。

（4）鼻头发红。鼻尖突然发红，不是皮肤的原因，而是肝脏超负荷了。饮酒过量时，身体为了分解酒精，把血液滞留在肝脏里，因而导致血管扩张，才有了红红的鼻头，因此，控制饮酒量非常重要。有时流鼻血是因为肠胃衰弱的人无法吸收充足营养，肌肉和血管组织都很脆弱，稍微碰撞就容易破裂。冬天能量消耗大，如果饮食不调，体内热量供应不足，就会导致偶尔流鼻血。

（5）鼻塞。鼻子不通气会让大脑活动变得迟钝。如果是过敏性鼻炎引起的鼻塞，除了可能造成呼吸困难外，还会让大脑供氧不足。鼻塞说明呼吸道黏膜功能脆弱，日本医学专家认为，这多半与肠胃功能不佳有关系，别光顾着通畅“鼻子问题”，保养肠道也同样重要。

鼻子的美容，直接采用外科整容手术就干脆利索多了，韩国的男人几乎都是如此。韩国人的额头比较前突，如果鼻子再塌下去，那整个脸就像被重重地打上一拳后凹下去那样。相对来说，高加索山脉附近的种族人群就没有这个必要，他们的额头比较往后，鼻子就显得前凸，君不见他们个个都是大鼻子，估计是要抵抗寒冷的原因，所以他们的呼吸器官特别发达。

现在的隆鼻技术很发达，但请记住不是每个人的鼻骨都能隆，正如并不是每块地都适合建造摩天大楼。面骨膜薄弱，就不要进行隆

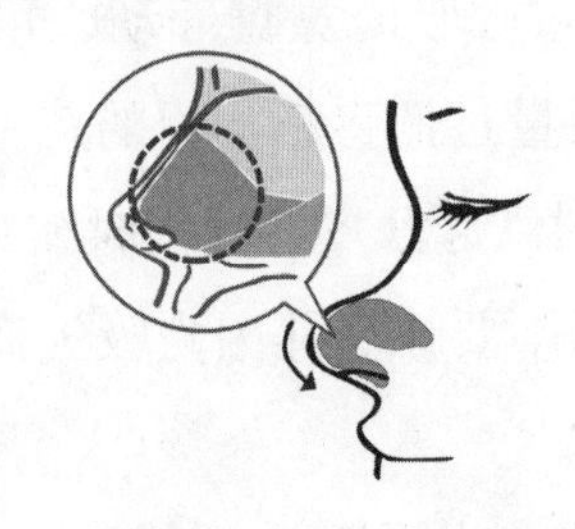
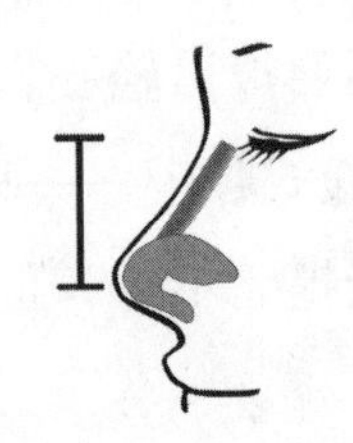

鼻子整形手术示意图

鼻，因为鼻子随时可能会变歪。

不用创口大的外科手术，就用创口小的针线牵引术来隆鼻，这算是隆鼻项目的创新，但是同样需要鼻梁的骨膜丰厚才能进行这个手术，天生鼻子塌得很厉害，从小体弱多病，很容易骨折脱臼的人，就完全不适合隆鼻。

隆鼻也有副作用，隆鼻的人群里，20%会不自觉地流鼻涕，30%嗅觉系统会出现偏差，毕竟鼻腔的腺体和神经会因为鼻子的改变而受到影响。

附加颜值：★★★★

操作难度：★★★★

见效程度：★★

肉肉的诱惑——红唇

樱桃小嘴是形容女人的特质，嘴唇不能过厚也不能过薄，过厚会影响形象，过薄则影响气质，硬去改变嘴唇的大小是一件吃力不讨好的事情，技术难度高，而且不划算，辛辛苦苦地把大嘴巴变成小嘴巴，别人也不会看重多少。

看重嘴唇美的民族只有一个——日本，他们的传统艺人最具特色的地方就是刻意显出小嘴巴，明明是个大嘴的人，就只涂一个小嘴，而且小得相当精致。

嘴唇的美容更多是涂抹色调，所有人的嘴唇都是自身黏膜的基础色调，不会产生什么样的差异，可以涂抹任意颜色上去，所以产生青蓝红紫黄橙绿，甚至金银黑赤粉。只要能附着在嘴唇上，什么都可以，以致于在古代的时候，为了要达到朱唇的目的，甚至还用了水银，所以都变得“红颜薄命”。

但如果没有用任何美容产品，嘴唇都产生颜色的改变，这并不是一件可喜的事情，倒是身体出了问题才会如此。

唇色鲜红如火，同时脾气太急，常常口苦咽干，可能在提醒你身体最近肝火太旺。如果唇色黑红，同时还有喉咙不畅、耳鼻不通等症状，多数是因为大肠有问题。唇色暗黑，常因为消化系统功能失调，即便秘、腹泻、头痛、失眠等。而唇色泛白则多由于营养失调、起居不良或慢性疾病所致。

这些都是生活习惯所导致，稍稍改善就可以，没有必要大惊小怪。

想让嘴唇变得更漂亮，有一些小技巧：

涂抹唇膏尽量选用温和的，避免用掺有荧光剂的，有荧光剂的唇膏虽然很漂亮，但是容易中毒。

唇色淡白，可以食用一些动物肝脏和红色食品，如西红柿和新鲜红辣椒等，不用急着涂抹唇膏，因为好的唇膏很容易掉色，而差的唇膏同样会让你的身体雪上加霜。

唇色暗红多见于心肺功能不全或缺氧之时，需要尽早检查，否则过一阵子你会发现自己的脸色超级苍白。

唇色深红而且干涩，多属上火，可以分别用生地100克、小蓟70克、知母70克、麦冬100克煮水内服，纯属消炎而已。

如果嘴唇肿胀，可能是由于胃寒或是胃痉挛，可多吃些土豆、红薯、板栗、山芋、莲藕等暖胃的食物。

嘴唇是否漂亮，还得看嘴巴，如果歪嘴巴或者脸皮完全沉了下去，那么嘴唇再怎么好看，颜值也会大打折扣。

附加颜值：★★★

操作难度：★★★★

见效程度：★★★★

容易有赘肉的地方——下巴

最让人讨厌的下巴类型无疑是双下巴，而尖尖的下巴则是最让人羡慕的，这样能把一个“瓜子脸”完美呈现出来。

现在对于下巴的美容方式，更多的是填充或者脂肪移植，或者干脆把下颚骨削尖，而且都必须通过外科整容手术。

由于下颚骨、唾液腺、下颚皮脂腺都相应定形，代谢、渗透的方式不会让下巴改变多少，只能以外科手术打开一个创口，然后改尖或者改小。

尖下巴可以增加一定的颜值是毫无疑问的，但凡看过电影《整容日记》的应该记忆犹新，整容技术不到家，下巴是很容易被弄歪的。

现在修整下巴普遍是用脸颊皮下埋线的方式，也就是时下很火的“线雕”，用一根线把下巴松弛的皮拉起来，属于微创整容系列，手术后马上就可以看到效果。

3D逆龄提升术（即“线雕”），医学名称为PPDO线雕提升术，无须开刀，根据人体皮肤老化的纹路及松垂方向，从点、线、面多角度多方位将PPDO线交错植入真皮层及SMAS筋膜层，重建人体面部年轻紧致的立体架构。提供源源不断地促进胶原及弹力蛋白新生力，从而实现“祛除皱纹、提拉松弛下垂组织、改善肤质、淡化黑眼圈、祛除轻度眼袋”等功效。

“线雕”技术的高低在于有没有大面积地影响到面部的面神经和三叉神经。如果影响比较少，那么只是笑起来时，脸部的肌肉有点不太自然；但如果手术过程当中发生感染，就会出现面神经损伤的情况，表情肌瘫痪，出现患侧眼不能闭合、流口水、口歪向健侧等症状。

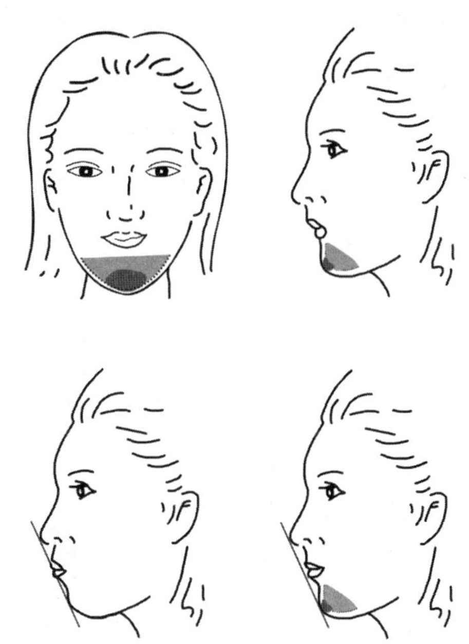
下巴整形示意图

每个爱美的女士都想拥有尖下巴，但以现有的科学技术，只能通过外科手术进行根本的矫治，否则还真没有其他更好的方式。

附加颜值：★★★★

操作难度：★★★★★

见效程度：★★

不起眼的位置——颈部

脖子，一个最能体现女人美的重要部位，但也恰恰是最能暴露女人美中不足的部位，修长挺拔的脖颈不仅能助你成为天然衣架子，也能让你在一群莺莺燕燕中凭借独特气质成功突围。女人因为脖子短或粗，也经常会让人感觉不到她的美，瞬间就沦为路人。有句话说的好：有一种气质叫“天鹅颈”，有一种减分叫“粗短脖”。

女人的颈，理想中应该是白如象牙，光滑如天鹅绒，修长但不过细，有隐约的丰盈，才是性感的颈。天鹅颈、“一字肩”，还有漂亮的锁骨，处处透出高级感，就算身旁全是俊男美女，你的美，隔着人群也能被一眼瞧出。

一个人的形象中，脖子所占的比重可大可小，有很多人的脖子不是很长，而且脖子的比例要和身体的比例相一致才算是美，稍有差池或者缺陷都必须用服装掩饰。

颈部美容更多的是对肩颈进行放松按摩，不可以用外科整容的方法，因为颈部是气管、血管、神经丛密布之地，稍有不慎，便会造成瘫痪。所以对于脖子，采取保守的修复美容就足够了。

附加颜值：★★

操作难度：★★★★

见效程度：★

线条的关键点——手臂

女性的手臂洁白、纤细，如同莲藕一样，这是在古代就已经形成的审美标准。从颈部到肩胛骨，再顺延到手臂，这条舒缓、柔和的线条是女性人体最优美的线条之一，很多画裸体出名的画家也是从这个位置下笔。

女性的手臂以圆浑为最美，骨骼要精细，短了是种遗憾，长了又显得怪异；脂肪要适量，多了会形成粗大的手臂，少了会显得瘦骨嶙峋。特别是身材丰满的女性，手臂圆浑的重要性就更为凸出。

手臂的美容也很简单，多走路，手臂自然摆动，或者做去脂按摩，偶尔拿稍重的东西，保持手臂肌肉养分的均衡代谢就完全足够了。

硬去改变手臂的长短没有任何意义，因为它对于整个身材比例不算太重要，手臂特短接近于萎缩那种例外。

让粗大的手臂变瘦，抽脂是治标不治本的方式，更有甚者就是外科截皮，或者打瘦肉针（左旋类的药物注射，可快速消减脂肪），这些也就是图一时的效果，时间一长便发现什么都不会改变。

真要让手臂美容，低耗损和高运动才是王道，因为手臂很多时候都是暴露在空气当中，加上经常的接触，皮肤就会变得格外粗糙，所以适当保护是关键。同时，手臂要经常做相应的运动才能保证脂肪的燃烧。

美容院的手臂美容项目，更多是应用精油的渗透，但请记住，这只是心理安慰，完全不会对手臂产生任何影响。如果是通过整容外科的抽脂手术来改变手臂的外形，那么技术难度就会增大，因为手臂上的脂肪量比较少，腺体血管比较多，稍不留神扎错了就会发生肢体内感染，得不偿失。

附加颜值：★★★

操作难度：★★★★

见效程度：★

最灵活的部位——手指

从人类的创造意义来说，人的双手是无所不能的，甚至可以毫不夸张地说，即便到了遥远的未来，人类的双腿可能退化，但是双手不可能退化。

手的动态随时传递着人们的感情和私语，女性的手比男性的手要小巧，因此女性的手指纤细、柔嫩、光滑、修长、灵巧。

手指冬天容易冻伤，夏天容易晒伤，经常戴手套会被憋出汗。其实手指也真的很让女人头疼，怎么都不是，只能天天涂抹护手霜，去角质、防皲裂……

手指经常活动，是全身上下最容易损耗的部位，这头美容那头就损耗了，所以人们都把美容的焦点聚集在了指甲上，指甲最不容易产生耗损。甚至在指甲上雕花都没有问题，没有影响神经也不影响微循环，因为指甲是角质代谢物，也就是身体不会重复吸收的资源，不会对身体产生任何损害。

美甲在中国从古代就已经开始，只不过到了宋代的时候沉寂了几百年，并不是消失，只不过是女子出嫁的时候才美化一下，或者只有在宫廷里才能看见。现在全民解放式美容，美甲店变得随处可见。

美甲也只能是局部的美容，更多是为了满足女人的虚荣心，完全是可有可无的美容项目，毕竟有着端庄的外表，指甲之类也就显得无足轻重了。

附加颜值：★★★

操作难度：★★★★

见效程度：★★★

千姿百态——腰部

自有了西施的传说，中国人对于美人身材的标准，肯定少不了细腰。从古至今，腰部的审美标准有两个，一个是手感，摸上去要嫩滑，没有赘肉；另一个是比例，腰部、胸部和臀部之间的比例应该是36∶24∶32。

想要腰部纤细、光滑，就要经常做按摩，没事多扭动腰身。因为腰部最容易囤积来自腹腔的脂肪，所以运动是必须的，做其他的努力则效果不大。只要每天能坚持半个小时左右的腰部运动，沐浴后适当涂抹一些身体乳并进行按摩，长此以往，会收到意想不到的效果。

腰部的比例美容就有点难度，一般都是通过抽脂或者进行外科手术，把囤积的脂肪当作身体的增生物全部割出来，那是绝对需要勇气和底气的。

瘦腰纤体之类的美容就别信了，因为一下子代谢腰部的脂肪是不太可能的事情，它需要频密的运动并持之以恒，否则脂肪依然会停留在腰部。

附加颜值：★★★★★

操作难度：★★★★★

见效程度：★★

腰与腿的结合部——臀部

直立行走使人类从动物界中脱颖而出，其结果首先让人体的下肢产生相应的变化，直立的姿态把身体的重量都压在了下肢，要求下肢有更大的能力来承受更大的重量，同时也需要较长的腿来适应奔跑。如果只是在一个面积不大的岛屿上，能跑能跳也就是那么巴掌大的地方，人的肢体就不会产生改变，因此几代遗传若干年后就有了五短身材的出现，古代日本人都是那么矮小就是出于这个原因。

人体需要一个短而宽的骨盆来维持上下身的稳定与协调，骨盆的增宽使臀部的肌肉扩大了附着面积，这样就让人类有了极其丰满的臀部。最重要的是，臀部的宽大让女性的生殖器前突，男女之间就可以面对面交欢，而其他的脊椎动物则因为生殖器后凹而只能采取后位交配，仅仅是达到了生殖的目的。

臀部的美感更多源于它的挺拔、浑圆、结实，历来臀部宽大的女人都受到欢迎。在古代，人们总觉得臀部宽大的女人可以生养众多且更为健康的后代。时至今日，依然有很多人天真地认为，臀部宽的女人个性比较随和，能安安分分地在家相夫教子。其实，这些推理都没有科学依据，只是之前没有人用事实去推翻，所以才形成了亘古不变的臀部审美取向。

女人之所以追求美臀，更多是希望身材比例协调，只要不下垂就是好臀部，至于是不是宽大，估计没有多少人会在意。

其实臀部再怎么宽大，对于女性没有太多实际意义。臀部一旦宽大，则意味着女人要有足够粗壮的大腿才能支撑和维持身体平衡，如果臀部大同时大腿粗，女人的身材和线条都会变得不协调。

“美臀”的潮流曾一度出现，不过不持久，主要是因为无论怎样按摩臀部表皮，臀部都不可能变得挺拔。臀部肌肉的收紧有一个前提条件，就是盆骨的韧带纤维有足够的弹性，这跟脂肪量没什么关系。如果你能经常踮着脚尖站立，每天坚持四个小时左右，那么半年内你的臀部一定是很挺拔且有弹性，所以为什么高跟鞋从发明到现在一直受到女性喜爱，只是高跟鞋穿久了，脊椎就会因为压力而出问题。

真正的美臀不是从外面用力，而是以阴道为中心的肌肉丛自内而外用力，因为盆腔的韧带都是在此处附近。很多做了生殖美容项目的女性在过后都觉得臀部上翘，还以为调整了阴道里面的皮脂腺分泌，其实更多是因为盆腔里的韧带受到刺激而收紧，就有了臀部上翘的现象。只可惜臀部上翘是暂时的，因为韧带是凭借刺激而收紧，如果没有持续刺激，就会回到原始状态。

若不是依附生殖美容，臀部的美容难以达到最佳效果，臀部挺翘的基础是以阴道为中心的肌肉丛收紧，因此臀部下垂，多发生于久坐族，或者习惯性放松整个腰部的女性。

附加颜值：★★★★★

操作难度：★★★★★

见效程度：★

模特最在意的地方——腿部

由脚向上延伸到胯部的部位为腿。女性的腿部丰盈柔润（非洲人种除外）。女性腿部的肌肤不容易随着岁月的流逝而迅速衰老，年轻或者中年的女性，只要经常保持一天两小时的运动，那么无论体态如何，都会拥有修长而丰满的双腿，引人注目和赞叹。

两条大腿自然内向合拢，小腿轻微地向左右相反方向斜开，这种“X”形腿姿是古希腊常见的腿形，能表现出女性特有的娇媚和矜持的风姿。

性别不同，大腿存在着显著的差异性。男性的大腿近似圆柱形，女性的大腿则近似圆锥型，若男性大腿呈圆锥形会呈现一种柔性美，但如果女性的大腿呈圆柱形则整个身段就会显得很难看。

很多画家在画女性腿部曲线的时候，总是喜欢将其夸张地拉长一些，挑选时装表演的模特总是选择腿部修长的女人，因为腿长永远是女性体型美的关键。

为什么香港小姐选美只有“美腿小姐”一项而没有“美臂小姐”，双腿浑圆、修长、结实适度，具有弹性，不宜过粗，因而呈现出活泼敏捷的美感。双腿在并拢直立的时候，两大腿之间没有缝隙，理想优美的腿在并拢直立时只有四点接触：大腿中部、膝关节、小腿肚和脚跟。这种既有接触又有间隙的姿态，形成了女性丰隆有致、健康明朗的腿形美。

要保持腿部的美丽，就必须和久坐划清界限，每天需要两个小时以上的运动量，但也不宜过度运动，2～4小时已经足够了。

现在有腿部的按摩，但那些几乎都是腿部筋膜的按摩，跟足球队员的腿部保养没有区别，对腿部的外形不会产生任何变化，顶多也就是让腿部的皮肤光滑一点。美容院里瘦腿之类的，如果没有使用先进的纳米渗透技术，完全不可能瘦腿，因为腿部筋膜和骨骼要产生改变，不是随便依靠拉筋或者涂抹一些所谓的美容产品就可以的。如果使用纳米渗透技术，价钱是相当昂贵的。

附加颜值：★★★

操作难度：★★★★

见效程度：★

支撑身体——脚部

自然界中没有其他动物的脚像人类的脚那样结构完美：有笔直伸向前面的大拇趾、率先落地的脚跟以及拱起的脚背，这种造型独特的脚使人类的步伐富有弹性又感觉轻松。脱离了动物后的人类，脚不再像猴子那样用于抓树枝，但多了一样功能，就是要协助腰部维持身体的直立平衡状态，所以我们可以看到时装模特们腰肢款摆的袅袅步态。

千百年来，中国人一度偏爱像鲜月样纤巧的“三寸金莲”，这曾被认为是变态。无独有偶，西方文明中也有与这样的“变态”隔海遥唱的赞语，在欧洲人看来，脚需要达到数学上的均衡就足够，太大的脚使人感到粗俗。所以传统的童话中，只有小矮人才是大脚板，美少女都是小脚。

东方的美足观认为，脚的内侧由脚跟到大脚趾尖为直线走向、脚趾互相平衡排列且略带弧线地短下去为最美。西方的美足观则认为第二趾比大趾略长为美，不过这是受到了希腊传统古典文化影响。不管是东方还是西方，现代美学与力学的观点都认为，构成脚部最美的特征是脚的内侧可以弯成弓形，这样不仅可以减缓体重对脚的压力，把加在脚上的压力分散到整个脚底，还可以使脚的动作富有弹性和韵律，给人一种婀娜的美感，西班牙女性就是以这种弯曲的美足而闻名于世的。

要保持脚部的美丽，多按摩就足够，或者在睡觉之前，用生姜、玫瑰浸泡一下，皮肤就能显得细嫩。如果还要对脚部进行美容，基本的润肤和每天三个小时的步行运动就足够，如果脚部不使用，那么是会萎缩的，因为脚部离心脏最遥远，养分的输送都要依赖不断地运动进行。

现在很多足疗店都开设脚部的美容，五花八门的方式让人无法辨别怎样才是最佳。事实上，如果真要脚部光鲜亮丽，首先要去除脚气，经常用同等分量的姜皮和韭菜剁碎了泡热水，水温适合后就放点盐泡脚，脚上的皮肤就会很光滑。如果还希望自己有一双白皙的脚，那就每晚浸泡牛奶1小时，坚持半年，脚部的皮肤会变得柔滑、细腻。

附加颜值：★★

操作难度：★★★★

见效程度：★★★

少女拥有的是青春、活力，而少妇则有一种成熟、优雅的美，她们浑身上下散发着一种迷人的女人味，这是一种从骨子里透出来的美，香气袭人。这种独特的味道是一种浑然天成的美，不是一朝一夕能形成的，需要经历时光的打磨、岁月的洗礼，任何美容都无法替代这种自然沉淀之美，只有通过自身的历练才能凝聚而成。

对于美容，年轻的女孩固然要谨慎，已处于人生巅峰的女人也不必过分焦虑。很多女人都希望在最美的年华尽情释放自己的魅力，所以对身体的每个部位都苛求完美。

然而，人世间自古以来就不缺美人，可很多美人仅是美而没有韵，随着岁月的流逝，便会容颜老去，抚镜叹息。而有些美人，胜在优雅的气质，就算沧海桑田，美人迟暮，依然美得端庄大气，温婉动人。

什么才是一个女人真正的魅力？

国家一级演员、中国电影家协会主席陈道明在为他人新书所作的序中是这样写的："韶光易逝，刹那芳华，皮相给你的充其量是数年的光鲜，但除此之外，你更需要的是你在一生中都能源源不断地给你带来优雅和安宁的力量。"

我们相信，这种"优雅和安宁的力量"一定来自于读书和旅行。《罗马假日》中有句经典台词："要么旅行，要么读书，身体和灵魂必须有一个在路上。"而读书，应该成为女人一生最好的修行，"读书多了，容颜自然改变"。法国诺贝尔文学奖得主罗曼·罗兰曾说过："和书籍生活在一起，永远不会叹息。"

所以，放下刻意的追求，让自己的气质回归本真，自然而然就懂得如何修饰自己的生命，若有馨雅藏于心，岁月从不败美人。

女人最不愿意面对的问题是什么？那就是衰老。所以接下来我们谈谈如何防止衰老，永葆青春。

Chapter 4 谁来拯救你的容颜
——抗衰美容

正如花开花谢，美人难免迟暮，朱颜会辞镜，青丝变白发。胶原蛋白和水分终有一天会流失。玻尿酸也只能延缓，无法逆转岁月在脸上留下的痕迹。

如果年龄不到60岁，身体的衰老是不会全面性的，但总有些部位比较容易衰老，有些部位没那么容易衰老，例如书中所提到的身体部位。只要坚持每天2~3小时的运动量，大腿就会是身体最不容易衰老的部位。有些身体部位因为常年损耗，例如手指，最容易呈现衰老的状态；有些身体部位的损耗则因人而异，例如生殖器。

逆转身体的衰老，并不是一件不可能的事情，只不过有一定的难度。

读懂身体衰老的信号

抗衰，首先要懂得识别自己是否真的衰老了。滥用护肤品，短期内可能不会产生什么负作用，但是当达到皮肤代谢的耐受性的极限，而且身体的皮肤因子对护肤用品产生排斥的时候，用了多少护肤品，皮肤就衰老多少。

从整体看一个人的衰老状况，不用什么高人给你看面相，对着镜子自己都可以看出来。

（1）耳垂明显变大。与骨骼肌肉不同，耳朵由柔软有弹性的结缔组织软骨组成，会随着年龄继续增长，但耳垂占据耳朵面积的1/5时，证明你的软骨组织已经开始衰老了。

（2）鼻子会变大，鼻翼会出现很明显的痕迹，因为受到脸部皮肤衰老的影响，鼻翼会明显拉开，好维持脸部比例。

（3）双脚会随着年龄增大而变长变宽，一些40多岁的人每10年鞋子增大1码，因为脚部要承受身体无法承受的重量，所以会变大和变粗，女性更加明显。

（4）男声变尖，女声变沉。英国皇家国立耳鼻喉医院专家约翰·鲁宾表示，大约70岁开始，男性软骨开始变薄，声带稳定性更差，说话声音会变得更尖（高频）。女性绝经之后，由于缺乏雌激素，声带容易肿胀，说话声音变得更沉。专家表示，避免大声叫喊等损害声带的不良习惯能有效保护声带。

（5）体重增加。英国心血管流行病学家大卫·阿什顿博士表示，50岁之后，体重每年会增加0.9～1.4千克。经常做些较小强度的举重或下蹲，有助于保持肌肉力量，防止体重增加过快。

（6）经常打喷嚏。英国过敏协会的基恩·埃姆柏林博士表示，英国研究发现，在45～65岁人群中，至少有400万过敏性鼻窦炎患者。过敏原是一大原因，衰老是另一大原因，证明黏膜的免疫功能会随年龄的增加而下降。

（7）身上痣增多。英国皮肤病专家塔比·莱斯利博士表示，40岁之后，衰老加速，脂溢性角化病（老年斑）增多。专家表示，如果这些黑痣或皮肤色斑发生异常变化或出血，一定要及时去看医生。

（8）牙齿变长了。英国中兰卡郡大学牙医学院院长约翰·科林恩博士表示，牙龈从40岁开始发生萎缩，牙齿看上去比年轻时长度增加约0.6厘米。伦敦牙科美容中心专家莫维恩·德鲁安博士表示，彻底刷牙和用牙线清洁牙齿有助于防止牙龈萎缩，但是刷牙过于用力则适得其反。

（9）睡醒时头痛。伦敦国王学院头痛研究专家安迪·道森博士表示，睡眠几小时后或者午睡后头痛是衰老症状之一，因为脑血管已经无法承受突然的亢奋，60岁以上人群“睡眠头痛”表现为脑后隐痛，别指望扑热息痛等常规止痛药能缓解头痛病情，还是多睡一会吧。

（10）更容易醉酒。药剂师斯蒂芬·福斯特表示，人越老，越容易醉酒。原因是肝脏代谢酒精的能力会随着年龄的增加而下降，肾脏分解酒精需要的时间也更长。

（11）女性颈脉显现。伦敦莱维沙姆区医院血管外科专家艾迪·查洛纳表示，女性颈部血脉显现是衰老信号。由于骨质疏松等衰老缘故，女性个头会变矮，脖子部位相对也会缩短，导致大血管在脖子全部发生弯曲显现。

（12）爱流泪。眼科专家罗布霍甘博士表示，60岁以上的老人更容易发生迎风流泪问题。年龄增大使得泪管变窄，导致爱流泪。

（13）肥皂也会导致皮肤过敏。随着年龄增大，皮肤保持湿润能力减弱，更容易干燥，上皮细胞失去保湿屏障，因此更容易对化学产品产生过敏反应，即使肥皂也不例外。

（14）经常清嗓子。老年人嗓子分泌黏液的腺体功能开始下降，嗓子润滑更差，容易发生刺激，导致频繁清嗓子。耳鼻喉专家约翰·鲁宾建议，每天饮水至少1.5升。

（15）经常起夜。英国皇家萨里郡医院泌尿科专家克里斯托弗·伊登表示，从50岁左右开始，无论男女，肾脏夜间产生的尿液增多，起夜更频繁。专家建议，睡前2小时不要喝水，睡前4小时不要喝太多的咖啡、茶等。

理论上，衰老是不可逆的，你是60岁就是60岁，不可能让你重回30岁，毕竟你真的是在这个世界存活了60年。抗衰美容，就是不管你的岁数是多少，也可以让你看起来，以及在别人的感觉当中，你依然是30岁。

无药可救的器官

衰老是一件很可怕的事情，尤其对于女人。一个女人，她可以拥有倾国倾城的容貌，也可以满怀称霸天下的雄心，但唯独敌不过岁月，终要迎来自己的衰老。美容美容再美容，拼命把钱砸向美容院，妄想通过美容技术来让自己青春永驻，结果往往事与愿违。

女人把事情想得太简单了，衰老不仅是容貌的衰老，还是身体每个细胞代谢机能的下降，同时新生的细胞已经不具备太多的活性，不管是身体的表层肌肤，还是内部器官，全部处于缺氧状态，所形成的恶性循环让新生的细胞受到极大影响。

是不是保养好身体的每个细胞，就可以防止身体的衰老，或者让细胞充满无限活力，使人体永葆青春？理论上的确如此，但据不完全统计，构成人体的细胞有600万兆个，相当于公元1年到公元90000年地球每年出生人口的总和，你确定都能一一照顾吗？一个成年人每天凋亡的细胞大概为386万个，要是有个酸麻胀痛痒，不小心跌着摔着冷着热着，那么就多凋亡3.9%，万一碰上天灾人祸，身体出现内出血、大面积损伤时，可能会每天凋亡500万个左右。

人体各组织器官的细胞代谢状况

组织器官	代谢速度
表面皮肤	每3个月代谢一次，经常在户外的人每2个月代谢一次，宅男宅女每3个半月代谢一次
黏膜细胞	每2个半月代谢一次，身材肥胖的人每3个月代谢一次
内脏器官	平均每半年代谢一次，运动员每4个月代谢一次
骨骼	平均每2年代谢一次，有创伤的部位代谢速度提升30%左右
血液淋巴之类	约3个月代谢一次，孕妇代谢速度提升20%左右，烟酒人士代谢提升15%左右

当然，有凋亡就会有新生，否则在身体发育完毕时，人就处于等死的状态。最新的人体生物学研究报告显示，一个成年人每天新生的细胞在400万个左右，不过因受环境的影响，实际上能产生作用的只有80%，如果遇上三聚氰胺、地沟油、苏丹红之类的，就下降到60%，所以现在没有一个人敢大声说“我是最健康的人”，坐在飞机上鸟瞰地上的芸芸众生，几乎都是亚健康甚至没法健康的人。

曾经有人异想天开：是不是减少身体细胞的消耗，就能够保持青春的状态？看看那些残疾人，他们的衰老程度跟正常人是一样的，不可能因为缺了一条胳膊或者少了一条腿而减少细胞的凋亡，该有的新陈代谢比例照样存在。

所以科学家才想到该怎样增加新细胞，从而让新的细胞尽快起作用。中国最先产生膳食补充的观念，因此，“以形补形”的观念大行其道，吃猪肺可以“清补肺经”；吃猪肚可以“温中和胃”；胃痛可食猪肚煲白胡椒；心悸等症可用猪心炖柏子仁；肝郁胁痛可买猪肝蒸合欢花。这一类的经验总结是很多的，古典中医论著《黄帝内经・五常政大论篇》曾说到“虚则补之，药以祛之，食以随之”。虽然提到用食物作辅助治疗，但对“以形补形”何以能够治愈或缓解症状并没有作出令人信服的解释，也没有人长期做科学的论证及试验，所以，至今仍有不少人对此持怀疑的态度。

从细胞学的角度来看，动物中只有猪的细胞与人体的细胞相接近，但并没有研究报告显示，吃了猪心，人的心脏就可以得到强化。根据世界卫生组织的调查，经常吃猪心的人，只有维生素E和蛋白质的吸收率比较高，并没发现心脏有什么积极性变化，倒是血脂和胆固醇升高了。

用人的细胞行不行？“二战”时，德国的科学家也做过类似的实验，利用提取他人的人体干细胞达到自身美容的效果，苏联甚至用人体胚胎的细胞进行提取，因超越了伦理的界限而招致骂声一片。

人与人之间的细胞是可以补充的，但违背人伦，所以，现在只能将植物提取的干细胞补充到人体中去。

你抓住抗衰老的黄金点了吗

其实，抗衰老要从日常生活中做起，在对的时间里做对的事情就能事半功倍，拥有美丽和健康也是如此。生活中的各种小事，肯定要挑对的时间做，否则，重则会给身体埋下健康隐患，轻则会让你身心疲惫、容颜尽失。

在不同的年龄段做好对身体的保养，那么身体的细胞就可以延缓衰老，也可以轻松防御疾病。人生一共有9个阶段是保养身体的最佳“黄金点”，因为这都是身体细胞塑造或者建立起新陈代谢体系的必经过程。

第一黄金点——婴儿时代，时间是从刚出生到9个月，这一阶段决定了身体生理循环的整体规划。

吃好、喝好、睡好三者必备。但如果父母不是婴儿营养研究者，多半会错过这个时机。营养好了，身体发育的基础才扎实，否则大病小病在孩童时代就会接踵而至，青春期时一脸痘，30岁左右皮肤就开始衰老。

这可是抗衰的起跑线，做什么都无法扭转。

但是，万一错过了怎么办？

欧洲发明了一种干细胞移植技术，可以弥补缺失，不过那可是富翁、智者、医生三者联手才能够做到的事情，对于一般人来说也只能望洋兴叹。主要是价钱昂贵，以及必须看到干细胞移植的未来效果，最重要的还是要懂得当中的原理。

更要命的是，干细胞不同于一般的感冒药，不会瞬间起效，而且它起效时，也没有标志性的状态，最关键的是不知道它需要多少分量才足够。所以，后来才开发了胎盘素，吃了效果立显，而且容易知道分量是否足够。

第二黄金点——发育时代，时间是15～20岁，这一阶段决定了身体新陈代谢的状态。

吃好一日三餐是必须的，处于青春期的女孩对热量的需求较大，每天需要的热量为10882～11300千焦，比成年人多，这些热量的主要来源为糖、脂肪和蛋白质。有些女孩为了保持苗条的身材，往往不吃早饭或早饭吃很少，导致热量的供应明显不足，这势必会影响机体的生长发育。

这个时期是骨髓造血的关键期，如果父母没有给你遗传白血病或者血友病，那么这个时期就是骨骼发育期，也是决定以后皮肤新陈代谢快慢的关键点。骨髓是造血的，血液把细胞输送到相应的位置上才是有真正意义的抗衰，否则一切免谈。

没有足够热量和养分的摄取，人体以后就会产生一种现象，就是代谢正常，但新细胞生成很慢，最常见的就是伤口不容易愈合，而且经常在皮肤上产生溃烂现象。

这个时期吃得太胖也不行，新细胞发育正常，代谢不正常，人体也会容易产生水肿的现象。吃好就行了，不必吃太饱。

错过了怎么办？

以后别挑食了，把蛋白质等身体所需营养素的量重新提升上去，而且还必须要求营养全面。女性对蛋白质的需求量为80～90克/天，而不同的食物中的蛋白质的组成（即氨基酸的种类）不尽相同。所以，女孩没有资格挑食，所吃的食物应该多种多样，只有这样才可以使机体内的氨基酸得到全面补充。

这其实纯属亡羊补牢的做法，百分百地补回来是绝不可能的，但至少可以恶补80%。

第三黄金点——补血时代，时间是20～30岁，这一阶段决定了你这辈子能用多少血。

这个时期的女性由于生理原因，往往造成缺铁性贫血，大约有64%的女性会出现不同程度的贫血现象，红细胞和血红蛋白降低占50%，血小板减少占21%，所以，补血、补铁就成为头等大事。至于男士，倒可以忽略不计，因为男士每个月不会来月经，也就不会轻易流失铁质。

铁是人体尤其是女性健康必需的微量元素，是人体合成血红蛋白的重要原料。缺铁可使血红蛋白含量和生理活性降低，以致血带氧量减少而影响大脑中营养素和氧的供应。

女性如患缺铁性贫血，不仅会头昏眼花、心悸耳鸣、失眠梦多、记忆力减退，而且会面色萎黄、唇甲苍白、肤涩发枯，甚至脱发，皮肤过早出现皱纹、色素沉着等，简单一点来说就是不到30岁就出现了50岁的早期衰老现象。不得不说，上天在这一点对男士的确有点偏爱，因为男士体内的铁质不容易流失。

错过了怎么办？

即便错过了也不用捶胸顿足，因为人体对铁的吸收是终身性的，动物的肝、肾、血，瘦肉，鸡蛋，海产品如鱼、虾、海蜇等，不仅含铁量高，而且吸收率更胜于植物性食品。多吃海藻类食物也可有效补铁，此外，还应多吃富含维生素C的水果和蔬菜，以促进铁的吸收。不过需要注意的是，海鲜和果汁不能同时吃，因为两者相遇很容易在体内产生大量的结石。

第四黄金点——生育时代，时间是25～30岁，这一阶段决定了你的容颜能维持多久。

从纯生物学角度看，25岁左右是女性最佳生育年龄，此时子宫颈管弹性好，容易扩张，子宫肌肉收缩有力，更能做到平安分娩。如果结合社会、心理因素考虑，25～30岁则是女人最理想的生育年龄，此时，心理、生理都已十分成熟。但这个不是重点，重点是孕激素提升上去了，这样雌激素就缓下来，达到一个平衡的状态，只要这个平衡不被打破，那么容貌就完全得以无限期地持续下去。

说起来容易，做起来是有一定难度的。要让子宫、卵巢持续性分泌荷尔蒙，就得保养好，一旦出现任何妇科炎症，平衡都会被打破，而且一发不可收拾。所以，很多女人一过30岁，不管有没有结婚，都很容易变成黄脸婆，而且老得特别快。

一般而言，单凭子宫和卵巢是很难达到消炎效果，全部都是内服消炎药，而消炎药又是扰乱女性身体内分泌的重要因素，所以吃也不是，不吃也不是。

错过了怎么办？

怀孕生小孩，因为一旦产生生育行为，女性体内所有激素都会作相应的调整，以便于新生命的诞生，所以只要是怀孕，女性身体的分泌很多都是黄金分配，相貌和体型除外。

如果觉得怀孕生小孩有点辛苦和冒险，可以多进行超友谊的社交活动，只要伴侣健康，不吸烟不喝酒，体内荷尔蒙同样可以达到分泌平衡的状态。

第五黄金点——补钙时代，时间是27～34岁，这一阶段决定了你的身材保持程度。

补钙是女性一生的功课，但30岁后要特别注意。因为30岁时，人体储存钙量达到顶峰，之后便会缓慢下降。40岁后，应将补钙常态化。

与不常补钙的女性相比，每天补钙1000毫克的女性，早亡危险降低22%。很多专家级的营养师都提议：补钙以饮食为主，多喝牛奶，多吃奶制品、豆制品，另外还要多晒太阳。

如果说钙对容貌有什么特别的影响，只能说是对身材有很显著的影响，因为钙质一旦缺少，骨头就显得脆弱，很容易产生骨质疏松症，不是这里扭伤就是那里磨损，甚至长期坐着不动也会出现身体萎缩。

错过了怎么办？

放心，人体对钙质的吸收也是终身性的，只是在35岁以后，钙质的吸收就变得有点缓慢，多吃牛肉或者钙片还是可以的，只是身体很难再呈现出玲珑凹凸的线条美了。

第六黄金点——降脂时代，时间是30～35岁，这一阶段决定了你的血液流畅度以及你脸上的斑、痘、疹驻留时间。

为什么说“女人三十如狼，四十如虎”，并不仅仅是女人的精力旺盛，还表现为女人容易出现高血压，同时也容易因为高血压带来极端情绪。

别以为这是什么好事情，毕竟高血压就意味着高血脂和高血糖的产生，还可引起心脑血管的病变，身体内部就是这些棘手的问题，而身体表面就是瘀斑、痘痘、疹子不会轻易清除的毛病。

预防和处理高血压最有效的方法是把握干预血压的时机，只要血压高于正常高限（收缩压为130～139mmHg，舒张压为85～89mmHg）时就应采取对策。女人到了30～35岁就可以定期测量血压以做到及早发现，平时养成良好的生活方式，例如低钠饮食、适当体育锻炼、良好的睡眠作息、禁烟忌酒等都可以有效预防高血压的早期发生。

错过了怎么办?

血压可以随时降下来，吃点降压药或者学会控制情绪都会起效。只是血液的流畅度就没有办法恢复到20岁时的状态了。脸上的斑块会消得特别慢，伤口的结痂不太容易去掉，痘痘不容易挤出来，痘痕保留时间会很长，疹子也不容易消退……

第七黄金点——黄金时代，时间是35～40岁，这一阶段决定了你脸上有多少皱纹、皮肤的健康及免疫程度。

35岁以后，女人的皮肤会很有韧性，不容易磨损，如果在20岁的时候能保持内分泌正常，没有太多的痘痘和整容，那么35～45岁就是女人的黄金时期。这个时候，女人成熟的魅力表现无遗，能时刻释放出女人应有的风韵。

成熟的过后就是萎缩退化，因为一过了45岁，如果平时不注意保养，女人的皮肤状态就开始走下坡，原有的韧性、弹性、光泽不复存在，甚至快速起皱，当一条条皱纹满布脸上时，女人的美貌便荡然无存。

保养的方法很简单，甚至成本也很低，就是经常笑一笑，正所谓“笑一笑十年少”。但并不是皮笑肉不笑的那种哦，而是整个人开怀大笑，或者多去玩比较刺激的机动游戏，例如坐过山车之类。

如果觉得经常笑会有鱼尾纹，那就要在两性关系上多下功夫。很多研究指出，35~45岁的女人如果一个星期有三次以上的性高潮，那么基本上不用去美容院或者医院，身体都会处于相对平稳的状态。

错过了怎么办?

人生没有多少次重头再来的机会，错过了黄金时代的保健，等待女人的只有断崖式的突发性衰老，老得难不难看就因人而异了，唯一可以肯定的是容貌已经不复存在。卵巢出现萎缩衰退，更年期的不适症状会加重，还会产生很多并发症，如代谢疾病、骨质疏松症等。

除了保持精神愉快、生活有规律，善于吃也会有益于身体健康，饮食宜以清淡为主，少吃辛辣、刺激的食物，多用蒸、煮的烹饪方式，减少烘焙、烧烤、煎炸食物……

如果舍得花钱，还可以这样做，补充大量胎盘素，刺激衰退的荷尔蒙分泌使之重新旺盛，如此人体还是可以保持精神焕发，成本是10000~30000欧元。

第八黄金点——巩固时代，时间是45~55岁，这一阶段决定了你能留下多少回忆给这个世界。

这时已经是接近绝经的状态，身体几乎分泌不出什么像样的荷尔蒙来维持身体的正常新陈代谢了，女性绝经期前受雌性荷尔蒙保护，患冠心病概率约为男性的1/4，绝经后很快攀升至与男性持平。有“三高”危险因素的女性，一定要注意血压、血脂等指标的变化，同时关注严重的疲劳乏力、莫名出大汗、上气不接下气等不典型心脏病症状。

对于皮肤的供血，这个阶段已经处于衰退期，不可能再一次达到峰值。万一做了植皮、去脂、溶脂的项目，除非是土豪式地用金钱搭救，否则副作用一定会产生，而且将会一发不可收拾。

这还不算是最麻烦的事情，对于女人而言，前面的基础没有打好，那么这个阶段就很容易产生血栓现象，也就是所谓的“中风”。

引起中风的原因很多，不良生活习惯、糖尿病、高血压……这些因素是有可能规避的。40～50岁后，女人中风的发病率开始明显升高，到六七十岁时进入高发期。抽烟、高血压、高血糖、血脂异常、年龄大、直系亲属中有中风病史，这6项危险因素中如果满足3项，则表明发生中风的风险很大，生活中一定要更重视饮食和运动平衡。

更糟糕的是，女人在这个阶段很容易埋下阿尔茨海默病（AD，即老年痴呆）的祸根，如果女人在此之前都处于好吃懒做、不爱动脑的状态，出现老年痴呆征兆的概率将增加。

错过了怎么办？

即使错过了，也无伤大雅，毕竟在这之前都是在打基础，可以说是三分靠基因七分靠打拼，基础好了，这个时期完全是享受成果，不会为你带来任何负担，只要不过度操劳就可以了，该玩的、该吃的、该享受的尽情去做，无须顾虑什么。

基础不好，三天两头就会把你折磨个半死，一个星期起码去一次医院看心脏，遇上季节变化就会让你伤风感冒一阵子，如此也没办法顾得上美容了吧。这个黄金点错过与否，都已经不重要了。

往往在这个时候，女人才真正后悔自己年轻时候为什么不对皮肤进行保养或者生活得健康一些，这个时候再去找什么高人指点已无济于事，无非就是让你珍惜当下，也不可能有什么高招，因为身体已经失去了逆袭的资本。

第九黄金点——逆袭时代，55岁以后。

只有土豪式为自己的健康和美容砸钱的人，或者把基础打牢的人，或者像金庸小说《神雕侠侣》中的小龙女那样无欲无求、无怒无嗔地生活，才有资格说抓住这一黄金点。

这个时候，整个身体的生理循环完全接近于老化的状态，如果前期八个黄金点都能抓住，身体的各个生理系统都没有过分损耗，而且得到了充分的保养，那么再次被启动也没有什么障碍。就好像一台名牌的原装电脑，完全是最优配置，而且隔一段时间有优秀零件更新，有专业技术人员维修，想要它正常运作，只需要摁一下开关而已。

只要有充足的荷尔蒙，同时这些荷尔蒙是优质的，不会产生变异，也有足够的胎盘素让身体各个器官有源源不断的干细胞去补充，那么身体便可保持勃勃生机。

无欲无求、无怒无嗔的状态，明显就是低耗能状态，但达到这种境界的女性有多少，正如《神雕侠侣》中的小龙女，世间能有多少个呢？错过了，那就只能成为遗憾，因为没法补救。

衰老隐患你有多少

一般而言，抗衰老都是女性已经发现了自身的衰老才开始有所行动。当走过了懵懂的青春年少阶段，女人就会感觉自己步入了中年，需要更加精心地保养，不敢轻易让身体出现一点问题，害怕给健康埋下重大隐患。

如果你察觉到自己出现了衰老的迹象，不管是皮肤松弛还是精神不足，或者只是内分泌功能有些低下，那么请注意女性健康专家总结出的应避免的健康错误。

错误一，固执己见，没有意识到自己需要改变。形象设计师黑玛亚在《迷人是一件时光的盔甲》一书里说：“看不出年龄，这才是一种境界！”的确，无龄感，是一个女人最好的状态，而困住女人的，往往不是年龄，而是不肯改变的旧思想。

“世界短篇小说之王”契诃夫在戏剧《万尼亚舅舅》中说：“人的一切都应该是美的：容貌、衣裳、心灵、思想……”如果只拥有美的内心，而没有美的外表，那将是一种遗憾。任何年龄的女人想买到称心如意的服装都是一种挑战，无疑也是一种压力。人到中年，苗条身材或许早已成为历史，想买件合身的衣服都困难，大多数女性需要在服装上增加开支，同时提高自己的穿衣品位。然而，不少女性喜欢追求衣服的奢华和品牌，没有在意是否精致考究、得体大方。

减缓身体压力，可适当变换一下自己的服装，尽量让自己心情愉悦。当愉悦的情绪被调动起来时，内分泌也必定会跟着调动起来。

错误二，不积极锻炼。与花季雨季的自己相比，很少有女性年过30岁依然活力十足、活蹦乱跳、美丽依旧。生理反应缓慢是自然规律，随之而来的是出现腰酸、背痛、腿不宁等各种疼痛，不想锻炼也是情理之中的事情。

事实上，锻炼有助于缓解疼痛，防止将来必然存在的很多老年疾病，毕竟运动锻炼会加速皮肤的新陈代谢，这样斑块就不会轻易在表皮存留，身体也不会形成青一块紫一块。锻炼更多是为了使血液能快速到达全身，否则会产生供血迟滞，这对女性来说并不是一件好事。如果觉得工作或家庭生活繁忙，没时间运动，那么瑜伽和快步走是不错的选择。走路是世界上最好的运动。中国首席健康教育专家洪昭光曾说过：步行运动锻炼，对保持正常的血压、胆固醇、体重都很好。

错误三，睡眠不足。很多女性白领，对于通宵熬夜都已经习以为常，总以为过后好好睡上一天，就什么都能补回来。然而身体不是一盘流水账，偶尔的超额盈余弥补不了经常的透支，它也不可能那么简单地产生收支平衡。所以，很多女人有时感觉晚上睡得很好，白天却依然很疲劳，这种情况就是“欺骗性睡眠”，高效睡眠时间缩短，其结果不仅直接写在脸上，而且可能增加糖尿病等疾病的风险。

虽说现在社会的竞争压力大，但也完全没有必要经常让自己的身体过分透支。就算工作、生活压力巨大，也应该尽量让自己有充足的睡眠时间，让皮肤在睡眠的时候得到有效的供养和修复，否则怎么睡都只不过是让自己硬性昏迷而已。

更恐怖的是，为了能加班熬夜，喝大量的咖啡，这样不仅更容易衰老，而且还很容易致癌。癌细胞是在正常细胞分裂过程中发生突变而形成的，夜间是细胞分裂最旺盛的时期，如果夜晚睡眠不足，人体的免疫力降低，发生变异的细胞不容易被及时清除，就可能导致癌症的发生。熬夜者为了能提神，常吸烟喝咖啡，也易使更多的致癌物进入机体。

错误四，对鱼尾纹过分改造。没有人会喜欢鱼尾纹，这是毫无疑问的。但经常有脸部的表情活动，没皱纹既不真实也不自然，就好像是一个机器人在一板一眼地运动。为了消除脸上所谓的“岁月痕迹”，不少女人（尤其是明星）不同程度地用肉毒杆菌美容或进行恐怖的丰唇术（需要把嘴唇割开，但手术过程中很容易导致感染），为的就是增加自己脸部的饱满度，更有甚者隔三差五地拉皮。

很多时候，只要表情自然一点，不要太夸张，那么眼角鱼尾纹是相当别致的，而且给人很真实的感觉。如果实在觉得鱼尾纹很难看，可以用水不断地敷脸，每晚一次，每次十分钟，那么经过水分的湿润以后，鱼尾纹也可以变得很浅。

错误五，使用错误的化妆品。每逢换季化妆品大减价或者搞年度大促销，就是女人疯狂血拼的时候，一大堆化妆品都可以在脸上连环使用。但使用错误的化妆品会让人显得更老，粉底和遮瑕霜等化妆品每半年至一年应该更换一次，使用化妆品一定要注意有效期。

化妆品的倾销更多是出于商家回本策略，不会注意买家的皮肤状态的，商家都恨不得所有人天天用大量化妆品。使用化妆品，更应该听从专业化妆师的指导，而不是对着镜子胡乱使用。

错误六，认可乏味的性生活。没有了青春少女的欲望冲动后，女人就会出现一种老成持重的态度，但这个只是表面上的东西，私下还是可以大胆地追求性感着装和探索性需求。其实对于女性而言，没有了生育压力，50岁之后的性生活质量更高。

不要觉得没有了年少的冲动，性观念就变得保守起来，或者不向伴侣表达自己的需求，时常让自己处于一种压抑的状态，会让自己的腺体变异，从而导致了身体的衰老。直接地表现就是皮肤很容易起皱纹，因为所有内分泌都抑制在表皮上，表皮就显得有点臃肿，只要轻轻地一挤压，皮肤就会留下痕迹。

其实，就算把这些错误全部都改正，也只能说你使自己的身体避免了很多加速衰老的因素，并不能实现真正的抗衰老。要知道，没有多少女人愿意直面自己的衰老。对于一个女人来说，最忌讳的就是当面对她说："你怎么老得这么快！"

抗衰境界也是有层次的

如果能将身体的九个黄金点都把握住，没有犯一个错误，那么你的身体将拥有很强大的资本进行抗衰老。但如果所有的错误都犯了，那就只能悲剧了。

抗衰老分为五个层面：

第一个层面，最能够让别人直观看到的——皮肤抗衰。

第二个层面，比较容易让别人看到的——骨骼抗衰。

第三个层面，别人没法轻易看到，但自己有感觉的——器官抗衰。

第四个层面，自己极少能感觉到，但起重要作用的——腺体抗衰。

第五个层面，人体抗衰最基础的——细胞抗衰。

大项就是上述五个层面，但每个层面都有各自的细项。

第一个层面，也就是最直观的是皮肤抗衰，占据抗衰的首位。所有人对于衰老的判定一定是"外貌协会"的统一标准，就看你的皮肤有没有起皱、松弛、晦暗、凹陷。随便有一样，你就是衰老；没有，你就是逆袭，不管你处在什么年龄状态。

皮肤抗衰可以细分为四种：面部皮肤抗衰、身体皮肤抗衰、关节皮肤抗衰和黏膜皮肤抗衰。

首先，面部皮肤抗衰有以下几个步骤：

第一步，天天补水。洗脸和用水拍打脸部十分钟，顺便也把脸部揉动一下。当然了，用胶原蛋白天天洗脸，效果更好，不过这是属于"土豪"的专利。

第二步，表情自然。最好不要整天板着脸，表情尽量放轻松，实在不行就养只小猫或小狗，让它逗你开心。

第三步，早点睡觉。再怎么土豪也敌不过身体固有的生理规律。

第四步，有空就经常舒一口气，要不可以到山谷里狂吼几声。

其次，身体皮肤抗衰。

比起脸部，身体的面积太大了，而且很多地方是无法顾及的，例如背部。身体皮肤抗衰的步骤相对简单，毕竟不是每个人都要脱光衣服给别人看，除了露胸或露背的礼服有点讲究，一般的衣服也没有多少需要留意的。

第一步，每天洗澡。夏天可以每天洗两次，但一天不要超过四次，因为洗多了，身体表皮会出现脱水。

第二步，每四五天要泡一次澡。浴缸里面要放甘蔗渣，千万别为了图省事而用甘蔗精油替代，因为甘蔗渣有一种独特的粗纤维素，可以让毛孔因浸泡而扩张，并且将毛囊堵塞物吸出来。如果想效果更明显，以一个浴桶的分量放两斤甘蔗渣就可以了。

第三步，经常运动。这已是老生常谈，毕竟皮肤不运动，就很容易形成僵化状态，到时候再运动为时已晚。

再次，关节皮肤抗衰。

指关节、髋关节、腕关节、肘关节、膝关节……这些位置的皮肤是经常运动的，除非中风身体活动受限或者没法动，但运动过多也不见得是什么好事情，毕竟胶原消耗太多了。

抗衰的关键就是补充胶原。在孩童时代，特别是婴儿时候，人体整体皮肤中的胶原蛋白含量达到80%以上，随着年龄的不断增长，体内的胶原蛋白会不停地流失，25岁之后就会进入胶原蛋白流失的高峰期。因为胶原蛋白的流失，肌肤出现各种问题，如皱纹、色斑和皮肤干燥等，皮肤衰老与胶原蛋白的流失呈正比，而流失最严重的首当其冲就是关节位置的皮肤。有没有发现25岁之后，关节位置的皮肤变得干燥，衰老的迹象越来越明显？刚刚清洁完，皮肤就开始变得干燥，同时，色斑、色素沉着也明显加深。

为什么孩童时期的皮肤那么细腻、光滑、圆润？到底身体发生了什么转变，使得衰老悄悄步近？其实，这一切都是体内的胶原蛋白在作祟。

胶原蛋白流失可以通过补充重新获得，多吃一些富含胶原蛋白的食物，或者补充一些胶原蛋白的药物。当然，补充胶原蛋白最直接有效的方法就是进行胶原蛋白注射，所以才有了之前的针剂注射美容。但我们这里所说的是高尖端的针剂注射技术，不是那些低劣的“山寨”技术。

额外补充一句，要区分高尖端针剂注射技术和“山寨”技术其实很简单，就看注射以后8个小时内，皮肤有没有自发性的光滑红润，因为皮下注射，胶原蛋白最晚也是在8个小时内起作用，超过8个小时没有反应，或者产生了副作用的都是假货。

最后，黏膜皮肤抗衰。

黏膜皮肤分布于眼睛、口腔、生殖器这几个部位，口腔经常运动而且以口腔为中心的周边肌肉发达，腺体分泌均衡，是最不可能衰老的。看见过那些陈放了几年的尸体标本吗？他们的口腔肌肉还能保持一定的形态。

眼睛部分的抗衰，更多在于眼袋，只需要经常多运动一下脸部，常做眼保健操，强化眼睛部位的微循环，就没啥问题。如果有空闲时间，可以把苹果、青瓜、马铃薯切薄片后敷在眼睛上当眼膜。

第二个层面，是比较容易让别人看到的骨骼抗衰，这更多是针对身体的运动功能，如果能从外观上判定，那种状态已经是不可逆的了。比如整个身体的萎缩，或者身材变得臃肿不堪，那绝对是回天乏术。

骨骼抗衰可以细分为以下三种：

（1）硬骨头抗衰。

（2）软骨头抗衰。

（3）骨胶原抗衰。

硬骨头的抗衰老，更多是补充钙质和少量铁质，还有就是进行适量的运动，这是经过长期积淀而成的，再强悍的辐射也不可能让一个人瞬间变成侏儒，支撑人体的骨骼是最不容易改变的。

硬骨头的抗衰老也简单，有下面四个步骤：

第一步，小时候多蹦蹦跳跳，别一动不动。小孩活蹦乱跳，父母头疼，但小孩不爱动，家长也会苦恼。骨骼在发育的时候没有得到应有的拉伸，之后再怎么补充钙质和铁质都是枉然，因为骨头定型以后就没有那个容量了。

第二步，偶尔吃一些豆制品，这样就能适量补充钙质和铁质，如此可补充骨骼的质量，但狂吃也不行，会导致身体里面长结石。

第三步，做支撑性运动，例如俯卧撑，偶尔强化一下骨骼的承受力，骨骼得到了适当的锻炼，就不容易老化。

第四步，到了中年的时候，多熬些靓汤喝，如鱼头汤、牛骨汤、猪骨汤、羊肉汤。

另外，市面上说能补充骨骼发育的产品，除非是出自某个知名研究所，否则都是卖噱头，没有任何实际意义，或者富含酮类荷尔蒙，吃了会让骨头产生不必要的增生现象。

软骨头更多是指身体中的一些软骨组织，透明软骨间质内仅含少量胶原纤维，基质较丰富，新鲜时呈半透明状，主要分布于关节软骨、肋软骨等部位。软骨头有两种生长方式，它的内积生长又称膨胀式生长，是通过软骨内软骨细胞的长大和分裂增殖，进而继续不断地产生基质和胶原，使软骨从内部生长增大。它的外加生长又称软骨膜附加生长，是通过软骨膜内层的骨祖细胞向软骨表面不断添加新的软骨细胞，产生基质和纤维，使软骨从表面向外扩大。

如果软骨头衰老，那活着就是遭罪，骨头连接的位置容易磨损，只要稍微一动，身体的神经丛都会产生紧绷的现象，不是这里疼就是那里痛，到时候你能安静地躺在床上就已经很不错了，别指望还可以四处游玩。

软骨头的抗衰老比硬骨头的抗衰老简单一些，因为软骨头可再生。

第一，别久坐不动，再没时间、空间范围再小也要不时走动一下。我们可以看到那些经常宅在家或成天坐办公室的人，身体状况十分糟糕，因为他们身体的软骨头已经退化。

第二，多晒晒太阳，很多人之所以饱受软骨头退化所带来的疼痛折磨，是因为体内缺少维生素D，这一现象在女性身上尤为明显。缺乏维生素D目前被视为慢性疼痛的一种新的危险因素，长时间生活在都市、喜欢熬夜、皮肤较黑的人及老年人等，都是缺乏维生素D的重点人群，特别是不经常进行户外运动的老年人。维生素D可从阳光中获得，也能从牛奶、果汁和谷类中摄取，但单从食物中很难摄取足够的维生素D，所以多晒太阳成为吸收维生素D的有效途径。因此，当你长时间遭受腰背疼、颈椎病、偏头痛、骨质疏松、关节疼等病痛困扰时，不妨走出家门，多享受阳光沐浴。

第三，不要吃太多饱含脂肪的食物，当人体摄取了太多的脂肪，软骨组织的承受力就加大，而为了代谢或者燃烧吸收进身体的脂肪，就要从软骨组织那里抽取部分的营养，这将直接导致发育不良。最简单的例子，如果小孩一旦长胖了，就很难再长高了。

骨胶原维系着骨骼与肌肉的协调生长，也维系着人体复杂的筋膜体系，相当容易老化。不时跟着小孩跑上几圈，体内的骨胶原就会消耗16%，做10个引体向上，骨胶原就会减少30%左右。但是，骨胶原的补充也很容易，一日三餐饮食正常，每天保证8小时睡眠就足够了。

骨胶原的抗衰老，更多的应该是防止骨胶原流失。

第一，吃好喝好玩好睡好，骨胶原就会不断地产生。当然，如果缺乏运动，那么肥胖的危险也会同比例提升。

第二，适当进行肢体的拉伸运动，做不了“一字马”也可以练练垂吊，垂吊没有条件也可以伸伸懒腰，反正就是让残余的骨胶原代谢一下。别以为残留的骨胶原是个宝，你是否偶尔会感觉关节处被堵塞，或者到医院做核磁共振，有时会看到关节处模糊不清，这就是骨胶原残留。

第三，时不时去泡一下温泉，有助于骨胶原的正常代谢，如果没那个条件和时间，家里有浴缸的也可以进行泡澡。

第三个层面，别人没法轻易看到但自己有感觉的器官的抗衰老。

身体器官也有衰老的差异，除非是功力非凡的医生，否则一般人还真不能从外表看出器官的衰老迹象，很多人连自己的器官是否属于衰老的范畴都不知道，也就是连感觉都没有，一旦到了崩溃的时候便一夜白发。

怎么简易地辨识身体器官的衰老程度，请看下表：

身体器官的衰老征兆

主要器官	衰老征兆	不可挽救的衰老
心	印堂发黑；指尖不再饱满	额头完全没有光泽；眉心印堂位置乌黑；十指皮肤枯瘦
肝	皮肤蜡黄	眼睛严重发黄；脸色晦暗
胰	脸部皮肤下垂；脸颊失去光泽	伤口不易愈合
肺	脸色苍白	体型萎缩；精神不振
肾	眼圈发黑	腰背无力；眼中没有聚焦
胃	有口气，而且口气很大	口气中带有强烈的腥臭味；言语无力
小肠	肚子疼；消化不良	经常肠道梗阻
大肠	经常拉肚子	偶尔失禁；容易便秘
膀胱	尿频尿急	尿失禁
子宫	经常性痛经；宫缩无力	肿瘤；癌症
卵巢	内分泌失调；腹股沟位置闷痛	不孕；容易肥胖，不容易消瘦

对于器官保养的最佳方式，理论上就是更换器官，但事实上很难做到。现在最常见的肾脏移植手术也有13%左右的失败率，还有移植以

后的各种排斥反应，所以也只能停留在理论阶段而已。

每个器官本身的细胞结构和功能都不一样，很难说达到同步抗衰，但如果逐个逐个地来，也容易造成顾此失彼的窘态，所以器官的抗衰老，治标不治本。

一是，多去郊外散心，多吸收负离子。

二是，别吃太多的有机食物，可回归到最简单的饮食方式。

三是，对于很多高科技高电子正负极的仪器，如果没有必要无须过多接触。

四是，有便意就及时排放。尿液中一般含有一种或几种致癌物质，均能刺激膀胱上皮使其癌变；粪便中的有害物质更多，如硫化氢、粪臭素、胆固醇代谢产物和次级胆酸等致癌物，若经常刺激肠黏膜，也会导致癌变。

五是，过敏体质的人要强化身体的锻炼。

六是，多补充相关的维生素。

上述几点似乎是老生常谈，当中的原理我们就不一一详述了。

第四个层面，是自己极少感觉到但起重要作用的腺体抗衰老。

很多人可能会觉得，腺体既看不见也摸不着，如何知道是衰老还是健康？毕竟腺体和器官不是同一个东西，虽然两者在生理上经常黏在一块，一个出问题，另一个也逃不了。

分辨腺体的衰老程度，我们可以从两个角度看，一个是身体的毛发，另一个是身体散发出来的气味。

首先，身体的毛发状况说明腺体的衰老程度。

毛发遍布全身，与腺体末端是对等的，头发暂时除外，因为现有的科学研究都没有办法证明头发跟腺体的明确关系，但头发变白一定是由于身体的部分腺体衰老。

气味就更不用说了，它是腺体末端发酵的产物，代表了腺体的状态。

毛发的多少，往往也是判断身体衰老和患有疾病的一个重要指标，特别是生长在生殖器位置的体毛。体毛的多少男性和女性个体存在着很大差异，一般情况下，女性体毛较男性少。女性体毛一般是在乳房开始发育时长出，首先在大阴唇处出现，继而发展到阴阜三角地带，其体毛的分布呈倒三角形。腋毛是在体毛出现之后，月经初潮之前长出。

有些女子无体毛和腋毛的生长，原因之一是其体内雄激素水平较低；原因之二是阴部及腋部毛囊中接受雄激素的受体对雄激素不敏感或存在其他缺陷，也有的是完全没有这类受体。当体毛和腋毛高度稀少或缺乏时被称为少毛症，大约占人群的2.5%。体毛过少在少数女性身上是一种病态，极少少毛症属于病理性的。这个并不是什么衰老的特征，更不是民间所说的“白虎”，克夫克妻之类的。

如一种称为特纳氏综合征的性染色体异常遗传病，也称为性腺发育不良或先天性卵巢发育不全，患者的染色体多为45，X，少了一条性染色体，是性细胞成熟过程中性染色体不分离或丢失所致。这种女性患者的性腺机能不全，表现为低矮，蹼颈，乳房发育不良，外生殖器幼稚，阴阜无毛或少毛，因卵巢无滤泡而伴闭经，无生育能力。这种状态也不能叫衰老，因为它是一种遗传性疾病。

具有甲状腺机能低下的妇女无腋毛，体毛也稀少，单纯性性腺发育不全也伴有少毛症，这也不是什么绝症，但是在生育上会存在一定的困难。

当体毛不断脱落的时候，就是腺体衰老的开始，只有一种例外的情况，就是用了除毛剂或者受到一些辐射的感染。

体毛的多少与遗传因素密切相关，可以有较大的个体差异。与头发一样，体毛也会因新陈代谢而发生脱落。体毛大约每半年更换一次，每天有10～20根脱落。随着年龄增大，性激素分泌逐渐减少，毛囊渐渐萎缩，体毛脱落速度增加，数量会变得逐渐稀少，并由黑变白，这均属正常生理现象。更年期前后，体毛脱落速度加快，如无特殊异常表现，也属于生理性的，无须担忧。

有些人在成年，甚至在青少年期，就发生严重的体毛脱落，这就应该引起高度重视，因为出现这种情况，大多数是因某种疾病引起的。比如长期服用一些药物，如抗肿瘤药、抗精神病药及治疗风湿疾病药等，均能引起体毛脱落。此外，干燥综合征、甲状腺功能减退症、内源性肥胖症、肾上腺皮质功能减退症等，都可导致体毛脱落。由此可见，体毛脱落也可以是某些疾病的症状之一。

如果生殖器外的阴毛明显脱落，并逐渐加重，并且伴随着生殖器黏膜出血的症状，应及时就医，因为可能是一种癌症。

当体毛掉得差不多，皮肤变得额外粗糙的时候，证明腺体也衰老得差不多了。

那是否体毛多就不是衰老的征兆?

有的女性出现多毛，往往也是疾病的象征，患有嗜酸性或嗜碱性垂体腺瘤的女性，生殖器常发生多毛现象。前者出现手指香肠样变、牙床变厚、舌头肥大、性腺机能失调；后者出现脸部如满月、腹大如鼓、皮肤粗糙伴有闭经和高血压。反正外表怎么看都不雅，不会让人有美的感觉。患有肾上腺皮质过度增生及肿瘤的女性，雄性激素分泌过多，从而引起体毛过多，要确诊也不用到医院，看看阴蒂是否肥大就可以下结论了。多囊卵巢综合征也会出现多毛的现象，其特点是开始不多，出现闭经或月经稀少、肥胖、不孕等病情之后体毛明显增多。此外，还有遗传性多毛、药物性多毛、神经性多毛者，都可以让体毛疯狂地生长。

但这也只是疾病的状态，还不是衰老的状态，如果不改变疾病的状态，那么就直接和衰老挂钩了。

（1）体毛颜色变化。

白色：体毛变白常见的有营养和精神的因素、全身疾病及一些白化病等，体毛白色是黑色素减少所致，与年龄有关，经常按摩或者像捋头发一样捋体毛可延缓毛发变白的进程。

黄色或红色：也与年龄和营养有关，与白体毛的道理相似，有的年轻人为了体毛的漂亮会把体毛染成各种各样的颜色，这样做的后果只会加速体毛的衰老。

（2）体毛上有附着物。

体毛上有杂乱的皮屑可能是患有体毛癣，是微小棒状杆菌感染所致，细菌生长在毛发表皮细胞内与细胞间，很少累及皮质，表现为体毛的毛干上有黄、黑、红色皮屑，质地坚硬或柔软，呈结节状或较弥漫围绕毛干。毛干失去光泽、变脆、易折断，毛根和皮肤不受累。

总的来说，体毛整洁是身体是否需要营养和是否需要清洁的特征，看看路边的流浪者就知道了，一个个都比较显老，主要是因为没有营养和缺乏清洁的缘故。

其次，辨别腺体衰老的另一个特征是身体散发出来的气味。

身体散发出芬芳的气息无疑是迷人的象征，但是如果散发出不雅的臭味，实在是令人尴尬的事情。异常体味不仅不雅，而且是身体过早衰老的信号。

一般人的体味，自己不刻意去闻，是无法觉察的，如果是闻别人身上的体味，则是相当容易的事情，特别是喜欢的异性。

什么样的体味代表着腺体的衰老?

（1）酒味。

身体散发着酒味，或者口中散发着浓烈的酒味。如果是大量饮酒后或者醉酒，浑身散发这种味道不足为奇，但如果没有碰任何酒精类的东西，口气中也带着酒味，那么只意味着一件事情，你的消化腺衰老了，无法消化胃部大量的食物，导致胃部食物自行发酵。

一开口就是一股酒气的味道，那并不是男人的“朝气”，反倒是男人的“暮气”，女人也一样。从健康角度看，有这种气味的人，离胃癌不远了。

（2）粪臭味。

即便是刚去完洗手间，身体也不可能散发出一股粪臭味。如果身体时不时产生这种味道，只意味着一件事情，你的肠道保护腺体已经衰老了。衰老的第一个问题就是膀胱结肠瘘，这时候肠道里的粪便可通过瘘管进入膀胱，溶于尿液中，因而排出的尿通常带有粪臭味。此外，如果是脐尿管粪瘘，那粪便从脐部瘘管漏出来，不管你还能不能控制大小便，身体也可散发出难闻的粪臭味。

（3）枫糖味。

枫糖味又称烧焦糖味，是枫糖尿症患者最常散发出的气味，枫糖尿症属于常染色体隐性遗传病。一般有糖尿病潜在基因的人会在50～60岁的时候产生，如果过早产生，那么就证明胰腺已经开始衰老。这种状态的危害还在于可能毒害脑细胞，造成脑组织严重损伤，引起患者智力衰退，甚至成为白痴。

这是有家族糖尿病病史的患者需要注意的，但家族没有糖尿病病史的人如果出现这种情况，那就只意味着一件悲剧的事情，你的基因开始变异了。

（4）脚汗味。

如果你有浓烈的脚汗味，那么你可能患上了汗足臭综合征，这是一种常染色体隐性遗传病，其主要临床表现为特殊脚汗气味，智力低下和共济失调等症状。由于短链脂肪酸的代谢异常，体内异戊酰辅酶A脱氢酶的活性消失，异戊酰辅酶A不能进一步氧化，致使异戊酸及其衍生物蓄积在体内而引起。患者的呕吐物、呼气、尿液、皮肤乃至血液均散发出一股特殊气味，为一种乳酪气味或者汗足的强烈臭味。

如果不是因上述的病症而产生脚汗味，也就是所谓的“脚气”，就是脚上的皮脂腺衰老，任其发展，不仅是脚气越来越重，而且小腿部位也是越来越粗。

（5）尿臊味。

有慢性肾炎或肾病的患者，病程进展到慢性肾功能衰竭阶段（俗称尿毒症），由于无尿，某些毒性物质（如尿素氮、肌酐等）不能排出体外而潴留于血液中，会使患者呼出的气体散发出尿味或氨味，它是病情趋于危重的一个信号，脐尿管尿瘘的患者的尿液从脐部瘘管漏出来，身上也可散发出难闻的尿臊味。

如果男士没有上述的病情，但是浑身散发出一股尿骚味，那证明一件事情，就是男士的前列腺已经开始衰老，如果再不对前列腺进行养护，那么除了身体不断散发若隐若现的尿骚味外，还伴随男士的性功能障碍。

别以为这一病症跟女士绝缘，女士若没有上述病情而产生尿骚味，那就是尿道出现了问题，如此极易患上膀胱结石和肾结石。

（6）腥臭味。

如果身体出现腥臭味，而且偏向于鱼腥臭，很可能是得了鱼腥臭综合征，这同样是一种先天性隐性遗传病，由于人体肝脏缺乏三甲基胺氧化酶，致使三甲基胺在体内不能被肝脏代谢，大量蓄积，患者的汗液、尿液、呼出气体中排出大量具有鱼腥臭味的物质——三甲基胺。

要是真遇上鱼腥臭综合征，除了自认倒霉，还真没有办法可以挽救，因为它是基因性疾病。但如果不是，那么就是肝脏腺体的分解能力和代谢能力衰弱了，除了产生这种气味外，体型还会变得相当臃肿。

（7）肝臭味。

爆发性肝炎或者其他原因导致的肝功能严重损害的患者，常呼出一种特殊性臭味，俗称肝臭。熊胆粉胶囊由于甲基硫醇和二甲基二硫化物不能被肝脏代谢，从体内散发出的一种特殊气味。肝臭味表明肝脏功能受到严重损害，是病情危重的表现。

这种状态是肝脏本来就不行，还连累到腺体的衰老，如求逆转唯有换肝这条途径可以选择。

（8）烂白菜味。

由于体内缺乏酪氨酸转化酶，导致酪氨酸代谢障碍而潴留于血液中，身体便会散发出一种类似烂白菜的怪味。出现这种现象的人还一般附带有生长发育缓慢，并且容易并发佝偻病、肝功能不全以及低血糖症，经常发生低血糖晕厥或抽风。

若患上此症只需补充酵母片就足够，不过要在青少年的时候就要开始补充，若是到了中年再补充，那就没有多少意义了。

（9）烂苹果味。

身体能散发出烂苹果味，也是糖尿病患者的专利，特别是在病情严重时，大量脂肪在肝脏里氧化而产生酮体，并扩散到血液中，致使呼出的气息中带有丙酮，闻起来像烂苹果味。

如果不是糖尿病患者，身体散发出烂苹果味，那更多是尿液中毒的现象，若不理会问题也不大，就是身体动不动就产生水肿现象，手粗脚粗便也成必然。

（10）猫尿味。

身体散发猫尿味常见于高甘氨酸血症，这是一种氨基酸代谢障碍疾病。患者表现为智力低下，骨质疏松，血液中白细胞与血小板减少，易发生感染或出血。

正常人极少出现这种猫尿味，万一真出现了，是肾衰或者肾癌晚期的表现，该担心的不是衰老的问题，而是生存的问题了。

（11）狐臭味。

狐臭味常见于腋臭的患者，腋窝皮脂腺分泌的皮脂经细菌的作用，散发出特殊的狐臭味。在青壮年期，皮脂腺分泌旺盛，狐臭味也尤其重。

有狐臭并不代表衰老，但狐臭变得酸腐和刺鼻，同时皮肤产生溃疡，那就真的是皮脂腺衰老了。皮脂腺衰老并不是什么好事情，身体皮肤会因为无法排出脂肪而臃肿，要命的是狐臭会停留很久，大家唯恐避之不及。

（12）大蒜味。

大蒜味常见于有机磷农药中毒患者，其呼出的气体、呕吐物可散发出刺激性蒜味。

如果是一个城市里的人，很难跟土生土长的农作物打交道，呼气中依然存在大蒜味，那就明显是积累下来的毒素，整体腺体衰老化，武侠小说中常提到的慢性毒药就是这种现象了。

其实，对于腺体的抗衰也不怎么复杂，为什么有些人50多岁看起来只有30多岁？是不是他们有什么保养的秘方？不管是男人还是女人，只要能保证腺体分泌的正常化，那么整个人看上去还是很年轻的。

第一，去除多余的毛发。胡子要刮干净，腿毛可以尽量剃光，生殖器的耻毛要经常修剪。

20岁以内的女性，阴毛是不用修理的，因为阴毛的主要功效是用来防止外来细菌对阴道的侵袭，同时遮蔽尿道口。20岁以后，由于腺体大量分泌，加之性行为的发生，所以需要修理，主要是防止自内而外的分泌粘连在阴毛上，造成了细菌繁殖。因此，20岁以后女性，如果不经常对阴毛进行梳理，很容易患上反复不断的妇科疾病。

男性的耻毛没有什么实际性的用途，但是要经常清洗，否则很容易滋生细菌。

调查发现，刮胡子的男人比胡子拉碴的男人看上去年轻5.5岁。皮肤学专家肯尼思·比尔博士在《自然医学》中表示，去除身体多余的毛发会刺激表皮胶原蛋白的产生，让皮肤更光滑。

第二，少吃热量高的食物。

减少热量的摄入有助于减少炎症发生的概率，而发炎会导致人的认知能力下降。营养科学证明：最好将每日热量的摄入减少30%，比如原来每日摄入2500卡路里，那么最好减掉750卡路里。

第三，睡眠充足，常锻炼。

一项为期22年，涉及21268名成年人的新研究发现，男人每晚睡眠少于7小时，早亡危险增加26%，但超过8小时，也会使早亡危险增加24%。同时，长期睡眠不足会加快面部衰老，因为眼周肌肉可在睡眠中眼球快速转动时得到锻炼，而睡眠不足，眼周肌肉就会发生萎缩，留下黑眼圈。每周进行3小时一定强度的锻炼，可以让人感觉身体年轻10岁。

第四，男性有晨勃，女性有性兴奋。

清晨勃起硬度越高，代表着男性血管越年轻。《美国医学杂志》

最近刊登的一项研究表明，每周性生活不到1次的男性，ED（勃起功能障碍）的发病率将上升2倍，而每周性生活3次以上，ED减少4倍。

女性想保持年轻，就必须拥有强壮的心脏，让血液缓慢而有效地流动。来自美国心脏、肺脏和血液学会的迈克·劳厄说：“人的平均寿命是心跳30亿次，若能减慢心跳次数，则可延长寿命。”所以，在忙碌的工作、生活中抽空外出旅行散心，以此放慢自己心跳的节奏，大有裨益。

第五，训练大脑，年轻15岁。经常做脑筋急转弯等大脑训练题，可以让45岁的人获得30岁人的大脑活力和记忆能力。

第六，多吸收维生素A。

随着年龄的增加，细胞循环过程明显减慢，皮肤缺乏胶原蛋白。这在人体皮肤最薄处、厚度仅为0.02毫米的眼部表现得最明显。最新研究发现，维生素A有助于产生新的胶原蛋白，除皱效果好。

第五个层面，就是人体最基础的细胞抗衰。

上面所提到的皮肤抗衰、骨骼抗衰、内脏抗衰、腺体抗衰都是可以同时看见并且感知的。但如果说到最根本的抗衰途径，就是构成人体最基础的细胞，人体的每个细胞都能抗衰，那才是人体的终极抗衰。

细胞恐怕没有人不认识，只不过没有多少人知道构成一个正常人身体的各个种类的细胞有多少而已。现在，我们必须强调一点，在皮肤还没有衰老之前，细胞就已经开始衰老了，如果在细胞衰老的时候更新或者激活一下，让细胞重新获取新陈代谢的活力，那么皮肤将不会轻易衰老，这就是人体的定律。

那么，如何知道自己的细胞有没有处于衰老的状态？对照以下六项内容自查，就可以清楚自身细胞的抗衰情况，如果不幸全部都有，那你就得注意自己的状态了。

第一项，是不是容易头晕？

如果你是办公室一族，那么早起头晕最有可能的原因就是长期用电脑使得颈椎出了问题，压迫椎动脉，影响脑供血。如果平时饮水少、运动量小，血黏度比较高的人，也极易造成大脑供血、供氧不足。

如果不是上述的状态，身体哪天感觉突发性的头晕，而过后到医院检查发现什么事都没有，那么就是血液细胞已经弱化的征兆。因为此时血管内的血细胞已经没有力气输送氧分，而头部是最敏感的位置，所以会产生阵发性的头晕，但恢复以后不会留下明显痕迹。

第二项，虚汗多不多?

运动流汗是人体最正常不过的，毕竟身体产生的热量要释放出去，同时把坏死的细胞代谢出去。如果仅仅是运动了几下，热量也没有产生多少，汗水就不断往外冒，这就是所谓的“虚汗”，虚汗是大量水分从体内流失。

为什么身体会大量流失水分，简单来说就是身体无法锁住水分，身体的细胞无法更多地吸住水分，这足以证明身体黏膜部分的细胞已经开始衰老。

第三项，是不是容易浮肿?

别以为能把水分锁住就是好事情，狂喝水后，第二天体重马上飙升两三斤，过后得禁食一个星期才能把体重减下来，这就是身体的“水肿”。很多女性早上起床的时候眼睛会有一种水肿的感觉，严重一点的话眼睛会眯起来。其实，女人很容易在清晨出现水肿，尤其眼睛最为明显。一般是因为前一晚临睡前喝水太多。不过，如果自身的血液循环不好，也有可能由于血液循环系统来不及将体内多余的水排出去，让水分滞留在毛细血管里，甚至回渗到皮肤中造成水肿。这个时候身体的水分不容易流失，但是也不会被吸收，结果水分全部都积聚在腺体当中。

为什么身体不吸收水分，这是因为腺体当中的细胞已经开始罢工，本着事不关己的态度，任由水分子在身体来去自如。身体的水分多了，对于肾脏就是一个重大的负荷，肾脏代谢功能一旦失调，那身体的免疫细胞就会大部分失效或者完全衰老。

第四项，尿酸高不高？

尿酸也是人体新陈代谢的一种产物，主要由肾脏排出。体内的尿酸大约有1200毫克，每天新生成约600毫克，同时排泄掉600毫克，处于相对平衡的状态。但如果体内产生过多尿酸来不及排泄或者尿酸排泄机制退化，则体内尿酸滞留过多，当血液尿酸浓度大于7毫克/分升时会导致人体体液变酸，影响人体细胞的正常功能。当尿酸在血液里的浓度超过正常值时易沉积在软组织或关节引发急性发炎反应。因尿酸溶解度较小，当体内的尿酸积聚过多时，可形成尿路结石或痛风。完全没有尿酸代谢，那是绝不可能的事情，因为身体需要核酸来激活各种酶物质，而核酸会生成尿酸。

尿酸高，代表着身体大量的核酸是用于激活身体所需要的酶，别以为这是好事，因为人体的核酸相当有限，大量消耗将意味着人体生理环境遭受破坏。

第五项，容易有宿便同时皮肤容易变黑？

宿便即肠道内长期淤积的陈旧大便，一般3～5日不解大便而停留于肠管内的粪块叫宿便。宿便是人体肠道内一切毒素的根源，它所产生的大量毒素被人体吸收后，将降低人体免疫力，诱发各种疾病，严重危害人体健康。宿便的主要原因就是由于他们饮食过于精细，摄取的膳食纤维不足，而宿便好发的部位以结肠为最。

有毒素不要紧，能排掉就好了，不要让身体产生二次吸收。如果真的发生了身体对毒素的二次吸收也问题不大，因为还是可以排掉的，如果身体对毒素的二次吸收都排不了，那么身体就麻烦了。

宿便产生的毒素是会透过大肠的肠壁重新让身体吸收，这时候身体的免疫细胞就会把毒素送往皮肤外，通过汗腺代谢。同时免疫细胞也会强化大肠肠壁上的保护，让宿便排出。但如果免疫细胞衰老了，那么毒素就不断堆积在肠道当中，或者干脆在皮肤淋巴管的末端停留，所以皮肤就容易呈现黑色。

这一项与前面五项不一样，这意味着整个身体的防御系统的直接衰老或丧失。

第六项，运动过后，瘀斑是否持续不散？

生命在于运动，既然是运动，那么运动当中磕着碰着在所难免。在磕着碰着后，皮肤容易产生瘀血的斑块，简称"瘀斑"，这也只是证明皮下脂肪太少，同时末梢血管容易出血，没有什么大不了的，因为可以再吸收。但如果瘀斑在皮肤上停留太久，就证明身体的微循环已经失去该有的恢复能力。

瘀斑是血液滞留或凝结于体内，包括血溢出于经脉外而瘀积，也包括血脉运行受阻而滞留经脉腔内，既是病理产物，也是人体内的老、旧、残、污血液，是气、血、水不流畅的病态与末梢循环不畅的产物。

人体衰老是定律，怎么跟时间竞赛，人都是会输的，但上帝也给了人类翻身的机会，就是人体具有潜在的细胞自我修复功能，只要利用好细胞的这种功能，还是可以在一定程度上延缓衰老。而瘀斑就是细胞修复功能最显著的标志，瘀斑容易散证明身体细胞的修复功能完善，反之就是不完善了。

细胞的抗衰老，可不比皮肤抗衰老轻松，你要是觉得皮肤难看，可以用各种粉底、遮瑕液或者BB霜厚厚涂抹。但细胞不行，因为细胞就是最基础和最本质的东西，只有把它养好才是身体抗衰老的王道。

人体基础细胞可以分为以下四类：

第一类，流质细胞，包括各类血细胞、淋巴细胞、腺体胶原、纤维细胞，都是流动的，完全不会停顿在某一个位置上。这类细胞天天都在凋亡，也天天都有新生，在总量上维持不变，除非产生疾病。

第二类，器官不稳定细胞（labile cells），这类细胞总在不断地增殖，以代替衰亡或破坏的细胞，如表皮细胞、呼吸道和消化道粘膜被覆细胞、男性及女性生殖器官管腔的被覆细胞、淋巴及造血细胞、间皮细胞等，这些细胞的再生能力相当强。

第三类，器官稳定细胞（stable cells），在生理情况下，这类细胞增殖现象不明显，似乎在细胞增殖周期中处于静止期（G_0），但受到组织损伤的刺激时，则进入DNA合成前期（G_1），表现出较强的再生能力。这类细胞包括各种腺体或腺样器官的实质细胞，如肝、胰、涎腺、内分泌腺、汗腺、皮脂腺和肾小管的上皮细胞等；还包括原始的间叶细胞及其分化出来的各种细胞。它们不仅有强的再生能力，而且原始间叶细胞还有很强的分化能力，可向许多特异的间叶细胞分化。例如骨折愈合时，间叶细胞增生，并向软骨母细胞及骨母细胞分化；平滑肌细胞也属于稳定细胞，但一般情况下其再生能力弱。

第四类，器官永久性细胞（permanent cells），属于这类的细胞有神经细胞、骨骼肌细胞及心肌细胞。不论是中枢神经细胞还是周围神经的神经节细胞，在出生后都不能分裂增生，一旦遭受破坏则成为永久性缺失。但这不包括神经纤维，神经细胞存活的前提下，受损的神经纤维有着活跃的再生能力。心肌和横纹肌细胞虽然有微弱的再生能力，但对于损伤后的修复几乎没有意义。

要流质细胞永远保持活力，可采取以下三种方法：

第一，多吃一些如芝麻、花生、黄豆、胡萝卜、鸡肝、猪肝等富含维生素A的食物。根据季节来调整喝水的量，睡前切忌喝过多的水，避免大量饮酒，或吃太多汁的水果。

第二，大量补充维生素C，维生素C是最有效的抗氧化剂之一。人体不能自身合成维生素C，但多数绿色果蔬都含有维生素C，另外也很容易买到多种维生素或维C的营养品。维生素C对于保证细胞的完整性和代谢的正常进行至关重要。充足的维生素C还可维持肝脏的解毒能力和细胞的正常代谢。只需稳定肝脏对于血液的净化功能，那么血液细胞就可以得到最大的巩固。血液中维生素C含量与人体内hdl-c含量成正比。每天吃3~4份富含维生素C的食物，如柑橘类水果、马铃薯、椰菜、花椰菜、草莓、番木瓜和深绿色多叶蔬菜等，能提高人体血液中维生素C的含量，从而提高体内hdl-c的数量，保证血管畅通。

第三，有条件就多吃鱼类，一项针对Ω-3（omega-3）脂肪酸（存在于金枪鱼、鲭鱼、鲑鱼和沙丁鱼等鱼类中）对hdl-c的影响进行的研究表明，当吃鱼的次数达到每周1次甚至每天1次时，能有效减少饱和脂肪的摄入量。脂肪的摄入量减少了，血液和淋巴就没有太多的负担，这样就更容易维持血液细胞和淋巴细胞的活力。

要器官不稳定细胞永葆活力，应注意以下三点：

第一，多补充维生素E，糙米、鱼、蛋、豆类、黄绿蔬菜及维E营养品等，因为维生素E基本是让器官不稳定细胞得到更多的补充，同时也能经受细胞的不断消耗。

第二，晚上不要睡得太晚，增加运动的时间，办公室一族可以利用凳子做一些简单的运动，不要吃太多的零食。这个办法看似简单，每40分钟左右就做做运动，估计没有多少办公室的久坐族能真正做到。这个方法是减缓器官不稳定细胞的消耗，使之保持在一定的数量，那么细胞体就可以更有活力。

第三，起床后可以在屋里做一些简单的肢体运动，比如伸展、抻拉、缓速蹲起、扩胸等，一方面可以把你的懒筋拉伸，激活兴奋细胞，另一方面也可促进血液循环，缓解浮肿。这个方法是让脂肪短暂性地运用起来，或者轻微燃烧，这样就可以在每天早晨都有足够的器官不稳定细胞补充到器官当中。

要器官稳定细胞永葆活力，应注意以下三点：

第一，尽量少服不需要的药物，有些药物包括中药、西药是有毒性的，例如抗生素、消炎痛剂等药物会产生自由基。生病了当然要吃药，否则命都没了。但不需要药物的时候，就应该远离。这样，器官稳定细胞就不会轻易遭到破坏，能够正常地参与身体器官的运作，保持身体器官的年轻态。

第二，补充β-胡萝卜素，这个是让神经细胞正常工作的关键，神经正常了，器官的细胞代谢才能完全稳定，β-胡萝卜素食物来源就是绿叶蔬菜和黄色的、橘色的水果（如胡萝卜、菠菜、生菜、马铃薯、番薯、西兰花、哈密瓜和冬瓜）。总而言之颜色越深的水果或蔬菜，

β-胡萝卜素的含量越丰富。

第三，补充维生素E，器官稳定细胞不易被代谢，但是也会产生损耗现象，维生素E能促进器官稳定细胞的生成。但是，狂补维生素E会有什么后果呢？就是皮肤会形成蜡黄色，因为当身体觉得器官稳定细胞已经足够的时候，就会把吸收的维生素E全部贮存在皮肤的真皮层当中。

要器官永久性细胞永葆活力，应做好以下两点：

第一，补充茄红素，这是让器官永久性细胞得到巩固的最简单元素，食物来源就是西红柿，尤其是小西红柿，最好是熟吃。虽然经烹调或加工过的西红柿（西红柿酱、西红柿汁、罐装西红柿）所含的维生素C会遭到破坏，但是茄红素的含量可增加数倍，抗氧化功能也会更强。

第二，拒绝抽烟，避开二手烟。减少做菜的油烟，有条件最好用橄榄油，尽量少食煎炸食物。若干研究资料显示，油烟对身体有损害，却未说明伤害的是人体的哪一种细胞。

总的来说，把最原始的细胞巩固住，那么人体就有足够的资本抗衰老了。当然，随着医学科技，特别是生命医学的发展，会有更多更快、更方便的途径。

逆转流质细胞的衰老，有最原始的血液净化技术、淋巴净化技术，甚至还可以补充大量的酵素和酵母。

逆转器官不稳定细胞的衰老，有离子共振技术，或者久负盛名的羊胎素。

逆转器官稳定细胞的衰老，有生物细胞活化的干细胞技术，或者整个器官移植的外科技术。

逆转器官永久性细胞的衰老，有纳米精细补充技术，或者在本书中提到的人体胎盘素，以及顶尖生物科技的BHC因子技术。

人类的智慧是无限的，对抗衰老也不是没有方法，只不过需要转换观念和思维模式。

传说中的自由基

说到人体细胞，我们就不得不说自由基，很多美容书籍或者营养学书籍里都在说器官自由基、人体自由基、皮肤上的自由基等。

可自由基究竟是什么东西，为什么那么多人在说，但就是没有一个人能把当中的是非曲直说个透彻，让大家继续云里雾里，然后衰老的继续衰老，肿瘤的继续恶化，好像发现自由基也不是什么大不了的事情，因为解决不了问题。

下面，我们就来说说抗衰老中的自由基。

自由基，化学上也称为“游离基”，是含有一个不成对电子的原子团。由于原子形成分子时，化学键中的电子必须成对出现，因此自由基就到处夺取其他物质的一个电子，使自己形成稳定的物质，在化学中，这种现象被称为“氧化”。

我们都知道，所有事物一旦被氧化了，那几乎就完蛋了，因为已经改变了事物原有的功能和属性，不锈钢被氧化，那它就不是不锈钢，而是跟废铁画上了等号。皮肤被氧化，没有了代谢的活性，那么就是死皮一块，肌肉被氧化，没有了韧性，那跟发臭的猪肉没有太多区别，都是不能用的了。

细小到以微米为单位的细胞就更不用说了，人体的细胞电子一旦失去，整个细胞瞬间就会被氧化，也就是不能再被人体使用。一两个人体细胞被氧化没有什么影响，眨眼之间，旧的细胞被代谢，新的细胞又长出来。许多人体细胞被氧化，那就可大可小了，如果在器官当中，就会出现梗死，如果在皮肤当中，就会结痂。

我们生物体系主要遇到的是氧自由基，例如超氧阴离子自由基、羟自由基、脂氧自由基、二氧化氮和一氧化氮自由基。加上过氧化氢、单线态氧和臭氧，统称活性氧，体内活性氧自由基具有一定的功能，如免疫和信号传导过程。但过多的活性氧自由基会出现破坏行为，导致人体正常细胞和组织的损坏，从而引起多种疾病，如心脏病、老年痴呆症、帕金森病和肿瘤……此外，外界环境中的阳光辐射、空气污染、吸烟、农药等都会使人体产生更多活性氧自由基，使核酸突变，这是人类衰老和患病的根源。

对抗自由基就要做好抗氧化的工作，而这在操作层面而言很难做到。

寻常的做法可以是这样：

25岁以前，抗衰老=抗氧化+防晒+基础护理（清洁+保湿），25岁以后，抗衰老=抗氧化+防晒+基础护理（清洁+保湿）+功能性抗衰老产品（如抗皱精华，紧致精华或面霜）。

在日常饮食中多吃抗氧化剂，常见抗氧化剂有：沙丁鱼、蟹、虾、菠菜、大肠等；多吃蔬菜、海带等，减少高嘌呤食物的摄入。

低脂饮食，少饮白酒，忌饮啤酒，多饮水，每天喝8～10杯温开水。

在饮食上，还必须注意增加含植物纤维素较多的粗质蔬菜和水果，适量食用粗糙多渣的杂粮，如标准粉、糙米、绿豆、薯类、玉米、燕麦片等；多食各种新鲜瓜果和蔬菜，尤其是西瓜、香蕉、梨、苹果、苦瓜、黄瓜、荸荠、白菜、芹菜、丝瓜等；适当吃一些富含油脂类的干果，如松子、芝麻、核桃仁、花生等；多喝温开水、蜂蜜水等有助于排便。应少吃肉类和动物内脏等高蛋白、高胆固醇食物，少吃辛辣刺激性食物。

以下提供一些便捷的方法：

多吃富含纤维的食物，整粒谷物和面包等纤维含量非常高的食物，能有效降低人体内ldl-c的含量。另外，燕麦片中的膳食纤维具有许多有益于健康的生物作用，可降低三酰甘油的低密度脂肪蛋白，促使胆固醇排泄，还可以防治糖尿病，有利于减少糖尿病的血管并发症的发生。而以上只是打基础，还需要其他食物进行补充和巩固。

而后继的食物就是大豆食品，豆腐和膨化植物蛋白等大豆制品中，含有一种天然的植物化学物质，叫作异黄酮，这种化学物质有助于把危害动脉的ldl-c从人体中清除出去。

同时后继的营养物质当中，还需要胆固醇。这是人体不可缺少的一种营养物质，人体内的胆固醇绝大部分由肝脏制造，它不仅作为身体的结构部分，还是合成许多重要物质的原料，但胆固醇的长期大量的摄入会使血清中的胆固醇含量升高，增加人体患心血管疾病的风险。为了达到影响胆固醇含量的效果，每天的膳食纤维必须达到15~30克。可以在早餐中加上一盘黑莓，在午餐中加入半碗扁豆，在晚饭中加入一盘全麦面食，再加上5个对半剖开的桃干作为零食。

只是，这种方法也没见得有多省事，吃少了不行，吃多了也不行，而且时时刻刻都必须注重吸收和代谢的平衡。长此以往，机体的营养是得到了保证，但是估计人也会产生焦虑。

上述所说的就是正常状态下的抗衰老方式，大部分的女性都可以做到。然而，对于那些不得不经常熬夜加班、四处奔波或者整天应酬不断的女性呢？她们一旦改变目前的状态，就很容易失去经济支撑，所以这一类女性也最容易衰老。

我们怎么知道自身的衰老状况呢？最简单的办法就是观察自己晨尿的状态。清晨的第一泡尿中含有95%的水、0.006%的蛋白质、0.05%的葡萄糖、1.8%的尿素、0.05%的尿酸和1.1%的无机盐，尿液中包含了腺体的蛋白质代谢、身体的水分代谢和酸碱平衡代谢。可以这么说，除了纤维代谢和脂肪代谢（这两个是粪便代谢物），人体所有的代谢都可以在清晨的第一泡尿液当中产生。

那些“拼命三娘”因为没有注意休息，她们身体器官中的稳定细胞必然消耗最大，常规的补救方式在前文已经讲述，这里我们只想提醒这些女性朋友，让她们清楚自己的晨尿与衰老之间的必然关系。

尿味很重，这是身体在提醒你该吃水果或者补充维生素了，同时多喝水。身体如果缺乏大量的维生素，流经肾脏的血液浓度会提升，原尿被分离出来，比重会增大，若汗腺无法排出水分时，这部分水也会被微循环重新吸收，经过肾脏变成尿液。如果不及时改善而任由其发展，经常在肾脏产生比重大的原尿，无疑会加重肾脏的负担，弄不好就会演变成肾早衰或者肾癌。

尿中带血，血液鲜红是尿道黏膜炎症，血液暗红则是膀胱炎症。这种情况常常出现在饮食不规律、吃东西口味较重的女性身上。这并不意味着会加速身体的衰老，但是炎症会转移，如果同时存在心境问题，整个人就会显得相当憔悴。只要有足够的生命力，这种状态不用吃药也可以恢复，只是反复的次数多了，就会影响身体的微循环，在往后的岁月中，身体的很多地方都容易长出斑块。

一个女人如果在早上小便之后，卫生间里充斥着一股尿骚味，那么可以判断她已经青春不再。因为那已经是蛋白尿，证明一个人的代谢能力完全处于下坡的状态，免疫性疾病、糖尿病、肾病、紫癜性肾炎、肾动脉硬化已经在后面排好队等着了，幸运的话也许还有一两年的青春可以挥霍。

如果清晨的时候没有尿意，如果闻到尿酸味很清晰，证明身体的衰老已经在不断加速；如果尿酸味很浓烈，那么身体的衰老程度已经处于不可逆的状态。

我们建议女性朋友不要给自己过大的工作压力。要知道，抵抗身体高消耗所导致的衰老，就算是医术再高明的医生估计也没有多少灵丹妙药。

要实现身体真正意义的年轻化，最省事的抗衰老方式非荷尔蒙抗衰莫属，下面我们将为大家讲述其中的原理。

Chapter 5 黑暗中的美容师
——荷尔蒙美容

荷尔蒙是一种生命的启动元素，由高度分化的内分泌细胞合成并直接分泌入血的化学信息物质。它通过调节各种组织细胞的代谢活动来影响人体的生理活动，促使一切生命活动正常进行。

神秘的荷尔蒙

荷尔蒙（hormone）源于希腊文，后来不知道是哪位学者将其定义为由内分泌器官产生，再释放进入血液循环，并转运到靶器官或组织中发挥一定效应的微量化学物质。不管这个发现在当时是否具有科学依据，直到现在才能证明除了血液之外，每个内分泌腺都能产生一种或一种以上的荷尔蒙。

正如火车需要动力，电灯需要电力，核辐射需要核爆一样，人体如果没有荷尔蒙，别说是享受生活了，连最基本的生存都将成为问题。为什么会有习惯性流产？就是因为胎儿的荷尔蒙分泌出现偏差。器官长歪了，或者脑袋天生缺陷（脑瘫），虽说这样的概率现在只有0.3%，但缺乏荷尔蒙的平衡，这个0.3%很有可能降临到我们某一个人的头上。

人体内有75种以上的荷尔蒙，其中有25种为蛋白质类荷尔蒙，有50余种为载体荷尔蒙，平常所说的内分泌是由这75种荷尔蒙构成，如果细分下去还有上百种，没有被发现的也有上千种。荷尔蒙对人体新陈代谢内环境的恒定，器官之间的协调以及生长发育、生殖等起到了调节作用。它不但影响人的生长、发育及情绪表现，更是维持体内各器官系统健康的重要因素，一旦失衡，身体便会出现病变。一个人是否能达到身心健康，荷尔蒙起到举足轻重的作用，它由内分泌腺所制造，再由血液循环输送到身体各部分，以维持身体细胞协调功能。现代医学研究发现，人体荷尔蒙主要是由人们摄入的食物中含有的甾体母核提供的。在众多种荷尔蒙中，有十余种荷尔蒙对人体的健康和衰老发挥着极为重要的作用。我们常说如果大脑灌水了，人的行为就不太正常了，但如果荷尔蒙被灌水了，那身体就出问题了。

荷尔蒙有点神奇，它的化学成分大体上分为以下五类：

蛋白质，人体的基础营养物质之一，没了它，人就成了骷髅。若蛋白质过量，人就很容易产生水肿，喝水就饱说的就是这种状态，别觉得有趣，因为要消水肿可不是一般的困难。

多肽，例如下丘脑荷尔蒙、垂体荷尔蒙、胃肠荷尔蒙、降钙素，其实就是细胞的润滑液，很多时候影响着我们的神经，少了它，你可能全身都会疼。若多肽过量，人就很容易亢奋。

脂肪酸衍生物，是组成脂肪最基础的东西，虽然其不太招女士喜欢，但缺少了，就容易引起人体的内脏出血或者血管脆弱。若过量了，会使你的身材臃肿。

类固醇，例如肾上腺皮质荷尔蒙、性荷尔蒙，对于人体来说，基本用于性功能，如男士的伟哥（万艾可）之类的壮阳药物，都是以补充类固醇为主。要是少了，女性会变得凶悍，男性同样遭殃；太多了，最直接表现为性欲亢奋。

氨基酸衍生物，例如甲状腺素、肾上腺髓质荷尔蒙、松果体荷尔蒙等，这个不用说，每个人都知道，人体不至于产生癌症就靠它们在苦苦支撑，特别是肾上腺素，人体剩下一口气也可指望它起死回生。太多了并不代表生命力强盛，只能说明身体已经营养过剩。

不同种类的荷尔蒙，成分不同，功能也各不相同。人体产生的各种内分泌荷尔蒙的数量是极小的，基本上以微克计算，但对人体影响巨大。例如生长荷尔蒙在100毫升血液中不到1微克，你的个子就长不高，到成人时身高还不足130厘米。

一念天堂一念地狱

以前，很多人一听到“荷尔蒙”就像是遇上了艾滋病患者一样，唯恐避之不及，因为很多对医学无知的人认为，“荷尔蒙=引发癌症”，完全忽略了荷尔蒙对身体的整体调节作用。

我们现在暂且不管是谁引起了这个不成熟的理论，但我们知道，人体自身也会产生各种荷尔蒙，特别是在性爱活动的时候，荷尔蒙还会额外多分泌一些，好让身体和心理更兴奋。

其实，荷尔蒙通过调节各种组织细胞的代谢活动来影响人体的生理活动，由内分泌腺或内分泌细胞分泌的高效生物活性物质，在体内作为信使传递信息，对机体生理过程起调节作用。如果把身体比喻成一个要塞，荷尔蒙就是通信兵、勤务兵、工程兵、救护兵和低层指挥员的组合。

说得具体一点：

（1）通过调节蛋白质、糖和脂肪等物质的代谢与水盐代谢，维持代谢的平衡，为生理活动提供能量。

营养物质进来了，你得吸收和运用，否则你的身体也就是在浪费资源。为什么现在还有那么多人营养不良，吃了东西不消化，食物在身体穿肠而过，什么营养都不留下，身体就会虚弱。这个时候别说什么亚健康了，说不定连健康都没有。

（2）促进细胞的分裂与分化，确保各组织、器官的正常生长、发育及成熟，并影响衰老过程。

为什么有些人会未老先衰，只要父母没有出现同样的征兆，那就不要怪爹妈，因为这不是基因引发的，应该检查一下自身的荷尔蒙分泌，荷尔蒙中氨基酸衍生物跟多肽类合成出现障碍，管你心境还是不是停留在18～20岁，反正你的身体状况已经是60岁的老人家了，剩下的岁月自己看着办吧。

为什么有些人的身体老是发育不成熟，例如先天性心脏病、手脚畸形等，这些情况还真和你的父母有关系，他们选择了在身体条件最差的时候怀孕，胎儿的荷尔蒙得不到均衡发展，能不出问题吗？

（3）影响神经系统的发育及其活动。

抛开经验，9岁的小孩跟70岁的老人比智力，或比创意，赢家几乎都是小孩。9岁的孩子，身体荷尔蒙分泌相当充足，可源源不断地供应到神经系统当中，因而小孩的智力可以一天一个台阶，潜力无限。70岁的老人身体里的荷尔蒙已是强弩之末，没有什么大毛病已经很幸运了。

（4）促进生殖器官的发育与成熟，调节生殖过程。

人性的演变完全离不开两性，毕竟这是人类的繁衍本能。不管是男人还是女人，如果亲密关系不行，那剩下的基本就是睡觉和吃饭。如果身体荷尔蒙中的类固醇分泌不足，跟癌症是绝缘了，但跟阳痿和性冷淡就走得更近了。

（5）与神经系统密切配合，使机体能更好地适应环境变化。

旅行时，晕车、晕船、晕飞机，甚至走路都出现低血糖，这是身体适应能力差，完全是因为荷尔蒙没有快速分泌的原因。过去研究荷尔蒙，不仅可以了解荷尔蒙对动物和人体的生长、发育、生殖的影响及致病的机理，还可利用测量荷尔蒙的多少来诊断疾病；新时代研究荷尔蒙，就是为了能让自己的美丽可以持续，女人对此尤为热衷。

荷尔蒙就是女人生命的一切

世界上只有男人和女人两类人。男人分两种，一种是强壮的男人，另一种是极端强壮的男人。体内的荷尔蒙分泌少、欲望少，就是强壮的男人；荷尔蒙分泌多，自身的欲望成正比例激增，就有了极端强壮的男人。女人也分两种，一种是优雅的女人，另一种是没法优雅的女人，只要女人的荷尔蒙持续分泌，皮肤就会白嫩，眼睛看着别人的时候就是水汪汪，身材继续保持S形，任何赘肉都不会凸显出来，完全有资本说自己年年十八。反之，荷尔蒙分泌减少或者分泌不平衡，皱纹就会爬满脸颊，到那个时候鹅蛋脸也没有太多观赏意义了，或者乳房下垂，或者腰围粗大，好像有了几个月的身孕。

男人只要过了24岁，直到60岁，身体都是相对稳定的，荷尔蒙分泌或调节多少，对于男人来说，顶多也就是影响性欲的大小，还有产生癌症概率的大小，荷尔蒙的变化对于成年男性的影响可以说不占据比重，性欲不够，伟哥搭救，癌症概率高，调整饮食、远离烟酒，足够了。而女性则很不幸，她们一生都会被荷尔蒙所主宰，一发育，只要荷尔蒙分泌失调一点点，能把“林志玲”变成“凤姐”，可以毫不客气地说，荷尔蒙就是女人生命的一切。

根据一项社会调查，女人从踏入青春期开始直到60岁，对身体就一直没有安全感，所以美容、纤体永远都是朝阳产业。

18~20岁的少女害怕的是什么？痘痘、肥胖，月经不正常，荷尔蒙中的多肽类稳定起决定因素。

30岁的女人害怕的是什么？乳房下垂、脸上长斑、内分泌失调，荷尔蒙中的氨基酸衍生物稳定分泌至关重要。

40岁的女人害怕的是什么？肥胖、身材臃肿，妇科癌症，荷尔蒙中类固醇和脂肪衍生物平衡发展就能避免这些问题。

50岁的女人害怕的是什么？年老色衰、更年期提前，荷尔蒙中蛋白质的均衡补充成了关键。

60岁以上的女人害怕的是什么？基本上都是害怕孤独，到这个时候，荷尔蒙唯一能做的，就是维持生理循环。

所以，女人的一生都没法离开荷尔蒙的调节。有没有见过一些女孩，小的时候长得像花儿一样，但长大了以后却黯然失色；有没有见过一些影视女明星，前一阵子看她的时候还是曲线玲珑、灵气逼人，过一阵子再看到她的时候，已经不堪入目了。这些都是女性体内的荷尔蒙前期分泌旺盛，但后期没法持续平衡分泌的结果。

离不开荷尔蒙的美容革命

自从发现了荷尔蒙调节对于女性的美丽及成长演变所起的重要作用后，人们就从来没有停止过对女性荷尔蒙调节的研究。

1912年，瑞士科学家首次发现羊胚胎细胞中有一种能使细胞恢复活力的奇妙物质——羊胎盘素，发现者卡尔教授因此而获得诺贝尔奖。继而从1912年到1980年，瑞士、日本、苏联等众多国际生命科学领域的科学家对羊胎素做了大量研究实验，目的只有一个，为了利用羊胎素对女士的衰老起延缓或逆转的作用。现在的羊胎素技术已经相当成熟，但有一个缺陷，如果女士体内荷尔蒙没有足够的分泌，价值几万欧元的羊胎素补充进人体，也顶多只能维持三个星期。

从20世纪80年末开始，人们的研究又转向了多肽类，把氨基酸衍生物脱氢脱氧地搞了好一阵子，最后也很苦涩地得出一个结论：若要多肽类对女性的美貌发挥功效，需将此技术建立在女性自身荷尔蒙中的多肽类均衡发展的基础上，否则也是白搭。所以，我们在90年代的电视上，很轻易地看到了某明星利用吸收多肽类整容成功的广告，但过上半年便销声匿迹。

继多肽类之后，酵素又堂而皇之地被摆上了桌面。酵素本身就是一种酶，充当营养的分解和物质组合催化作用，换而言之就等同于我们现在所接触到的房产中介或婚姻中介，节省了很多营养对身体的补充时间。但到了后来，人们发现了在荷尔蒙失调的状态下，酵素对于女士保养所起的效果完全是一半一半，50%会让你变得很青春靓丽，50%会出现多种副作用，比如诱发潜在的疾病，比如产生营养的过度代谢，无疑就是赌大小，而且效果相当不稳定。

到了21世纪，医学和养生充分地结合在一起，又出现了干细胞移植的抗衰老项目，其实就是把自己身体上的肝细胞灵活运用，对于肝病的治疗是蛮有效果的。用于抗衰老也是可以的，但依然存在一个前提，就是身体在之前的三到五年内，内分泌是处在稳定的状态，否则也是在做无用功。

女人诸多的身体不适都与荷尔蒙分泌有着直接或者间接的关系，甚至很多时候医生都还没有诊断出是什么病，女人自己也能感觉到是身体哪个地方荷尔蒙分泌不足或者失调引起。

真正的恐怖

荷尔蒙之所以中用，很大程度上归功于它的靶向效果，作用于肠道的荷尔蒙不会跑到血液当中，对皮肤起效果的荷尔蒙就一定不会跟心脏搭上关系。荷尔蒙调节得好，身体营养就会达到一种均衡分配和代谢的效果，但调节不好，那就不仅仅是营养分配不均匀的问题了，还会引发内分泌失调，细胞发育异常（也就是癌症），现代人之所以畏惧荷尔蒙，都是因为怕体内荷尔蒙失调所带来的一连串不良反应。想想看，在一个国家当中，年老体弱的被派到前线打仗，四肢发达的大老粗被安排当首脑，这个国家迟早要灭亡。

“荷尔蒙”≠“癌症诱发”！

荷尔蒙真的那么可怕吗？只有那些对生命无知的人才会觉得荷尔蒙像瘟神，非典到了最后，还不是要靠大量的荷尔蒙平衡补充才能解决。遇上一些棘手的疑难杂症，所有医生首先想到的就是使用含荷尔蒙的药物。在日常生活中，唾液当中没有足够的荷尔蒙，吃什么都是一个味道；情侣之间没有强烈的荷尔蒙分泌，就不会产生激情；神经当中没有荷尔蒙，人的喜怒哀乐就没有了区别。失去了荷尔蒙，生活将失去了色彩。

或许是生物发展的原因，男人荷尔蒙的分泌一直比较稳定，极少听说男人有内分泌失调，要真失调了，要么就是大病，要么就是天生畸形。而女人天生就对荷尔蒙有很敏感的反应，会因为荷尔蒙的波动而无端遭罪。身体吸收了大量的脂肪，却没有足够的雄性荷尔蒙进行代谢，只有调节用的雌性荷尔蒙，女士的体型就会臃肿不堪，到那个时候，什么S形身段，什么身轻如燕，什么气质出众，统统与你无关。

因此，瘦身的项目当中，如果涂抹用品中加入适量的雄性荷尔蒙，身体的汗管就会大量地代谢脂肪，肌肤会显得紧致，自然能瘦下来。

女人为了丰胸，使用丰胸丸、乳腺贴、草本植物油或食木瓜熬鱼骨汤，其实都是为了促进胸部的雌性荷尔蒙分泌和胸部乳腺的发育。但为什么用完了以后，胸部挺一阵子就不挺了，或者从来就没有挺过，“太平公主”依然还是“太平公主”，这是因为胸腺当中，雌性荷尔蒙分泌过量，但是没有雄性荷尔蒙进行有效的巩固或者催化。还有一些女士孤注一掷，服用大量的黄体酮，雌性荷尔蒙和雄性荷尔蒙从身体的各个部位抽调到胸部，抑制了身体各个器官的荷尔蒙分泌，尤其是神经中枢，如此胸部是变大了，但整个人的情绪会显得相当不稳定，智商、情商也大幅度下降，成了名符其实的“胸大无脑”。

还有现在流行的身体排毒，不少人采取禁食。禁食是一种古老的做法，现在又有重新兴起的趋势，这些神秘的古老做法主要以一些限制进食的方式来达到“修身养性”的目的。但这个仅仅是个人的一厢情愿而已，禁食的前提是之前有丰富的营养补充，而且达到饱和的状态。毕竟没有蛋白质、氨基酸、微量元素、碳水化合物的补充，体内的荷尔蒙就会处于一种应激的状态，特别是女士，所以女士的身体会变得特别敏感，身体很多养分会一次性全部消耗，但体质瘦弱的女士及容易低血糖的女士就惨了，因为这个时候荷尔蒙是根据营养的比例进行分泌，一旦失衡，轻则月经失调，重则痛经，要是年长一些的女士，或许还会出现轻微的更年期综合征。

其实做那么多事情，无非都是希望通过调节体内的荷尔蒙，达到养生和美颜的目的，以及更进一步为了防止衰老。

人体的荷尔蒙种类有很多，但它失衡后的表现主要是在八个方面。同样地，只要能让荷尔蒙在人体这八个方面维持平稳的状态，那么整个人看上去就能维持年轻的状态。这八个方面分别是：

第一，脸形能呈现标准的“V”字脸，也就是俗称的瓜子脸，同时颈部与脸型有黄金比例。

第二，背部紧致，有一种流畅的线条感。肌肉紧实，能承受一定的外来压力。

第三，手臂肌肤紧实有弹性，没有松弛的赘肉。手部在抓举动作上有一定力度，同时指关节灵活。

第四，胸部挺拔，副乳健康。

第五，腰部嫩滑，没有脂肪性厚实感，同时与腹部有黄金比例。

第六，臀部挺翘，肌肤充满弹性。能承受自上而下的力度，不会轻易产生皮疹。

第七，腿部挺直，肌肉分布均匀，胯部张弛有力。

第八，私处紧致有力，分泌物顺滑细腻。

除了上述八个方面，就没有其他地方可以表现了吗？当然不是，只不过这八个方面比较明显，作为女性，只要能使这八个地方保持荷尔蒙的调节平衡，那么在身体的其他部位，荷尔蒙也会相应地保持住调节平衡的状态，特别是私处，更是牵一发而动全身。

接下来将介绍怎样让女性的这八个部位的荷尔蒙达到平稳调节，如果它们调节不好，在生活当中会出现什么样的尴尬状态。

荷尔蒙控制着50%以上的世界

根据2005年《科学》所论述的那样，如果说世界的80%被医学控制，那么80%的医学是被荷尔蒙和粒子共振控制，荷尔蒙负责的是身体的所有运作及代谢的转化，而粒子共振就是负责身体所有物质相互转化的能源。如果把身体简单比喻成一个国家，荷尔蒙就是组成这个国家所需要的资源，粒子共振就是推动资源产生的动力。如果没有荷尔蒙，人体就是一堆零散的肌肉、骨骼细胞；如果没有粒子共振，人体则处于僵化状态，跟一座石雕没有什么区别。

再高超的医术，对于身体的粒子共振也是没法控制的，因为料子共振控制着所有基础细胞的活动，包括坏死或者变异的细胞，中国传统的针灸和指压中的技法就是影响粒子共振的轻重快慢，达到调理身体的目的，不过一个要配合气功另一个要配合内劲，都是偏向于“玄”，没法在现代科学中形成标准体系。况且粒子共振是建立在荷尔蒙存在的基础上，没有了荷尔蒙，粒子共振表现得再完美，也是一句空话。

换言之，懂得运用荷尔蒙，就掌控了50%以上的世界。

当人们发现了酵素，觉得酵素是对人体最有价值的营养品，可以转化成人体所需的若干种营养素。但是他们忽略了一个前提，就是人体能吸收并且转化酵素之后才能吸收营养，决定吸收多少营养和转化各种吸收了的营养，则由荷尔蒙决定。没有荷尔蒙的引导，喝多少酵素都只是穿肠而过，只不过是变相地让自己拉肚子而已。

酵素不会为人体带来任何荷尔蒙，它只能在一定条件下催生人体内的荷尔蒙。没有了酵素，人体也会不断地分泌荷尔蒙，只是部分荷尔蒙的分泌没有那么旺盛。

其他对人体有益的营养品也同样如此，在被吸收的时候，都必须通过荷尔蒙的综合识别，才会真正作用到人体当中，一旦荷尔蒙混乱，再有价值的营养品都会产生胡乱补充的状态，所以很多时候我们即使吃再多的营养品，身体也不见好，或者随便吃点油炸的东西，身体都会立刻水肿，这些都是和荷尔蒙对吃进胃部的东西识别吸收有关。

女人一谈到荷尔蒙的时候，就会脸色大变，因为最开始荷尔蒙是和癌症挂钩，往往认为一牵涉荷尔蒙，那离癌症也不遥远了。其实这都是人们对荷尔蒙的肤浅了解，荷尔蒙分泌只有在极度紊乱的状态下才有概率诱发癌症，而且还不是绝对的。相反，人体荷尔蒙分泌稳定，健康的细胞对于癌症细胞就有足够的辨识能力，一旦发现，要么代谢要么吞噬。

而荷尔蒙的变化，带给女性困扰的不仅仅是健康方面的问题，如是否漂亮，心情的好坏，还有体力、性欲及食欲都取决于荷尔蒙的稳定。说得严重一点，荷尔蒙不仅仅主宰着女人的生存状态，还主宰着女人一生的命运。

荷尔蒙根据作用和目的的不同，分泌的部位也不同。女性体内分泌的荷尔蒙是男性的1.363倍（根据人体细胞状态及细胞供氧状况得出结论），因种类多，才使女人拥有了千姿百态及各种妩媚，可以这么说，荷尔蒙是上天送给女性最好的礼物。女人的情绪化，也是荷尔蒙变化不稳定所引起，只要一个女人卵巢腺体的荷尔蒙分泌持续正常，那么不管这个女人是在什么环境下成长起来的，她都可以拥有曼妙的身材。这个女人骨髓中的荷尔蒙能维持一定量的分泌，她就不会丑到哪里去。还有，只要女人生殖器部位的巴氏腺有持续旺盛的荷尔蒙分泌，那么她在两性的亲密关系中就会游刃有余。

巴氏腺分泌旺盛时，能把外来的弱势精子统统消灭，那么进入子宫的就只有基因最好和最有活力的精子，如此保证了胚胎发育的基础部分。

荷尔蒙还可以调节整个身体的代谢状况，这与人的成长、代谢、生殖、再生、色素沉淀也有密切关系，尤其是女人最关心的脸部。

女性体内也有雄性荷尔蒙，是由肾脏上方的副肾分泌的，分泌多了，女人就会浑身长出毛发，同时也会刺激皮脂腺的大量分泌，在青春期时容易诱发脸上的痘痘。如果分泌少了，女人的骨骼就会萎缩，或者更年期时容易发生骨头缺钙。

女人卵巢分泌的卵泡生成荷尔蒙及黄体荷尔蒙容易让胸部变得十分饱满，但分泌多了，脸上的色斑就很容易形成，而且身体表皮会逐渐发黑，黄种人的卵泡生成荷尔蒙分泌多了，肤色就会跟非洲的土著没有太大差异。但分泌少了也不行，除了成为“太平公主”外，还会影响到将来的胎儿成长。传说中的黑豆能丰胸，想都别想，黑豆的醇类物质与人体荷尔蒙相似，但两者完全不同，只能起到强壮骨骼、预防心脏病及子宫内膜炎的作用，吃多了同样消化不良。

性荷尔蒙就是由内外生殖器分泌，它与皮肤也有着微妙的联系，月经是否有规律，就是性荷尔蒙稳定的指标，也是女性最基本的健康指标。规律的月经是指：量相近、血色一致、时间间隔没有太大差异，最重要的一点是无痛经。许多少不更事的小女孩根本不把月经当回事，真把月经当回事时，已经是经常性痛经且痛得死去活来，或者皮肤相当粗糙，或者没法怀孕，或者癌症初期，为时已晚。

如果没有了月经，就会失去一大部分的性荷尔蒙，骨质疏松、失眠、皮肤没有光泽和弹性、乳房萎缩、失去性趣……一大堆负面的东西接踵而至。

人体荷尔蒙的定位

人体荷尔蒙分泌详细位置有以下八个：

脑垂体：生长荷尔蒙；

松果体：褪黑素；

甲状腺：甲状腺荷尔蒙；

甲状旁腺：甲状旁腺荷尔蒙；

胸腺：胸腺荷尔蒙、髓荷尔蒙；

肾上腺：肾上腺素；

胰腺：胰岛素；

性腺：雄性荷尔蒙、雌性荷尔蒙、孕荷尔蒙。

脑垂体是一个非常重要的腺体，被称为八大腺体的总司令。脑部直接刺激这个腺体，产生各种不同的荷尔蒙，并传达荷尔蒙的“消息”到所有身体下方的其他部位。当脑垂体功能失常时，人体便会产生许多疾病，身体会往不正常的方向发展，或者变得很胖，或者长得过高，或者过于矮小。巨人症及侏儒症，就是因为脑垂体功能失常所致。为什么女人在恋爱时会变得更漂亮？就是脑垂体指挥下，雌性荷尔蒙分泌得比较旺盛。

松果体又称肉眼、第三只眼，一般认为它是我们的生物钟，身

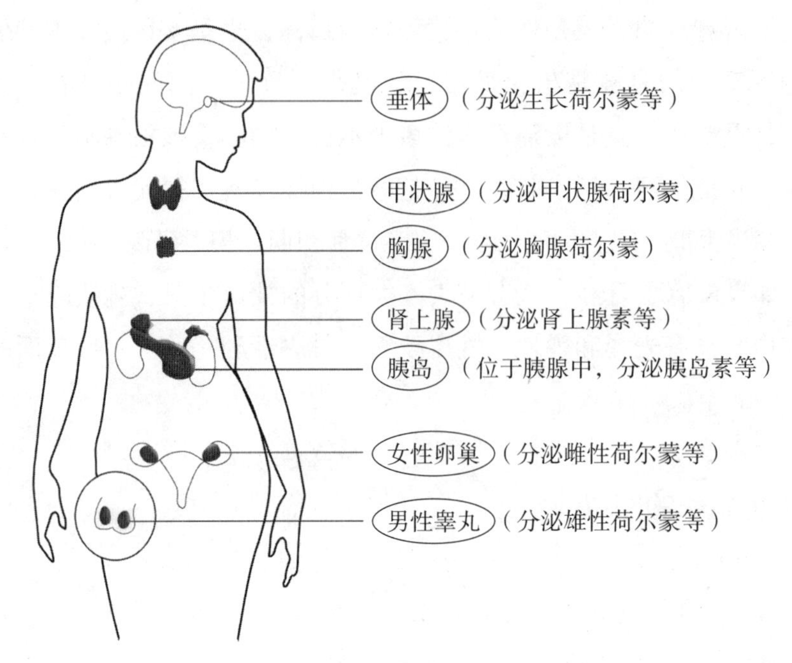

人体荷尔蒙定位图

体所有规律性的事情都和它有关，如生活规律、工作规律，甚至女性的生理周期规律。松果体能分泌出许多微妙的荷尔蒙，且足以影响身体所有的器官。目前已能分离的荷尔蒙叫褪黑素，它可以延缓老化，增进免疫的反应，使人增强对痛苦的忍受力，减少性冲动，减少睡眠等。而且褪黑素能从诸如光线等环境中，转化为神经内分泌的反应。

我们睡得愈深沉，松果体的分泌愈多；睡得愈熟，松果体分泌褪黑素就愈多。松果体同褪黑素还和人皮肤的色素有关，所以人睡眠充足的时候，皮肤也会显得比较有光泽和白皙。当人睡眠不佳、生活不规律时，一定要注意对松果体进行调理。

颈部的甲状腺，不仅起到控制身体新陈代谢的作用，也调整身体所产生的热量和能量，促进消化及成长。若是甲状腺分泌不正常，身心健康都会受到严重的影响。如果甲状腺素分泌稍微多点，人就会感到紧张、嗔怒等。如果分泌过多，则会非常的神经质、颤抖、消化不良、失眠，从而迅速地消瘦，这就叫甲亢。

反之，如果甲状腺素分泌稍微少点，人就会疲倦、昏昏欲睡、手脚冰凉等，这叫甲减。如果分泌过少，则行动缓慢，脉博和心跳迟缓，体温下降，怕冷畏寒，说话口齿不清，感觉迟钝，身体发胖。

甲状旁腺控制着血液中的钙含量，负责骨胳成长的正常化，因为骨胳需要钙，此外，神经作用受血液中的钙含量影响很大。如果钙含量太少，人会变得紧张、冲动、易怒；如果钙含量太多，人便会昏昏欲睡，无精打采。因此，副甲状腺对骨胳的发展和对神经系统的正常功能，都有很重要的影响。中老年人为什么容易出现骨质疏松等症状？就是由于甲状旁腺的功能下降，导致人体钙的吸收出问题，所以进入40岁以后一定要注意甲状旁腺的健康。

经常按摩肩颈位置是不是就可以维护好甲状旁腺？其实这种说法有点笼统，因为甲状旁腺的维护更多是吸收和代谢维生素C和维生素D，以现有的研究资料表示，适量补充水果和适量运动，就可以保证甲状旁腺不会出现什么问题。

胸腺是机体的重要淋巴器官，其功能与免疫紧密相关，主要分泌胸腺荷尔蒙及荷尔蒙类物质，是具有内分泌机能的器官。胚胎后期及初生时，人胸腺重10～15克，是一生中重量最大的时期。随着年龄的增长，胸腺继续发育，到青春期时为30～40克。此后胸腺逐渐退化，淋巴细胞减少，脂肪组织增多，至老年仅剩15克。胸腺位于心脏附近的胸骨柄后面，于胎儿时期最为活跃，以建立起身体的免疫系统，出生后分泌胸腺生成素来增强免疫系统。

胸腺不等于乳腺，胸腺发达更不是乳腺也发达的信号，这一点大家必须清楚。胸腺分泌更多的是胸腺荷尔蒙，这是乳腺再怎么进化都做不到的事情。

胸腺的基本功能是为每一个细胞打上能够辨识的记号，防止免疫细胞反抗并摧毁人体自身的细胞，使身体能够抵抗疾病的传染。所以说，胸腺主管着人体的免疫系统。如果胸腺功能下降了，人就容易生病感冒。这时到医院里，医生会建议经常感冒的人注射胸腺肽。一旦打了胸腺肽以后，人体自身的胸腺分泌就会更弱了。所以，人们又称胸腺为感冒的遥控器，容易感冒的人平时一定要注意胸腺的保养。胸腺怎么保养，我们稍后会有详细解说。

肾上腺位于肾脏的上方，能使身体突然产生热，它在紧急事情发生时尤为重要，能在面临危险或急迫的事件时，比如和敌人作战、解救即将溺死的小孩、逃避火灾等情况下，会立即运送分泌物（即肾上腺素）至血液中，肾上腺素能使心跳加速、血管扩张，且随着血液流入肌肉，因此肌肉能从陡增的血液中获得更多的能量，从而充分发挥工作效率。肾上腺素能够刺激汗腺，即使突然的用力会使身体变热，肾上腺素也能借着出汗来排热。此外，肾上腺素也同时输送到肝脏，使肝脏送出它储藏的糖到血液中，以供身体所需的额外热能。如果肾上腺素分泌过少，那么在危险、紧迫时的适应能力就大大降低。

反之，若分泌过多，则身心将一直处于紧张的状态中。肾上腺也叫“压力荷尔蒙”，与人体的压力有关。人感到工作、生活压力大时，肾上腺功能就会下降。这时要注意调节肾上腺的功能。

胰腺散布于胰脏消化腺泡之间，它分泌一种消化的荷尔蒙叫做胰岛素，胰岛素可降低血液中糖的成分。如果胰岛素缺乏，血糖增高，部分会随尿排出，成糖尿，即所谓的糖尿病。反之，如果胰岛素分泌过多， 则会出现血糖过低的病症，比如虚弱、颤抖、昏眩、神经紧张、心绪不宁等。

胰岛素分泌过多，人特别容易发胖，就是我们所说的“喝水都发胖”，减肥之后也特别容易反弹。有的人不重，但是腿粗，胳膊粗或是腰粗，就是胰岛素分泌不平衡而引起的脂肪分布不平衡。所以这类人平时只要注意胰腺的保养，过了半年左右就会发现身材发生了惊喜的变化。我们现在常常听到的糖尿病，它和胰岛素的分泌有着密切的关系，但由于两者关系太复杂，所以这里只能稍稍一提。

生命科学的发展让我们对人体有了更深的认识，世界卫生组织在2000年的一份针对《生命医学》的研究报告中指出，女人性腺分泌三种荷尔蒙，称为雄性荷尔蒙、雌性荷尔蒙及孕荷尔蒙。很多人认为只有男人才会分泌雄性荷尔蒙，这是绝对错误的。不论男女，在他们的体内均会产生雄性荷尔蒙和雌性荷尔蒙，只不过男性产生的雄性荷尔蒙多些，而女性产生的雌性荷尔蒙多些，量的多少还真是因人而异。总的来说，一个女人没病没痛活到80岁，那么她的雄性荷尔蒙分泌量大概在50克左右；同样，一个男人没病没痛活到80岁，他的雄性荷尔蒙大概在76克左右。当然了，如果一个女人狂吃动物内脏，隔三差五地吃自助大餐，那体内分泌的雄性荷尔蒙肯定能比得上男人，只是到那时，女人的体型会变得十分魁梧。

此类荷尔蒙关系着男人与女人的体态，如果性荷尔蒙的比例失常，则女性会变得男性化，而男性也会变得女性化。雄性荷尔蒙能增加肌肉的能量，赋予人创造力、性能力、体力，而且和人的性欲有着直接的关系，这也是为什么有的女人很漂亮，但是性冷淡，而且经常感到体力不支，走一小段路都会觉得累，就是因为体内分泌的雄性荷尔蒙过少。

而雌性荷尔蒙能增加身体脂肪的成分，使人情感丰富、思绪细密。雌性荷尔蒙也被称为“美丽荷尔蒙”，雌性荷尔蒙分泌多的女人一般都是皮肤细腻，毛孔比较细，乳房也丰满。男人也有雌性荷尔蒙分泌，平常所看到的那些油头粉脸，一副娘娘腔状态的男性就是雌性荷尔蒙分泌过多。如果男人完全没有雌性荷尔蒙分泌，他和没有进化的猩猩没有什么本质的区别，浑身毛茸茸，虎背熊腰，有90%以上的概率是青面獠牙，相貌狰狞，皮肤粗糙，如果大家对《魔兽》这部电影还有印象的话，想想那些野蛮的族群就知道了。

需要提醒的是，别着急过多补充雌性荷尔蒙，因为雌性荷尔蒙过量，可能会诱发女性体内的妇科肿瘤和癌症。

女人还有一种特有的荷尔蒙就是孕荷尔蒙，主管着生育，这种荷尔蒙是男人没有的。男人想怀孕，就是通过注射孕荷尔蒙，不过创造了世界的奇迹以后寿命也很短，主要是整个生物环境被完全颠覆和破坏了。孕荷尔蒙和雌性荷尔蒙是成反比的，孕荷尔蒙高时，雌性荷尔蒙就低，反之亦然。所以，在中国有一种古老的说法，如果怀孕时，女人没有变丑，那么生出来的小孩一定有问题。但这也并不是绝对的，只是女人怀孕时，必须要有足够的保护，所以皮肤会变得粗糙，没有那么多光泽，手脚会变粗，性格暴躁，这些都是造物主给予人类孕育新生命时强有力的保护。

为什么很多女人产后没有办法恢复身材，而有些女人产后依然如少女般苗条，孕荷尔蒙在此起到了重要的决定作用。产后孕荷尔蒙迅速下降，雌性荷尔蒙得到了提升，那么美丽的妈妈就出现了，反之就是一个黄脸婆的开始。怎么促使孕荷尔蒙下降呢？中国广州的西关有一种流传了几百年的食材，叫“猪脚姜”，生产后的妈妈喝了以后，身形迅速恢复，所以才有了“西关小姐”的美誉。

性腺畅通无阻，才会有更好的生命力，如性腺、荷尔蒙不平衡，女人就开始衰老，荷尔蒙平衡后，女人才真的像女人。

常常听到患病或者变丑都与内分泌失调相关，但有多少人会研究为什么内分泌会失常？身体里的荷尔蒙虽然有部分是独立的，但更多的是相互制约，在身体里形成一张复杂的关系网。随便一种缺乏或增加，除了相关器官组织的代谢会发生变化外，还会影响到其他荷尔蒙的分泌。比如，Glucagon（胰高血糖素）有升高血糖的作用，而Insulin（胰岛素）则有降低血糖的作用，取决于两者分泌状态的垂体中的荷尔蒙和肾上腺素。比如，协调女士正常排卵的荷尔蒙有四种，Follicle-stimulating Hormone（卵泡生成荷尔蒙）、Orstrogen（雌性荷尔蒙）、Progesterone（黄体酮）、Luteinzing Hormone（黄体生成荷尔蒙）。四种荷尔蒙协力才会产生正常的排卵，其中雌性荷尔蒙缺少，卵泡就不成熟，卵子遇上精子也没法受孕；缺少了卵泡生成荷尔蒙，卵子能不能排出卵巢都是个问题；缺少黄体酮，即便能受精成胚胎，也无法吸收营养。再比如，肠胃消化需要近20种不同的荷尔蒙彼此作用才能达成，若缺乏一种，要么消化不良，要么食物发酵，要么吸收不完全，要么无法吸收……要是怀孕，那更是需要数十种荷尔蒙分泌。为什么现代人那么容易出现健康问题，就是因为女性在怀孕的时候，荷尔蒙分泌出现了异常，所以才有了各种基因疾病。

我们用一张表进行归类，让大家看看荷尔蒙分泌与身体异常之间的关系。

荷尔蒙分泌与身体异常的关系

荷尔蒙分泌位置	身体异常	原因	应对方法
脑垂体（“总司令”协调功能，失调直接影响身体的生长发育）	侏儒症	脑垂体分泌失常，经常没有分泌	3岁前可以注射荷尔蒙调节，超过3岁则无效
	巨人症	脑垂体分泌短时间内剧增	可以做脑垂体修整手术
	体格变形	因为营养问题，脑垂体在身体发育期间没有稳定分泌	10岁前补充营养和强化运动，10岁后则无效
	肥胖症	受到外界刺激，脑垂体分泌受影响	药物调整脑垂体分泌
	走路不平衡	脑垂体发育障碍	强化运动模式（只是作为保守治疗）
	身体左右不对称	怀孕时候，婴儿的脑垂体受到影响	暂时无法解决
	五官挤在一堆上	因为营养问题，脑垂体发育障碍	暂时无法解决
	身体内脏器官发育不全	基因导致脑垂体发育异常	有条件的进行器官移植
	越长越丑	受到辐射影响，脑垂体在身体发育期间产生变异	暂时无法解决

（续表）

荷尔蒙分泌位置	身体异常	原因	应对方法
松果体（人体生物钟，失调直接影响各个神经系统）	身体皮肤整体发黑	因为药物影响，松果体停止分泌	多思考
	皮肤容易起皱褶	因为外界扰乱，松果体分泌异常	暂时无法解决
	没有方向感	基因缺陷，松果体分泌障碍	暂时无法解决
	入睡困难，黑眼圈加深	生活习惯，导致松果体分泌产生变异	改变生活习惯
	经常做噩梦	短时间内松果体分泌增多	大量运动，抑制松果体分泌
	夜游症	松果体发育不良，导致异常分泌	调整作息时间
	容易“鬼上身”	松果体分泌减少，人体逐渐丧失自知力	补充荷尔蒙，加强运动量
	生活不规律，全身皮肤容易有发麻的感觉	受辐射影响，松果体分泌产生变异	调节荷尔蒙分泌
	精神分裂	受到外界影响，松果体发育异常	暂时无法解决
甲状腺（控制新陈代谢，失调直接影响身体的运动机能和代谢机能）	紧张、冲动、易怒	受药物影响，甲状腺无节制分泌，身体钙成分相对减少	调整钙质吸收
	手脚冰凉	基因性产生甲状腺分泌功能弱化，心脏功能受影响	注射荷尔蒙
	抑郁	基因性病变，甲状腺分泌混乱	调节荷尔蒙分泌
	变得优柔寡断，性情大变	更年期影响	暂时无法解决
	整天心神不宁，对事情十分敏感	长期辐射，甲状腺受到影响	转换环境

（续表）

荷尔蒙分泌位置	身体异常	原因	应对方法
甲状腺（控制新陈代谢，失调直接影响身体的运动机能和代谢机能）	神经质	基因性引起甲状腺病变	暂时无法解决
	不自主地颤抖，自律神经经常性失常	药物刺激甲状腺快速分泌	停止药物
	迅速消瘦	外伤引起甲状腺异常	补充营养，提升身体的代谢水平
	口齿不清	脖子筋膜因为外伤受到影响，影响甲状腺分泌	调整运动模式
	身体发胖，主要是脂肪量增多	基因性产生甲状腺分泌功能弱化	暂时无法解决
	体温下降，持续内分泌失调	药物引起的甲状腺分泌减少	停止药物，调整荷尔蒙分泌状态
	失眠	外因引起甲状腺功能弱化	舒缓神经，转换环境
	心跳迟缓，皮肤容易破损	甲状腺受刺激，分泌降低	静养休息
	消化不良，莫名的肠胃炎	甲状腺分泌突然减少，肠胃功能连带受到影响	吸收酵素
甲状旁腺（控制血液中的钙含量，负责骨骼成长的正常化，失调直接影响身体的架构和外表）	毫无外界刺激下，突然变得情绪化	甲状旁腺钙含量减少	每天喝牛奶或者羊奶300mL，连续1个月快速补钙
	关节产生莫名的疼痛，很容易扭伤	基因病变，甲状旁腺失去对血液中钙质的调整，人体钙质大量流失	药物干预

（续表）

荷尔蒙分泌位置	身体异常	原因	应对方法
甲状旁腺（控制血液中的钙含量，负责骨骼成长的正常化，失调直接影响身体的架构和外表）	整天无精打采	甲状旁腺大量分泌，血液中钙质无法正常代谢	喝酸奶，加大每天的运动量
	脸部雀斑无法消除	受辐射影响，甲状旁腺变异	移植皮肤
	脸上痘痘变深色	基因病变，甲状旁腺分泌被扰乱	用雌性荷尔蒙调节
	骨骼产生变异，长出息肉	甲状旁腺因为辐射受到感染，分泌产生变异	外科手术后，调整甲状旁腺的分泌
	骨质疏松	身体钙质突然性大量流失	补充大量钙质
	莫名失去耐性，变得很急躁	药物影响甲状旁腺分泌	停止原有的药物
	表皮的皱褶条纹加深	钙质沉淀在表皮，甲状旁腺分泌失控	暂时无法解决
	皮肤变得粗糙	钙质在表皮中无法代谢，形成微循环的负赘	强化表皮的代谢，补充纤维素
	手脚活动变得迟钝，身体内莫名的酸软疼痛	肌肉筋膜中的钙质流失，血液性病变	补充钙质的同时，调整荷尔蒙吸收
	手脚好像很容易麻木，睡觉身体容易僵麻	甲状旁腺分泌被扰乱	强化运动，补充大量营养
胸腺（控制免疫系统，失调直接影响身体的体型及生存状态）	时不时地感冒发烧	胸腺分泌不稳定，身体时好时坏	补充微量元素和矿物质
	淋巴癌	胸腺发育变异，影响淋巴系统	化疗
	脂肪癌	胸腺分泌剧减，连带影响人体的整体免疫	暂时无法解决
	白血病	基因、环境或者辐射影响，胸腺产生变异	放疗、化疗

（续表）

荷尔蒙分泌位置	身体异常	原因	应对方法
胸腺 （控制免疫系统，失调直接影响身体的体型及生存状态）	败血症	营养问题，影响胸腺分泌变异	多补充维生素
	乳房扁平、两边大小悬殊	胸腺分泌紊乱导致乳腺受到影响	外科纠正
	继承父母辈的遗传病	基因性缺陷，胸腺发育变异	15岁之前可以用荷尔蒙调整； 18岁之后无法解决
	佝偻病	在胚胎阶段，胸腺分泌不稳定	暂时无法解决
	胎儿夭折	母亲胸腺分泌不足，输送给婴儿的营养不到位，导致婴儿胸腺发育障碍	引产
	红颜薄命	胸腺发育不良，无法让身体形成有效的疾病免疫	多补充营养，多运动
	营养吸收不良	因为外力因素，胸腺分泌急速下降	综合补充营养素
	皮肤癌	胸腺分泌紊乱，影响免疫系统	转换环境，同时多运动
	痘痘无法消除	胸腺分泌减少，无法排斥外来细菌生物	涂消炎药，或者服用抗生素
	身体内外炎症不断	胸腺分泌发生变异，人体免疫系统受到极大的干扰	暂时无法解决
	表皮产生肉粒增生	基因缺陷	暂时无法解决
	表皮产生皮疹	受外界影响，胸腺分泌异常	强化表皮循环
	表皮性增生，表皮变厚	乱用药物，扰乱胸腺正常分泌	停止所有药物，重新调整胸腺荷尔蒙分泌

（续表）

荷尔蒙分泌位置	身体异常	原因	应对方法
胰腺（负责血液调控，失调直接影响身体各种循环）	伤口不易愈合	胰腺分泌不足，血糖代谢失常	大量补充营养
	容易产生血栓（也就是容易中风）	身体代谢机能退化，胰腺枯竭	暂时无法解决
	血糖升高，产生血脂沉淀	生活作息混乱，导致胰腺分泌不足	调整生活作息规律，补充大量营养
	尿液奇臭无比	胰腺分泌受到感染	强化水分代谢
	身体莫名虚弱、颤抖	受到外界因素影响，胰腺分泌不足	用大量酵素作为营养补充
	整天头晕脑胀	血液存在问题，胰腺分泌受到影响	排毒或者用大量酵素净化血液
	四肢突发性粗大，身形比例失衡	胰腺分泌增多，血液循环受到影响	多运动，保持均衡饮食
	表皮斑块无法消退	胰腺分泌不足，微循环受到影响	补充营养，多做身体按摩促进血液循环
	没有原因的心神不宁	血液出现问题，影响脑部	多休养
	莫名失忆	胰腺分泌变异，血液中氧分含量变少	暂时无法解决
	间歇性神经紧张	血液含氧量不稳定	暂时无法解决
	肾早衰，肾积液	基因性病变，血液和水分代谢失衡	器官移植
	除性腺影响外的男性不举	外伤性影响	服用荷尔蒙，提升肾功能
	身体容易发胖，产生水肿性发胖	体内水分代谢失衡	服用利尿素，强化水分代谢
	痘印没法去除	微循环代谢失衡	外用荷尔蒙渗透，强化表皮代谢循环
	经常发呆，不知道自己要干什么	基因性血液病变	暂时无法解决

（续表）

荷尔蒙分泌位置	身体异常	原因	应对方法
肾上腺 （维持生命力，失调直接影响身体的修复功能）	身体器官衰竭	肾上腺突发性减少分泌	大剂量添加荷尔蒙
	毛发突然性增多	肾上腺突发性增多，内分泌产生紊乱	调节荷尔蒙
	莫名出现神经敏感性状态	因为药物因素，令肾上腺分泌突然增多	停止药物，调整作息规律
	肌肉习惯性酸软无力	肾上腺分泌减少，连带影响肌肉与筋膜组织	补充筋膜氧分，吸收荷尔蒙
	适应力下降	肾上腺突发性减少	补充营养
	无法承受过量压力	基因性疾病，肾上腺分泌减少	暂时无法解决
	心跳减弱	肾上腺分泌减少	暂时无法解决
	心理素质全面降低	肾上腺分泌变异	重新调整肾上腺素分泌状态
	莫名心跳加速	受药物影响，肾上腺分泌无制约地加快	调节荷尔蒙
	莫名运动量减少	肾上腺分泌减弱，影响体能	暂时无法解决
	对很多食物都存在过敏性反应	肾上腺荷尔蒙含量减少，身体失去对微量元素的分解或代谢能力	尽量不要吸收过多的微量元素，避免让身体进入缓慢代谢的原始状态
	体能全面下降	肾上腺受到感染，分泌产生变异	暂时无法解决
	身体过早处于衰老状态	因为生活习惯问题，肾上腺分泌紊乱	补充荷尔蒙及调整饮食结构
性腺 （负责生殖，失调直接影响人体生殖功能）	发育不良	荷尔蒙分泌混乱	12岁前注射荷尔蒙调整；超过12岁无药可救
	突发性衰老	雄性荷尔蒙和雌性荷尔蒙同时枯竭	补充荷尔蒙，调整性腺分泌状态
	浑身散发臭味	雌性荷尔蒙的分泌产生变异	生殖器修复，吸收孕荷尔蒙作为调整

（续表）

荷尔蒙分泌位置	身体异常	原因	应对方法
性腺 （负责生殖，失调直接影响人体生殖功能）	毛囊变得粗大，毛孔变得粗大	雄性荷尔蒙分泌突发性增多，雌性荷尔蒙逐渐停止分泌	暂时无法解决
	毫无性趣	受辐射影响，雌性荷尔蒙及雄性荷尔蒙停止分泌	补充荷尔蒙
	性取向改变	雄性荷尔蒙和雌性荷尔蒙的分泌比例颠倒	暂时无法解决
	肌肉弱化	雄性荷尔蒙停止分泌	补充雄性荷尔蒙
	胎儿畸形	孕荷尔蒙和雌性荷尔蒙分泌变异	引产
	外生殖器萎缩	雌性荷尔蒙没有分泌	注射雌性荷尔蒙，男性则无药可救
	内生殖器积液	荷尔蒙分泌失调导致炎症	强化性腺代谢，重新调节荷尔蒙分泌状态
	全身皮肤失去原有的弹性	因为药物影响，雌性荷尔蒙分泌产生变异	暂时无法解决
	突发性气质改变	受药物影响，雌性荷尔蒙停止分泌	注意饮食，添加雄性荷尔蒙
	经前综合征	孕荷尔蒙分泌紊乱	经前服用雌性荷尔蒙
	整个人变得很颓废	雌性荷尔蒙和孕荷尔蒙因为生活习惯不良而剧烈减少	改变原有生活习惯，增加运动量
	性欲减退	雄性荷尔蒙分泌减弱	改变营养吸收
	多囊卵巢综合征	雌性荷尔蒙分泌相对地增多	到医院就医消除炎症，重新调整性腺荷尔蒙
	没有器质性原因的不孕不育	没有了孕荷尔蒙分泌	促进荷尔蒙分泌
	情感莫名地产生淡漠	受到辐射影响，雌性荷尔蒙停止分泌或分泌变异	调理性腺的分泌状态

性腺体的荷尔蒙变化对于男性而言重点在于催生成熟和完美的精子，对于女性来说相当重要，因为它要塑造的是一个新生的生命体。

上述内容只是荷尔蒙的总体，至于荷尔蒙具体的各个细节，下面即将为大家逐一展开。

新概念
美容
New Concept
Beauty

Chapter 6 美容的精细化
——荷尔蒙的细致美容

“关关雎鸠，在河之洲。窈窕淑女，君子好逑。”漂亮的女孩永远都是男士梦寐以求的。如何定义“窈窕淑女”？脸蛋像瓜子形，脸与肩颈比例匀称，才能称为“窈窕”；脸上没有长痘也没有长斑，气质端庄娴雅，才能叫“淑女”。

“面子”很重要

“关关雎鸠，在河之洲。窈窕淑女，君子好逑。”漂亮的女孩永远都是男士梦寐以求的。如何定义“窈窕淑女”？脸蛋像瓜子形，脸与肩颈比例匀称，才能称为“窈窕”；脸上没有长痘也没有长斑，气质端庄娴雅，才能叫“淑女”。当时估计还没人知道荷尔蒙是什么，但是人们已经凭着本能，察觉到漂亮的容颜也许和身体内的某种物质有着密切的联系。

为什么国字脸、大圆脸的女人不如瓜子脸的女人招人喜欢？看选美冠军就知道答案了。我们知道，脸型大，腮腺的分泌就多，不管嘴巴大还是小，都要不断地吃东西。同时为了支撑脸部的庞大，脖子也会随之变粗，肩颈也要相应地扩大，整体看上去会变得不那么美观。

瓜子脸让腮腺自然分泌顺畅，不会产生必须强烈分泌的现象，这样可以让咽喉得到充分的滋润，声音自然甜美动听。脖子不会负担过重，肩颈就能松弛有度，扭转自如，沿脊椎下去，整个中枢神经系统都不会受到头部过重的影响，回眸一笑时，自然流露出一股秀丽和气质。脸部没有太多的负荷，气质才能尽情展现。

不仅是腮腺分泌的原因，更多是因为头部脑垂体中荷尔蒙的分泌，瓜子脸让脸部腺体比较容易集中，也容易调节脸部的微循环状态，痘痘不容易形成，色斑也不容易产生沉淀。要是换成了圆脸或国字脸，脸部的腺体是散开的，荷尔蒙万一出了问题也没有办法有效调节，痘痘便周而复始地出现。

比圆脸或国字脸更糟的，就是长脸、方脸、葫芦脸，其实这些脸型除了1%是由基因决定，其余都是个人在发育过程中，体内的荷尔蒙没有很好地进行协调分泌所致。小时候，经常苦着脸、动不动就扁起嘴哭出来，脸部的荷尔蒙为了使泪腺活跃，就拼命从腮腺、头部两个位置调用资源，同时脸部的颊骨激长（颊骨显得凸出来），脸就越来越长，而且脸部肌肉定型，笑也笑得难看。还有小孩吸奶的习惯不好，嘴巴拼命用力，整个脸部的力全部集中在嘴巴上，荷尔蒙也相应地高度集中往口腔分泌，所以，有些女孩的嘴唇特别厚，但是脸上的五官全部挤到一块了。

“人争一口气，佛争一炉香”！对于女人来说，无论如何都要先把“面子”争取回来。但“面子”怎么争，这不是智慧或者武力能解决的问题。要把脸部的荷尔蒙分泌重新调整过来，脸部的微循环在荷尔蒙的调节下重新均衡分泌代谢，在这期间脸部腺体内所有营养分子的运动规模，不亚于把所有中国人动员起来再建一条万里长城。

脸部的微循环要作调整，又不能产生负面的作用，这要求脑垂体分泌出一种类啡肽来舒缓脸部的神经，然后通过内分泌系统，把足够的荷尔蒙作用在脸部，使脸部的各个腺体、肌肉重新塑造。然后再从内分泌当中，分泌出雄性的荷尔蒙对脸部的各个腺体进行有效固化，促使脸部肌肉定位。要是来一场外科手术就简单了，一刀下去，肌肉全部切开，像接线路电源一样，把腺体调节好，再缝合起来，这就是韩国人的整容医学干的活。脸部是美丽了，只要药物没有过敏，痘痘、斑块也不会出现，但代价是脸部衰老得很快，而且到了年老的时候，脸上的纹路就深得可怕，毕竟受过创伤。

如果只是为了脸部好看一点，然后调节脸部的荷尔蒙分泌，这似乎有点小题大做。只要头部的荷尔蒙分泌平衡，不仅能让脸部变得漂亮这么简单。女性在生活中除了操心脸部美容，还有诸如失眠、多梦、疲倦、头痛等烦恼，晚上催眠的方法皆用尽，还是睡不着，白天注意力不集中，困倦嗜睡，严重影响日常生活。这些状况只要持续一个月，女人看上去就像老了好几岁，如果持续半年以上，对于女人来说简直就是生不如死的折磨，这个就是荷尔蒙在女性头部脑垂体内分泌不稳定的结果。

为什么会出现上述的现象？众所周知，女性天生感性，很容易受周边环境影响，易情绪化。支撑女性随时随地的情绪，或者安抚女性受创伤的心理，这些工作都需要女性体内荷尔蒙的大力参与，否则女性笑起来像哭一样，哭起来更不忍直视。有了荷尔蒙稳定和持续地参与内分泌，女性的情绪表现起来就很自然，而且情绪过了就过了，不会留下任何心理阴影。

但要是哪天女性受到的刺激太大，需要强烈的情绪表现，而荷尔蒙一时间又没有足够的量参与到内分泌当中，那么女人就会变得歇斯底里，烦躁胸闷：心慌气短、易激动甚至狂躁，会因为一件小事与同事或家人争吵，总是摆出一副不高兴的样子，有时很难控制自己的情绪，夜间睡觉时会因胸闷而被憋醒，严重时会出现血压忽高忽低。到这个时候，女人不会察觉自己出了什么问题，而是怀疑周围的人都出了什么问题，所以就出现各式各样的心理问题。

不是女人受不了刺激，而是当一个女人在没有足够荷尔蒙分泌的前提下受到刺激，她会崩溃的，可以说，女人就是这么脆弱。

即便没有受到任何刺激，只要荷尔蒙分泌出现一点点差错，女人一旦过了30岁，皮肤松弛，日渐粗糙，毛孔也粗大起来，甚至连色斑也跳出来捣乱，镜子中呈现出来的就是所谓的“黄脸婆”。

这还不算是最悲剧的，很多女人都喜欢一些财大气粗、交际广泛的男人，殊不知这些男人终日都跟烟酒打交道，香烟中的尼古丁、酒精，对于女人而言可不是什么滋补品。尼古丁在皮肤上沉淀，皮下的细胞就很容易被氧化，让你有一脸的斑痘疹也不是困难的事情，酒精就干脆渗透到腺体当中，腺体臃肿起来，那女人就成了大花脸，即便不臃肿而只是发炎，一颗大痘痘出现在脸上，那跟毁容也基本没什么差别了。

如果荷尔蒙间歇性分泌，对于女性来说也不是什么好兆头，整个脸部有些地方发育得比较快，但有些地方就发育得比较慢，两者形成了强烈的对比。比如有些女孩子额头比较大，但是眼睛比较小，嘴巴又有点偏大，这就是头部蛛网膜荷尔蒙分泌不平衡所致。还有些女孩子，平时没有任何表情时，看上去还十分美丽，但是一笑起来，或者一哭起来，其神态就相当难看，五官似乎都挤到了一起，这就是脸部迷走神经受到荷尔蒙间歇性分泌所致。

如果头部腺体的荷尔蒙在相当一段时间里没有分泌，缺少了荷尔蒙调节，那么头发就会一把把往下掉，需要戴假发充场面了。

其实，要稳定荷尔蒙在头部的分泌，最重要的就是先让脸部的腺体顺畅起来，V形脸最有利于脸部荷尔蒙的黄金分泌。但如果不是V形脸的，也不用揪心，因为可以通过肩颈部位腺体的调理，促使肩颈部位与头脸部位的比例和谐，这样同样可以让头部的荷尔蒙分泌平衡。

有哪些做法呢？在这里，我们绝对排斥注射荷尔蒙，主要是针剂类的荷尔蒙不稳定，注射进脸部的时候，80%以上会产生排斥现象，甚至可能诱发癌症。

最古老的方法就是做肩颈的精油按摩，在这方面，印度算是最上路的，提拉、抚油、香薰、瑜伽、温石、神养，每样的技术都是最精纯的，效果也相当理想，一个疗程过后，肩颈能有力地支撑头部的运转，头部运转顺畅，腺体的分泌也跟着顺畅，在腺体当中的荷尔蒙也随之均衡分泌到头部。

现在科技交流发达，传统的印度按摩技术也有流传出来，但水分会有多少这就不得而知，唯一能肯定的是，如果能跋山涉水去印度，就肯定可以找到传统的按摩行业，只是这个成本就高得要命。

同样是很到位的泰国或者土耳其的人体按摩，这些就有点牵强，因为人体按摩最根本的不是为了平衡荷尔蒙，而是为了能拉伸筋骨，所以在效果上就不好把握了。

中国传统医学的按摩理疗，虽然从手法上跟印度传统按摩相接近，但原理是从经络进行导入，讲究的是阴阳平衡，跟荷尔蒙的调节平衡也有很多相似的地方。再者，通过中国的传统医学调理人体荷尔蒙，效果时灵时不灵，所以结果也不好预测。

对于头部荷尔蒙的调节与平衡，现代人多多少少也研究出一些方法，营养学的、生物医学的，比起传统的更五花八门，不过这些方法多少有一些缺陷，唯一值得庆幸的是，它们相互之间不会有冲突，你可以用营养调理的方式，也可以用生物医学的方式，只是到了后来看见效果时，你就不知道应该归到哪种方式当中了。

在生活当中，适当调理头部的荷尔蒙还有以下的小诀窍：

（1）服用或涂抹新鲜的蜂王浆。在蜜蜂中，蜂王的一生都在产卵，在如此巨大的消耗之下，它的寿命却是一般蜜蜂的几十倍，研究发现，因为蜂王吃的是工蜂上腭腺分泌出的王浆。进入更年期前期的妇女，应该每天服用10克左右的蜂王浆来补充雌性荷尔蒙，在国外治疗更年期综合征时，用蜂王浆涂抹肩颈的两侧，一个疗程后潮红躁热渐渐消失。因为蜂王浆有保水的作用，所以不妨在成分简单的护肤品中每天加入黄豆大小的蜂王浆，拍打涂抹在脸上，不仅补充了雌性荷尔蒙，还起到了驻颜的作用。

（2）每天保证一杯浓豆浆。女性从年轻时起就应该特别重视大豆类食物的补充，进入30岁之后，每天应饮用一杯浓豆浆或是食用一块豆腐，因为大豆对雌性荷尔蒙的补充不可能即刻体现出来，所以，大豆的补充应及早开始。

（3）补充雌性荷尔蒙的自制饮品。当更年期的前期症状，比如轻微的潮红已经渐渐出现，仅靠大豆已难见效果，这个时期，用当归煎水，每天10克左右，当茶饮用，可以明显地改变雌性荷尔蒙减少带来的症状。当归，一直是中医治疗各种妇科疾病的“圣药”。另外一种方法是，用山楂、蒲公英和生姜泡茶（份量随意就行，各人可以根据口味不同而调整），在进入40岁时就开始饮用，当成每天必喝的茶，循序渐进，自然地补充渐渐减少的雌性荷尔蒙。

（4）补充皮肤胶质。人年纪大了，皮肤会产生皱纹，失去了年轻时的光泽。为什么？原因很多，其中很重要的一点是皮肤下层的胶质失去弹性。整容医生利用胶质外物植入皮下，拉平皱纹，固然不失为一个好办法，但是利用食物延长皮下胶质的寿命，或增加皮下胶质，岂不是更好的办法？被称为“平民燕窝”的银耳富含天然植物性胶质，还有滋阴的作用，长期食用有不错的滋阴润肤效果。

通过膳食调理也可以，具体如下：

清炒莴笋

【原料】莴笋500克，精盐、酱油、葱花、花生油各适量。

【做法】将莴笋削去皮，洗净，切成长薄片，汆水，捞出，沥干水分。锅内放花生油烧热，放葱花煸香，放入莴笋煸炒，加酱油、精盐炒至莴笋入味即可。

【功效】莴笋含钙、磷、铁较多，还含有多种维生素，特别富含维生素E。用油脂就能把微量元素调出来，被人体吸收，此方式有减缓人体衰老、防止皮肤色素沉着的作用，从而延缓老年斑的出现，促进末端血管的血液循环，使皮肤滋润健康，尤其使面部皮肤润滑，起到良好的美容效果。

将头部的荷尔蒙分泌调理好，最起码可以在很大程度上避免了脸部的衰老，毕竟“面子”问题是头等大事，“面子”的青春在交际中占据首位，接下来我们会逐一介绍身体其他部位的荷尔蒙调理。

无限幻想的背影

背部，在很多女人看来是一块鸡肋，想保养似乎有点力所不及，因为照镜子的时候，背部完全是一个死角，而且女人几乎都是通过别人才知道自己背部的曲线有什么瑕疵。时下相当一部分女人都喜欢穿露背装，无非都是希望把自己美丽的背影留给别人去遐想。

但有些女人的背部真的惨不忍睹，一片痘痘星罗棋布，仿佛在背部有“北斗七星”的文身。有些女人的背部则是一边皮肉增厚，另一边皮肉单薄，导致肩膀一边高一边低，没法跟别人去炫耀自己的身段。

都是女人的背部，为何差异如此大？这是因为荷尔蒙分泌产生了巨大的落差所致。为什么会出现这样的荷尔蒙分泌落差呢？

现在网络越来越发达，足不出户就能知晓天下事，以至于很多人成了宅男宅女，整天坐在电脑前或者电视机前，根本没有多少舒张的活动，整个人的内分泌被完全抑制住。内分泌被抑制，对于男士来说，不算是什么大事情，大不了就是身体因为得不到充分的供养而逐渐萎缩。所以在日常交际当中，不难看出哪些人是宅男。

而对于女士来说，内分泌被抑制，那就很严重了。因为伴随着内分泌的，还有荷尔蒙的分泌，只要稍微不正常，都会让女士的身体产生相当敏感的反应。女士自体分泌的雄性荷尔蒙被抑制，身体就会长歪，整个人走起路来重心都会发生倾斜。还有免疫力也会受到牵连，轻则经常头晕感冒低血糖，重则闹个脊髓炎或者骨质增生，让你坐立不安。如果自体分泌的雌性荷尔蒙被抑制，雄性荷尔蒙就会占据分泌的大半比例，毛孔就会变得粗大，长出来的毛发又黑又长又粗，背上和四肢毛茸茸一片。

那要重新把荷尔蒙调整回来，是不是到外面活动一下就完事了？

要是能那么简单地调节，人类早就进化了。通过生理解剖，我们知道下丘脑是内分泌系统的最高中枢，它通过分泌神经荷尔蒙，即各种释放因子（RF）或释放抑制因子（RIF）来支配垂体的荷尔蒙分泌，垂体又通过释放促荷尔蒙控制甲状腺、肾上腺皮质、性腺、胰岛等的荷尔蒙分泌。简单来说就是层层促进，少了哪一层都不行，其中神经荷尔蒙的传输与分泌比重最大，如果下丘脑不分泌神经荷尔蒙，或者脊椎对于神经荷尔蒙传输不给力，那身体其他器官的荷尔蒙也会乱成一团，有些地方的荷尔蒙分泌会激增，有些地方的荷尔蒙会抑制，这样身体就会逐渐扭曲，侏儒症、巨人症、返祖变毛人……

最让人抓狂的地方，还是因为内分泌系统不仅有上下级之间控制与反馈的关系，在同一层次间往往是多种荷尔蒙相互关联地发挥调节作用。每个内分泌器官都能分泌一种或一种以上的荷尔蒙，而且器官与器官的荷尔蒙之间相互作用，有协同，也有拮抗，每一个细类的荷尔蒙相对于身体的血液量来说，都是一个小不点，但这些小不点不起作用或者乱起作用，身体就会发生翻天覆地的变化，特别是女士。

松果体、下丘脑、垂体、甲状腺、甲状旁腺、胸腺、胰腺、肾上腺、睾丸、卵巢所释放的荷尔蒙都是平行的，所有荷尔蒙分泌的指令都是通过脊椎传达。女人要动情，松果体、下丘脑、垂体、甲状腺、甲状旁腺同时提升雌性荷尔蒙的分泌，让女人的肢体变得柔性十足，求偶的气体紧接着被释放，女人的身体因此而变得女人味十足。当情感升级时，下丘脑和卵巢就会大量分泌雌性荷尔蒙和孕荷尔蒙，女人身体上所有黏膜都会大面积地湿润，暗送秋波、春心萌动之类的词语描述的便是这种状态了。

万一脊椎的神经荷尔蒙传导出现差错，会怎么样呢？

松果体和下丘脑还是会分泌的，毕竟这两个地方与头部、脸部有关系，面部还是会潮红，头部依然发热，还能沉醉在你侬我侬的两情相悦之中。但甲状腺和甲状旁腺没有接收到指令，雌性荷尔蒙没有提升上去，那么女人的动情就仅仅停留在面部表情，身体没有求偶的气体释放。在这种状态下，男女之间，不管是谁，仅限于两情相悦的地步，再往深一步的发展完全没有可能，因为女人身体内其他器官的荷尔蒙未进行充足的分泌。

如果说这种情况可以接受，那么接下来的另一种情况又会如何呢?

很多热恋中的女人会出现一种歇斯底里的状态，就是往往会冒出一个问题：“他究竟爱不爱我？”当这个疑问出现的时候，身体竟然也会出现相应的反应。跟男朋友逛街的时候很容易疲劳，甚至面对面坐着都觉得乏味，但这种情况只是偶尔昙花一现，并没有持续多久。

稍接触过心理学的女士会认为，是不是自己的心理作用，或者是不是自己的心理调节出现了问题而导致了心理问题。这些判断都是因为女士感性的认知，身体的调节是出现了问题，但不是在心理层面，而是在生化层面，也就是荷尔蒙的调节出现了问题。

感觉到劳累的时候，背部脊椎会出现一阵发麻，然后这种麻胀的感觉传遍身体，让身体一点都不想动弹，发生这种情况是由于雄性荷尔蒙分泌减少，其实这种情况在平时不爱运动的女士身上经常发生，解决的办法也不少，最好的方式就是作为伴侣的男士适时拥抱一下，女士的背部就会马上产生一阵酥软的感觉，麻胀感会很容易消失。

所以说“拥抱是应对女性失调最好的良药”，只不过效果因人而异，有些女性需要拥抱的时间多一点，有些仅仅是几个瞬间就可以。

在男女交往的时候，刚刚开始很有感觉，渐渐地，感觉就淡下去了，甚至最后连什么感觉都没有了，很多女性都认为这是很平常的事情，以至于后来，身边的人因为女人的情绪波动而退避三舍，女人自己变成孤家寡人，才发现自己确实有点问题。这样的情况在40岁的女士身上并不少见，所以很多女性是中年以后才得抑郁症。

为什么会这样？因为脊椎当中属于滋润神经的荷尔蒙失衡了，导致卵巢里面分泌出来的雌性荷尔蒙没有重新吸收到末梢神经当中，亲密行为是产生了，但这一过程中所产生的快感并没有传递回大脑当中，女人在心理上就会觉得索然无味，形成心理学上的“假性抑郁”现象。

为什么说女人“三十如狼，四十如虎”呢？这里说的不是女性的欲望，而是女性的情绪化。因为女性在30岁的时候，脊椎已经完全被强化了，松果体、下丘脑、垂体一分泌雌性荷尔蒙，瞬间由脊髓中的神经荷尔蒙转化，传递到身体各个器官当中，也就是女人只要一动情就马上显现出妩媚的姿态，不会再羞涩或者慢慢酝酿，同样地，一发怒就随即表现出来，并没有缓冲地带。而且对于异性的刺激相当敏感，也极端渴望，这些情况出现的前提是脊椎能迅速传递神经荷尔蒙。如果脊椎中传递的荷尔蒙有偏差，传一点不传一点，传一阵不传一阵，对于女人来说则是一种折磨。因为她完全没有办法分辨自己是喜欢还是厌恶，所以才有了中年女性的情感失落甚至容易失控。

要调节女人脊椎当中荷尔蒙也不难，除了刚才所说的伴侣的拥抱，还可以使用一些市面上可以买到的按摩器，有空的时候就将按摩器在背部震动一下，通过震动促进脊椎中的荷尔蒙分泌平衡。

此外，每个星期用乌鸡、西洋参熬汤，给自己的脊椎补充钙质，平常多跑步，常到山顶吸收新鲜空气中的负离子，这些都能促进脊椎当中荷尔蒙的平衡。

西洋参乌鸡汤

【材料】乌鸡半只（去头和屁股），西洋参30克，苹果1个（约200克）。

【做法】乌鸡和西洋参，还有少量姜片放进汤煲里煮1小时，再放入苹果块（苹果洗净，去蒂，去核，切成小块），慢火熬30分钟～1小时。

【功效】从乌鸡中提取钙质补充到身体当中，还有把苹果的果胶和乌鸡中的蛋白质结合，产生出人体所需的纤维性蛋白，强化身体中枢神经系统。西洋参的生物碱则赋予了蛋白的活性，还有强化味感的功效。

波涛“胸”涌的关键

为什么同龄的女人比男人显老？韶华逝去的女人常感叹：男人的魅力与年龄成正比，而女人的美丽与年龄却是成反比的。从青春期开始，女人每个月都要经历经期的不安宁：头痛、失眠、腹痛，脸上还冒痘痘。成熟期孕育新生命更是女人必不可少的人生责任：妊娠、分娩、育儿。等到儿女长大成人，本该是能轻松下来好好享受人生的时候，更年期又降临到了女人的身上：潮热、失眠、头痛、抑郁、骨质疏松、关节疼痛。现代医学已经证明：女人每个人生阶段的生理状况都与女性荷尔蒙的分泌密切相关，女性荷尔蒙维持着女性生理机能的正常运作，若荷尔蒙分泌失调，就会使生理机能衰退老化并出现各种不适应症状。例如暴躁易怒、情绪起伏不定、失眠、记忆力衰退、疼痛及出现皱纹、色斑等。荷尔蒙的流失、生理的痛苦加速了女人的衰老，加上男性青春期的开始和结束都比女性要晚，男人的青春期比女人相对要长，这就是为什么同龄的女人比男人显老的原因。雌性荷尔蒙对于女人，就好比汽油对于汽车的重要性，女人要保持年轻亮丽，其根本就在于保持体内荷尔蒙的水平。

女人骄傲的资本体现在哪里？就是女人最独特的胸部，当女人向别人炫耀的时候，总是下意识地把胸部挺了挺，为的就是要让别人明白，女人自身所特有的优势。要是乳房塌陷或者根本挺不起来，女人本身的自信就少了80%以上。

女人胸部是否挺拔，最重要的是乳房是否丰满结实。然而，乳房也是最容易老化的位置，稍不注意，乳房会突发性下垂，从前挺拔的“竹笋尖峰”便荡然无存，谁不寒心？

让女士的乳房挺拔关键在于维持乳腺中荷尔蒙的分泌，如果乳腺没有办法把多余的脂肪通过乳晕附近的乳腺细微管头排放出来，就会让乳腺产生堵塞，一时半会的乳腺堵塞不算什么，不外乎就是让乳房坠胀、肿痛上好一阵子，但长期的乳腺堵塞所引起的恶劣后果，几乎是每个成年女性都能料想到的，轻则乳腺增生、乳腺纤维瘤，重则乳癌，虽说这些在现在都不是什么不治之症，但根治方式就是外科切除。整个乳房被切除，剩下的人生还真不知道到哪里去找骄傲了。更尴尬的是，如果只切除了一边乳房，剩下的另外一边不会受影响，但两边乳房大小悬殊，心里滋味会很不好受。

如果只满足于乳房看上去坚挺就可以，那女人养生就简单多了。乳房不仅要看上去浑厚坚挺，而且摸上去也应丰满、浑厚、嫩滑、有弹性，同时乳晕也不能有太多色素沉淀，不能有黑点、白点、黄点，反正除了该有的粉红色外，其他色调一概不能出现。这种要求也够挑剔，但只要在胸腺、乳腺荷尔蒙正常调节下，还是不难做到的。

现代的女性，食物当中倍受外来不知名的荷尔蒙影响，肯德基的炸鸡、麦当劳的汉堡、必胜客的披萨、星巴克的咖啡……各种口味一起夹击，首先刺激的就是女性的乳腺，乳腺一旦发育，管你是不是未成年，都需要胸腺分泌大量的荷尔蒙去支撑，否则乳腺就会因为缺少自体荷尔蒙的支撑而枯竭，或者是萎缩，所以我们经常会看到一些女人老是埋怨自己的乳房没法大起来，或者摸上去干瘪瘪的，更有甚者下垂。

医学界也有相应的对策。如填充硅胶做丰胸，一天之内让你成为“波霸”不再是梦，唯一的风险就是手术后的创伤感染。但这只是看上去相当令人羡慕，摸上去就不是那么一回事了。用硅胶填充的乳房，摸上去总是有一块东西被挤来挤去，感觉相当不实在。美国波士顿大学的研究报告指出，用硅胶丰胸的女士，一旦到了更年期，由于部分乳腺被长期压迫，内分泌就会紊乱，直接体现为上半身不定时、不定点地疼痛，每天疼上两三回，休息不好的女士更是大受折磨。

继硅胶填充之后，就是肽类注射登场，在乳腺上打上一针，让乳腺慢慢被填充起来，形成大面积的发育，这样的乳房丰满起来后，既有饱满的外观，也有动感的弹性，摸起来也不会感觉里面有一团东西滚来滚去。这种注射性的丰胸手术曾受广大女士的欢迎，但随着一份医学报告指出经常注射这种肽类丰胸的直接后果就是极可能引发乳癌，所有针剂类的丰胸项目几乎同时销声匿迹。也不见得这份医学报告是哗众取宠，毕竟肽类也是引发荷尔蒙分泌的一种物质，注射进乳腺后必然会造成荷尔蒙分泌的偏差，乳腺会被充盈起来，但稍有不慎，荷尔蒙就会产生失衡现象，不仅癌症会找上门，乳房畸形也会找上门，逃得过30岁，逃得过40岁，但50岁更年期一到，你终究是逃不过的。

填充的不行，针剂注射的也不行，胶原蛋白精油按摩就闪亮登场。各种精油，草本类的、植物类的、动物类的、混合类的，涂抹乳房后，由技术过硬的美容技师在女性顾客的乳房上按摩，一两个疗程过后，乳房也会明显增大。若使用的是胶原蛋白，可通过皮下的微细腺体吸收到皮下的乳腺管道当中，调动起乳腺管内多余的荷尔蒙进行调节；若那些精油是山寨的，甚至是比“山寨”还劣质的，依然会被吸收到皮下，依然会诱发乳腺管内的荷尔蒙分泌，只是这种分泌更倾向于紊乱的状态，而且乳腺体会产生水肿的状态，在乳房还没有长大前，乳房结节或者乳腺炎就已经找上门了。

所以，要让乳房持久地丰满和有弹性，让身体内的荷尔蒙自然调节才是正道，毕竟在乳腺下侧还有腋下的淋巴腺体帮助代谢。乳腺和淋巴腺体可以说得上是一荣俱荣、一损俱损的相互关系。可曾见过像林黛玉那样病快快的女人有一对丰满的乳房？也绝对没有一个乳房下垂的女人能有健康的状态。

乳房与女人的一生息息相关，很多时候，不少女人会一厢情愿地认为，乳房只是美观的需求，却不知道乳房保养的重要性，更重要的是乳腺荷尔蒙的调节会间接对胸腺、淋巴腺体产生影响。

那么，怎样调节乳腺当中荷尔蒙的稳定？

研究发现，海带之所以具有缓解乳腺增生的作用，是由于其中含有大量的碘，可以促使卵巢滤泡黄体化，从而降低体内雌性荷尔蒙水平，使内分泌失调得到调整，最终消除乳腺增生的隐患。

为保护乳腺，除常食用海带，女性还应多吃豆类、小麦、玉米、牛奶制品、高纤维低热量的蔬果，以及甲鱼、泥鳅、黄鱼、牡蛎、海参、鱿鱼等。而过量摄入咖啡、可乐等刺激性饮料，容易加重乳房的肿胀感；油炸食物和糖类含热量极高，会加速体内雌性荷尔蒙生成，使乳腺增生更严重。

一旦乳腺内的荷尔蒙失调，最常见就是乳腺增生，占到乳腺疾病的90%以上，所以保持乳腺健康要从预防乳腺增生开始。

乳腺增生最怕的就是你心情好，因为心情好了，卵巢的正常排卵就不会被坏情绪阻挠，孕荷尔蒙分泌就不会减少，乳腺就不会因受到雌性荷尔蒙的单方面刺激而出现增生，已增生的乳腺也会在孕荷尔蒙的照料下逐渐复原。用军事化的言语来说，就是一种针对乳腺疾病的协同作战。睡眠不仅有利于平衡内分泌，更给体内各种荷尔蒙提供了均衡发挥健康功效的良好环境。团结的力量大，各种荷尔蒙协同合作自然能打败乳腺增生。这里可以简单概括为休养生息。

和谐的性生活首先能调节内分泌，刺激孕荷尔蒙分泌，增加对乳腺的保护力度和修复力度。当然，性爱也会刺激雌性荷尔蒙分泌，不过在孕荷尔蒙的监督下，雌性荷尔蒙只能乖乖丰胸，没有机会使乳腺增生。另外，性高潮刺激还能加速血液循环，避免乳房因气血运行不畅而出现增生。同时，妊娠、哺乳是打击乳腺增生的好方法，孕荷尔蒙分泌充足，能有效保护、修复乳腺；而哺乳能使乳腺充分发育，并在断奶后良好退化，不易出现增生。

很多临床观察也发现，月经周期紊乱的女性更易患乳腺增生，通过调理内分泌来调理月经，同时也能预防和治疗乳腺增生。

女人必须要遵循“低脂高纤”的饮食原则，多吃全麦食品、豆类和蔬菜，增加人体代谢途径，减少乳腺受到的不良刺激。还有，控制动物蛋白摄入，以免雌性荷尔蒙单独分泌过多，造成乳腺增生。 补充维生素、矿物质：人体如果缺乏B族维生素、维生素C或钙、镁等矿物质，前列腺素E的合成就会受到影响，乳腺就会在其他荷尔蒙的过度刺激下出现或加重增生。

荷尔蒙的妙手

说女人能撑起半边天，可能到现在，很多人只是笑笑而已，因为在大多数人的观念当中，纤弱是女人所独有的，不管是脸蛋要尖，腰部要细，即便四肢也不能粗大，女人的手臂不是用来干体力活的，没有必要粗大。

从古至今，女人的手臂大多是用来抱小孩和做家务，没有变粗大的理由，但偏偏很多女人一过了30岁，手臂就开始粗壮起来。粗壮也就算了，只要有点肉感，能和肩膀的线条搭配协调，也没什么，但手臂的粗壮完全跟小肚腩变大似的，变得有点虎背熊腰，这就显得病态了。

其实这个变化是因为手臂上的皮脂腺分泌紊乱所致，而皮脂腺腺体的紊乱跟荷尔蒙的分泌也脱不了干系。随着年龄的渐长，多余的脂肪在体内产生沉淀，让身体生出很多赘肉，这是平时没有运动健身的后果。倘若能适当地调整一下自身荷尔蒙的吸收和分泌，多余的脂肪就会在皮脂腺体内变成水分代谢掉，随着适量的运动通过腺体排出，赘肉也自然能消减。

调整自身荷尔蒙的吸收和分泌，说起来容易，实际操作起来就不是那么一回事了。毕竟那是牵一发而动全身的工程，弄得好，连带小肚子上的赘肉也一并消减下去，因为手臂上的皮脂腺和小肚子上的皮脂腺都是间接由胸腺、胰腺、肾上腺三个地方供应荷尔蒙。只要这三个地方的荷尔蒙分泌平稳，那么手臂上的皮脂腺就不会产生脂肪的偏差，就不会在手臂上产生赘肉了。

最实际的做法就是经常摆动一下手臂，或者多甩一甩手，让手臂上的血液流畅，带动皮脂腺的分泌，但这个只是理论上的建议，实际上天天都要做甩手的动作500次，估计没有多少人能坚持下来。

那多去美容院按摩一下手臂又怎样呢？这仅仅是懒女人一厢情愿

的想法，即便在理论当中也不靠谱，因为胸腺、胰腺、肾上腺都不在手臂上，而是在胸腔和腹腔当中，如果真要通过按摩这些腺体促使手臂上的皮脂腺荷尔蒙分泌平衡，就应该多去按摩胸部和上腹部，这样才能刺激腺体分泌相当稳定的荷尔蒙。

如果说要吃什么来改善手臂上的赘肉，从科学的角度看来，吃什么都没有直接的效果，因为吃东西进去，经过消化、吸收后，才进入血液或者腺体当中，能不能实际作用在手臂上，还受到很多因素的约制。所以在饮食上，对于手臂的改善可以说是杯水车薪。

手臂带给女人的烦恼还不仅仅是粗壮，能让人一眼识破女人年龄的部位可不止是脸，抬手臂的瞬间说不定就会露馅，手臂一抬，腋毛就露出来了，还露出一块像鸡脖一样松垮的小肉，真叫人沮丧。

举手投足间的尴尬，不仅仅来自于腋下的毛发，还有皮肤，即使去除毛发后，腋下的皮肤看起来却还是脏脏的，与白皙的身体皮肤很不协调，这是件多令人头疼的事。其实腋下的皮肤跟脸部一样，都是会经过28天以上的细胞代谢的循环，因此要养出一片娇嫩腋下，平时的清洁、去角质、保养一样都不能少，即使你发现现在有些暗沉，只要细心照顾，也能恢复白皙。

在以前，女士们对于腋下的美容都是选择柔和的磨砂产品，比如圆球的柔珠颗粒，轻柔按摩腋下肌肤，针对特别暗沉处多加强几次，再用水清洗干净，以去除腋下肌肤的老角质。不但能一举歼灭腋下干燥和黯沉，还能让腋下肌肤变得更柔嫩。不过手法也很重要，腋下肌肤褶皱多，涂抹时要用手指撑开褶皱，再打圈涂抹均匀，等干爽后再松开手。平日里敷过的面膜，如果美容液尚多，也可以敷在腋下3分钟，注意切勿长时间敷，有可能导致腋下肌肤敏感。

长期剃、拔腋毛，把腋下肌肤都拉扯得松松垮垮，再加上平时不良的姿势影响体态，明明不胖，腋下却能挤出一团赘肉来，想要你举起双手时，露出柔滑细腻的臂窝沟，抗松弛下垂最有效。除了涂抹紧致提拉效果的身体乳外，还可以每天在家做几个小动作，用1千克左右的小哑铃，或是600mL的矿泉水取代，每个动作以10～15下为一组，连续做3次。身体站直，双脚张开与肩同宽，双手握住矿泉水或哑铃，向上平举到与肩膀同高，再回到原处，或者躺在地板上，双脚膝盖微弯，双手握住矿泉水或哑铃两端，慢慢向上举到头顶，再回到原处。

话又说回来，女士希望把自己的手臂塑造得纤细一点，就是为了让别人能欣赏自己的香肩，同时又不让别人感觉自己的肩膀粗大。其实在腋下，在乳腺的末端和淋巴管交叉位置上，很容易形成乳腺的堵塞，一堵塞就会产生乳腺末端的隆起，就好像多了一个小乳房，这都是女士最忌讳的。腋下的隆起，就是因为手臂的皮脂腺堵塞了，连带影响乳腺末端和淋巴管的分泌，皮脂腺没法正常分泌，只能回流到手臂的皮脂腺当中，那么手臂自然变粗大，捏上去软绵绵的，因为那是皮脂腺的肿大，并不是肌肉的肿大，影响女士的形象，而且还一点用处也没有。

让手臂上的皮脂腺不回流，也不是什么巨大的生物工程。

很多人都有一种习惯，就是时不时会挠腋下，不是因为痒也不是因为痛，而是感到胀麻，甚至觉得身体有点不太自在。其实挠腋下就是一种促进乳腺分泌循环还有疏通手臂上的皮脂腺的动作，这是每个人天生就会的。

举起一只手，然后用另一只手去挠腋下，或者两只手交叉挠腋下，在公众场合，没有多少人能做出这样“猥琐”的举动，更不要说女士会做了，即便在家里，作为女士也很少做这个动作，腋下有麻麻痒痒的感觉，只要不是很厉害，绝大部分的女士都会选择忍耐。

据城市流行病学近十年的统计，女性伏案工作或学习时，若忽略了对手臂的保健，约有20%的人可有手臂闷胀刺痛、胸背组织酸涩等症状。这些病症日趋增多，不仅会让手臂因为循环不良而粗大，更会直接影响乳腺，因而要引起重视。

人斜靠或趴在桌上，使手臂处在挤压的支点上，如果受桌沿等硬物压迫近1.5小时，可干扰手臂内的皮脂腺内部的正常代谢，造成不良后果。正确的姿势应该是：上身基本挺直，胸离书桌10厘米，使胸背肌张力均衡，能刺激大脑轻微而适度地兴奋。这对解除胸部和肩部的疲劳，提高伏案工作效率，保护手臂和乳房的生理活性颇有益处。

活动上肢，适当做一些诸如扩胸、深呼吸和甩手、转腕等运动。可活络经脉，推动气血，有效地牵拉双手臂及乳房，还可使周围肌肤参与运动，并可防止手臂及胸部组织尤其是双乳的老化。

双手挠腋下可能在礼仪上不雅，但双手交叉按摩手臂，这个倒没有触及礼仪的不雅，很多时候我们需要把双手交叉按摩做十几分钟的手臂按摩，能增进胸部肌肉的协调活动，使血管扩张，减少血流的瘀滞，加快静脉血液的回流，让血液带动皮脂腺体进行有效分泌。

乳房的乳腺堵塞，每个人都会轻易想到了乳腺增生，但手臂上的皮脂腺堵塞，不会产生皮脂腺增生，但是会在手臂上留下一个一个的结节。别小看这些结节，每个结节都可以让你的手臂上多一块赘肉，积少成多了以后，手臂就会变得粗大但无力。久而久之，传说中的“蝴蝶袖”就会出现，一张手臂，松松垮垮地连着一大片的皮肤，就好像蝴蝶张开翅膀一样，想想都可怕。

要调节手臂上皮脂腺内荷尔蒙，首先要做到经常运动，如果实在没有运动的空间或者时间，在吃东西上就要讲究，尽管效果不是那么显而易见。富含维生素E的食物，如植物油中的芝麻油、麦胚油、花生油，莴苣叶，另外如奶油、鱼肝油中含量也较多。这类食物中的维生素E可以防止皮下脂肪氧化，增强组织细胞的活力，能使皮肤光滑而有弹性。富含维生素和矿物质的食物，如萝卜、西红柿、大白菜、芹菜等绿叶蔬菜，以及苹果、柑橘、西瓜、大枣等。这些食物中的维生素和矿物质，可增强皮肤的弹性、柔韧性和色泽，对防止皮肤干裂粗糙有很好的作用。

水蛇般的细腰

女人的美丽体现在哪里？当还没有完全看清楚女人的面部的时候，身材就占据了很大比重，胸大、腰小、臀翘，这是评断美丽女人的三大指标。

为什么女人拥有“小蛮腰”和没有“小蛮腰”，她的身材会有天壤之别？如果是“小腰精”，那么胸部和臀部就会凸显出来，走在大街上的时候，胸部是波涛汹涌，臀部是一摇三摆，回头率是百分之二百。如果是“水桶腰”，腹部和腰部上的赘肉牵动着乳房和臀部的肌肉，走起路来乳房是不太可能上下起伏，倒是腹部的赘肉会明显地抛上抛下，臀部也会受到限制，不仅摇不起来也摆不起来，而且走起路来很费力。

如果说忽略了外观形象，那么就内在而言，女士的腰部也相当重要，因为在腹腔当中，是肠道和整一个生殖系统，腰部大也就意味着肠道的肿大或者内生殖器官肿大，甚至两者兼具。肠道的肿大绝不是什么值得恭喜的事情，肠道炎症、消化不良、寄生虫、便秘一个接一个没完没了。内生殖器官肿大更不得了，卵巢子宫及附件都是分泌雌性荷尔蒙的主要地方，少了哪一处，女士体内的雌性荷尔蒙都会大打折扣，届时诱发妇科疾病，隔三岔五地把你痒个半死，或者是皮肤干裂得要命。

为什么腰部会出现这样的窘况？别赖在基因身上，这些都是在后天当中，不当的生活方式引起腹腔内荷尔蒙分泌不平衡所引起。

很多女士经常引用中医的话“肾阳虚”“肾阴虚”来形容自己经常性腰部疼痛，整个腰部绵绵作痛、隐痛，酸软无力，特别是在劳累或性生活后加重。其实这些都是因为腰部不适应经常冷热交替所引起，用中医的话来说，就是“寒湿入体”。现在少女群中露脐装、露腰装盛行，腹部和腰部长时间暴露在空气当中，难免会产生对外界温度的适应不良，当身体自动调节的时候，大量的荷尔蒙就会往腹部分泌，因为只有这样才能让腹部产生更多的脂肪来抵御外界温度的变化，当大量的脂肪在腰部形成，腰部能不粗大吗。万一女士这时候吃的东西不太注意，经常吃零食，吸收了很多杂质，过量地消耗身体内分泌的雄性荷尔蒙，导致腰部肌肉酸软无力，只要腰部的肌肉稍一用力，什么酸、麻、胀、痛都来了。而当女士没有吃什么东西，或者偏食时，又会把体内的雌性荷尔蒙给消耗掉，神经没有雌性荷尔蒙平衡，它就会经常疼痛，虽说疼的时间不会久，但偶尔疼一两下，像针扎一样，也够你受的。

现在的女士为了做保养，不是经常去练瑜伽吗？瑜伽运动是好，因为它可以帮助女士调节身体内的肌肉拉伸度，改善女士体内荷尔蒙分泌，至少正宗的瑜伽会有这样的效果。但绝大部分的女士练瑜伽只为追求动作，而不是练身体的感觉，她们忘了体质上的差异，硬要把动作做到位才罢休，小女孩做拱桥相当容易，可30岁的女士也硬做拱桥，其结果就是腰部肌肉丛严重超负荷，甚至被拉伤的时候，那些可怜的女人还不知道。肌肉被拉伤了，不要紧，女性自体的荷尔蒙会马上分泌到肌肉当中，协助肌肉的修复，可万一分泌得不均匀、不到位、不够量……劳损的肌肉依然是劳损的状态，倒是腹部的皮脂腺会肿大，同样滋长腰部的“赘肉”，这时候对于女士来说无疑就是“雪上加霜”。

既然知道是外因诱发身体内的荷尔蒙分泌失调，然后让腰部变得粗大，赘肉横生，那么同样用外在的因素把身体的荷尔蒙分泌调整回来，是不是可以让腰部细回去？理论上是可以的。

腰部的疼痛其实就是一个信号，让女士知道自己的腰部在开始发生变化，不能再对自己的不良生活方式熟视无睹了。胡乱用药不是科学的解决方式，因为这会破坏身体的荷尔蒙调节，让本来已经出现问题的身体变得更不堪一击。胡乱用保健品也不是一个好办法，虽说保健用品不会有太多的负作用，但被身体吸收以后，谁知道会不会刺激腺体的脂肪形成，产生更多的赘肉。

应对腰部的疼痛，首先应该排除器质性病变，也就是确保自己没有腰椎间盘突出、肾结石、肾炎等。再下来就是调整自己的生活作息，在这个时候，熬夜工作、通宵玩乐都等同于毒品，一概不能沾染，该休息的时候一定要休息。只有当身体完全放松下来的时候，大脑的松果体和垂体才会大量地分泌出荷尔蒙对整个人的身体进行协调，受地心引力的作用，很多时候最先被调节的就是腹腔内部。所以月经不调引起的腰疼，或者是缺少分泌引起的腰肌疲累，只要找一个舒服的地方歇息两三天，过一阵子就没事了，毕竟这些都不是真正意义上的疾病，身体自然会调节，这时候要做的就是不要再给身体增加负担。要是希望能省钱一点，倒走、慢跑、拉双杠等都可以锻炼腰部肌肉，常扭腰、睡前在床上做“燕子飞”运动。对于久坐的上班族来说，可以每天每隔一段时间做扩胸运动（此时，双肘要放平），以及向后仰腰、向上牵拉等。通过对腰部的有氧运动，促使腹腔内的卵巢和子宫调节原来的荷尔蒙分泌状态，在治疗疼痛的同时也可以做到预防腰部病变的作用。

如果真的遇上了中医当中的“肾阳虚”“肾阴虚”，也不用急着抓中药，这些是腰肌劳损或扭伤引起局部瘀血以及气血运行不畅而导致血瘀性腰痛，既然是血气不通畅，那就补一补血气，多炖一炖乌鸡人参，到正规的养生院，让一些对中医经络熟悉的技师帮你推动局部淤塞的地方，血气恢复通畅后，疼痛也就不存在了，身体也会相应地进入自我调节的状态。还可吃一些中成药，如六味地黄丸等。阴虚火旺者可吃知柏地黄丸，肾阳虚腰痛的女士可吃金匮肾气丸。如果对中国传统医学不太信任，那么就针对身体的微循环进行调整，因为微循环通畅了，末端的腺体管道就会进行代谢，把身体觉得负累的东西优先排放掉，这样在减缓疼痛的同时也对腹部的皮脂腺进行减负荷，避免腰部鼓胀起来。

如果月经量过多，经常腰部冷痛、性欲冷淡，应该及时调养肾脏，作为女士应该多补肾脏的代谢功能，增强抵抗能力。可多食用一些补肾的食物，如枸杞子、山药、桂圆、核桃。这些从营养学上来说，是一种补充维生素E和矿物质的行为，有助于自体荷尔蒙适量分泌而不会导致增生的现象。

在生活方式上，床垫厚度适中，腰部有一个生理曲度，床垫可适当加厚，中度硬度即可，从而让腰肌充分休息。夫妻生活是不能避免的，做好避孕，万一不小心意外怀孕不得不做人工流产，应及时用红糖和姜水熬汤，补充血液当中的血糖成分，荷尔蒙就不会胡乱分泌了。

另外，平时不要穿太高的鞋，否则容易增加腰部的劳累感，长期站立、行走者尽量少穿高跟鞋，生理期、哺乳期尽量不穿低腰裤。保持腹腔内的肌肉丛不会处于过度紧张的状态，这样就不会向身体过多地索取荷尔蒙作为调剂，而荷尔蒙可以补充到身体其他更需要的地方。

女性的腰部，不仅是风景，也是一处健康敏感区。若忽略了对它的关爱，它便容易受伤。过度疲劳时、长坐长站时、穿低腰裤时、坐月子时，你是否考虑过腰部？健康是一辈子的事，养护腰部同样如此。

让小屁屁翘起来

臀部是承托着躯干部位和连接腿部的中间点，也是身体线条的黄金点，所以才有了外在给予他人的审美感。臀部浑厚实在，有肉感同时充满弹性，在功能上让女性整个身段充满魅力，当然，只有健康女性的臀部才能传达出这种感觉。所以为什么很多经典的舞蹈，加入了扭动腰部和臀部的动作，借此增加魅力值。

远古时代，人类以生存、繁衍为第一要务，故人体美的标准是：男子要精力旺盛，女子要丰乳肥臀。在中国，凡是相亲都会有一个传统，就是看女士的屁股有多大和多圆，因为人们觉得只有屁股大和圆，才能生育更好的下一代。这一套理论放在今天，纵然没有科学的论证，但并不是所有人都觉得荒谬，因为有不少的健康医学报告指出，臀部对于女性的健康起到了稳定的作用，因为臀部支撑着女士下腹腔内所有生殖器官，如果臀部不丰满，女士的生殖器官就容易受到损害，内分泌就会不稳定，女士的健康也就无从保证了。

臀部是腰与腿的结合部，其骨架是由两个髋骨和骶骨组成的骨盆，外面附着肥厚宽大的臀大肌、臀中肌和臀小肌以及体积相对较小的梨状肌。臀的形态向后倾，其上缘为髂嵴，下界为臀沟。人体正立时，整个臀部呈方形，两侧臀窝显著，女性臀部形态丰厚圆滑，两髂后上嵴交角为90°。

从生理结构的塑造来看，臀部的形态主要与脂肪的堆积情况和臀部的后翘情况有关，按臀部脂肪堆积的情况，可以将臀部分为以下四种类型。

（1）标准型：整个臀部脂肪分布均匀、适中，皮脂腺分泌均匀，进而身体荷尔蒙的分泌也趋向稳定水平，选模特、运动员就属于这种类型。

（2）桶腰型：臀部的脂肪在腰部分布很多，使腰和臀的曲线变小、变直，成桶状，也就是身体没有办法呈现S形，腰部、臀部和腿部呈一条直线，走起路来就显得大大咧咧。

（3）马裤型：臀部周围的脂肪向大转子部位堆积，有“马裤变形”之称，这种状态会让臀部的皮脂腺分泌受到阻碍，同时腹股沟上的淋巴腺也会被抑制，使得女士盆腔的免疫力很低，而且走路很费劲。

（4）后伸型：臀部脂肪在臀裂两端，臀部向后伸展，也就是所谓的大屁股，如果乳腺不发达，乳房没有相应地增大，身材会显得不协调。

从臀部荷尔蒙的协调度来看，按臀部后翘的情况分为三种类型。

（1）后翘型：臀部向后翘，腰臀曲线加大，属美臀型。不仅仅是臀部美观，因为荷尔蒙的持续均衡分泌，大腿和小腿也得到好处，力度可以均衡到整个身体当中，女士就显得相当有精力了。

（2）平直型：臀部与腰的曲线显得平直，这样的臀部让女士看上去显得干瘦，而且没有大幅度的凹凸感。这时候臀部的荷尔蒙分泌会偏多，但是代谢得也很快，因为没有太多储存空间。在这种状态下，女士吃什么都不会发胖，也是让部分女士喜爱的。

（3）下垂型：这样的臀部多半属于肥胖者，臀部向下悬垂，悬垂就让皮脂腺全部萎缩在臀部当中，臀部会越来越大，直接使得生殖器官也变得肿大。

臀部遭受破坏不是一朝一夕的事情，基因遗传也包括了身体肥胖，如果臀部产生负面的改变，一定是生活方式出现了问题。

坐不好，不仅背脊体型受影响，臀部也会随之变形。像软骨头似地斜坐在椅子上，会使压力集中在脊椎尾端，造成血液循环不良，氧气供给不足。而只坐椅子前端1/3处，则会造成身体重量集中在臀部这一小方块处，长时间下来臀部疲惫变形指日可待。坐着的时候就要把身体坐直，坐3小时后就要起来走一走，活动一下臀部的肌肉，这样荷尔蒙分泌就会有一定的节奏，不会在臀部的皮脂腺当中囤积起来，让皮脂腺没有秩序地分泌过量脂肪。

站太久也不行，因为血液不易从脚部回流，同样会造成臀部供氧不足，新陈代谢不好，轻者产生静脉曲张，重者导致荷尔蒙紊乱，不仅仅是臀部的皮脂腺、淋巴管分泌紊乱，生殖系统也跟着紊乱，所以当招待的女士总是莫名其妙地就患上妇科病。想要缓解也不难，有条件的就坐在浴缸里洗澡，没条件的就在睡觉前多泡泡脚，让血液尽量回流，还有做一做脚底按摩，这就是中医所说的促进脚部经络循环，也是西医所说的放松脚部神经丛和促进脚部微循环。

如果你认为抽烟、喝酒、熬夜及压力太大，跟臀形改变没有关系，那可就错了。不良的生活习惯与臀形绝对有关系，血液循环不好、代谢不良、肌肉松弛，就别想拥有丰盈圆润的臀部。改善的方式每个人都清楚，少沾烟酒，戒除高热量、高甜度、重口味的饮食形式，当吸收的都是维生素及碳水化合物的时候，体内的荷尔蒙才会有足够的空间重新调整。

如果运动时穿着薄薄的没有支撑力的三角内裤，年轻时不会感觉有何不妥，但到了年老，你的臀部就会因为弹性纤维组织松弛，支撑力不够而向地心看齐。同时，三角内裤把腹股沟的淋巴管全部勒紧，造成淋巴管荷尔蒙阶段性分泌失调，年轻的时候不觉得有什么问题，因为还有其他腺体的荷尔蒙补充，但年老的时候，各种各样的身体不适就像债主一样找上门来。

饮食方面，多吃蔬菜水果，多吃鱼，多喝水，多进食南瓜、甘薯与芋头这些蔬菜富含纤维素，可以促进胃肠蠕动，降低便秘概率，进而创造纤瘦且健美的下半身。玉米油、橄榄油与葵花油均含有大量不饱和脂肪酸，用它们代替动物性脂肪能让你兼顾美丽与健康。鱼类不仅热量比肉类低，还含有更丰富的蛋白质、矿物质、维生素与DHA，可以促进新陈代谢与体内脂肪的消耗。

对于臀部的美容，可以多喝水，清除代谢废物，防止肿胀，建议一天喝水一到两升，而且只喝纯水，所谓“水果水”会使你不知不觉中吃进不必要的添加物质。想让臀部变得结实，避免松弛与下垂，首要饮食原则是必须减少动物性脂肪的摄取。食用过多的奶油或奶酪，不仅容易产生血栓，血液因缺氧而使人容易疲劳，也会让脂肪囤积于下半身，造成臀部下垂，所以最好以大豆之类原植物性蛋白质或热量低且营养丰富的海鲜为主食。

想要立竿见影的治疗法，也是有的。

第一，针对那些由于全身消瘦、臀部肌肉及脂肪发育不良而形成的臀部瘪陷，或整个臀部大小尚可但丰满度不够或缺乏臀峰的人，国外多使用如同硅凝胶假体一样的扁平假体，通过臀沟切口，在局部麻醉下，剥离臀部皮肤及皮下脂肪，将假体放置在皮下层、臀部肌肉的表面，假体四周用专门固定装置固定于臀部肌肉表面。国内则采用自体脂肪注射移植，多次手术也能达到理想的效果，且手术后无明显痕迹，因此更加适合东方人。这就像是变相的隆胸，隆胸会有什么副作用，隆臀也会有什么副作用，毕竟两者都是以假体植入为基础。

第二，臀部吸脂术，适合年轻、臀部脂肪均匀性分布的肥臀者。

而其皮肤弹性良好，通过肿胀法吸脂术，将臀部多余的脂肪吸除，抽吸过程中要均匀一致，注意臀部的弧度及过度，臀沟要清晰，其过渡要圆滑自然。通过皮肤收缩及采用弹力绷带等手段，可以再塑一个丰满而富于赋予曲线的臀形。这种方式比较风行，因为它是变相地抽取脂肪，间接地影响荷尔蒙分泌，让荷尔蒙不在臀部催生新的脂肪，达到臀部的重新塑造。唯一的缺点就是对于技术和手术环境的要求高，费用也较为昂贵。

第三，臀部的塑造如果只依赖于高科技的整容或者生活方式的调整，那未必会获得理想的效果，不是太慢就是太急，还不如让自体的荷尔蒙平衡协调来得自在。

运动练就完美臀型。常听人家说屁股会越坐越大，其实正确来说，应该是久坐且缺少运动会造成血液循环不良以及脂肪的堆积。与其空叹臀部日益坐大，不如利用零碎的时间运动。无须复杂的器械，只要一把椅子就能强化臀肌，持之以恒，即可美化线条、恢复结实。有力的臀肌能帮助人不驼背、不凸腹。保持正确的姿势，就可体态优美、充满活力。

站在椅子后面，距离约一步，双手置于椅背上。上半身保持挺直，吐气夹臀，抬起左脚。停留约10秒，吸气还原，换右脚重复。上半身尽量保持固定不动，脚不要抬太高，以免腹部向前突出。站在椅子前，双脚分开，与肩同宽。假装要坐椅子（无影凳），吐气后半蹲，双臂平行向前推，吸气还原，如此重复。注意背要挺直，半蹲时膝盖不可超过脚尖，避免压迫膝关节。

臀部的美丽在于不断地运动，想想看，只有走路时，翘起来的臀部一摇三摆才能释放出女士最原始的美丽，如果只是坐在某个位置上，臀部的美丽及魅力都不可能展现。

第四，饮食上，应吸收足够的微量元素钾。医学研究表明，足量的钾可以促进细胞新陈代谢，利于毒素与废物的排出。当钾摄取不足时，细胞代谢会产生障碍，使淋巴循环减慢，细胞排泄废物越来越困难；加上地心引力影响，囤积的水分与废物在下半身累积，自然造成臃肿的臀部与双腿。

修长的腿部

拥有一双妙曼的大腿是每个女士的梦想，走路的时候，白皙的大腿在交错之间相映成画，要是在舞蹈当中更占据优势，只要腹部没有太多的赘肉，借助双腿的用力，就能够使身体呈现出优美的S形。

女士大腿的塑造跟小时候父母的培养有很大的关系。

小女孩经常被父母抱在怀中，没有在平地上多走走，大腿跟小腿的胫骨没有得到舒展，同时腿部上刚发育的皮脂腺受到了挤压，荷尔蒙向肌肉的分泌呈一边倒，所以女孩子长大以后，大腿上的肌肉和胫骨都是长歪的，形成我们经常看到的O形腿。

小女孩爱吃雪糕和甜食是无可非议的，但若没有同时吃维生素作为补充，所有吸收的卡路里全部堆积在腺体当中，没有被完全代谢，这样就刺激了女孩子体内的雄性荷尔蒙分泌，到了女孩子发育的时候，女孩子大腿上就拼命长出毛发，要么毛茸茸的一片，要么没有长毛但是毛孔粗大。

小女孩经常都是坐着，没有像小男孩那样活蹦乱跳，大腿上的肌肉得不到充分的发育，皮脂腺的末端没有伸展到皮下，这样代谢的脂肪就不能排出体外，只能积累在皮下组织，同时所有的荷尔蒙都优先给了腿部的肌肉组织。小女孩一长大后，大腿也日渐变得粗壮，甚至两腿并起来的时候，两条大腿的围度比臀部还大。

有些父母硬要让自己的女儿今天学钢琴，后天学画画，又没有询问其是否喜欢，小女孩要是喜欢倒也没有什么不妥，万一不喜欢，那就是赌着气坐着，先不说呼吸系统和心血管系统会受到严重的影响，最惨的还是因为赌着气，所有养分在这个时候都会往下肢走，荷尔蒙的分泌相应地优先给予下肢的肌肉和皮肤。

如果只是这几种情况，当女士还没有超过30岁的时候，大腿还是不难被塑造回来。因为女士没有超过30岁，身体的荷尔蒙还没有形成稳定的分泌规则，一切还可以轻易地被调整过来。在这个时候，只要让女士经常去游泳就好，因为在游泳的时候，四肢的伸展力度是最强大的，同时在水里呼气憋气需要有节奏，这样就促使供养有节奏，带动荷尔蒙的分泌相应有了规律，四肢上的皮脂腺就会重新产生新的代谢比重，这样四肢均衡回来，还是很有希望的。

但30岁以上，就有点麻烦了，因为这个时候荷尔蒙的分泌已经形成相当的规律，而且还处于逐渐减弱的状态，除非用硬性干预的手段，否则未必能起效果。

想以游泳那样的形体训练方式来调衡似乎就不太可能了，至少效果就不如30岁之前那样来得容易。如果真要抱着对形体训练的希望，那么30岁过后的女士就不是以游泳的方式来调整自己的腿部，而是以跳拉丁舞为主，动作的要领在于腰胯的“8”字形摆动。当踩着强烈的节奏，摇摆、旋身、抖肩、展臂、扭腰、送胯时，下肢体的代谢率起码能超过40%，唯一不足的地方就是，一天需要有6小时的热舞才有效，还得配合维生素、矿物质、水分的合理补充，换句话来说，就是要成为拉丁舞蹈的狂热者。

如果觉得腿部实在粗大得要命，而且赘肉横生，那么腿部抽脂也是一个可行的方式，用外科手术的方式，把大腿皮下的脂肪全部抽取出来，顺带再把皮脂腺梳理一下，一个上午的时间就足够。但是副作用大不大就因人而异，因为一旦皮下抽脂就有可能影响到皮下的神经末梢，神经末梢一旦受到影响甚至被破坏，那么皮脂腺内荷尔蒙的分泌就会受到影响，神经末梢过于兴奋，女士就会觉得腿部经常麻麻痒痒，不是这里不舒服就是那里不妥当，反正没有多少天安稳日子；神经末梢过于沉静，女士就不会有感觉，但是皮脂腺就会没有节制地分泌脂肪，过不了多久，大腿还是“大象腿”或者“萝卜腿”，所以我们经常看到抽脂的女士腿部恢复原形。

改变睡觉的一点小姿势，也可以为小腿减负。方法就是在床尾用薄被稍稍垫高一层，让双腿的水平高度高于心脏，就可以了。

对大腿形状最在意的还是产后的女士，因为经过生产小孩，女士体内的荷尔蒙会大幅度地调整。

妇女生育后双腿之所以会有如此剧变，多因其在怀孕期间尤其在怀孕后期受日益膨大的子宫压迫，使下肢静脉回流受阻，一方面形成程度不同的妊娠水肿，组织间隙水分增多，带来双腿皮肤紧绷，待水肿消去就皮肤松弛；另一方面造成下肢静脉曲张，分娩以后尽管静脉回流情况得到了改善，但已较难恢复到孕前水平，加之产后较长时间卧床可加剧下肢静脉曲张，使青筋盘旋扭曲于浅表。更因为怀孕期间及产后一段时期缺少运动，使双腿肌肉萎缩，逐渐为脂肪所填充。

健美操适用于分娩正常的产妇，由于产妇体质大都较虚，故在锻炼期间要根据自己的具体情况，量力而行，不可操之过急。每节操做两三分钟，早晚各一次，尤其要注意锻炼时呼吸与动作的配合。满月以后则可进行各种肌群锻炼，以恢复大腿肌肉的强度、弹力，适宜的运动有慢跑、双腿伸屈运动、游泳等。

相信年轻的妈妈们，通过循序渐进的保养锻炼，会更加丰腴多姿。

想拥有纤细修长的美腿，需要一定的瘦腿方法，我们瘦腿，不仅要瘦小腿，更要瘦大腿，这样腿部线条才更诱人。

用吃来减腿，多吃含维生素E、B族维生素的食物，少吃含盐分高的食物。血液循环不好，就很容易引致脚部浮肿。含维他命E的食物可帮助加速血液循环、预防腿部肌肉松弛等。含丰富维他命E的食物包括杏仁、花生、小麦胚芽等。但不是生啃，毕竟还得顾着自己的牙齿和消化系统能不能承受。

维生素B_1可以将糖分转化为能量，而维生素B_2则可以加速脂肪的新陈代谢。应多吃维生素B丰富的食物，如冬菇、芝麻、豆腐、花生、菠菜等。这些更多的是冲着荷尔蒙去作用，把荷尔蒙调节好，皮脂腺不会胡乱分泌多余的脂肪，也就能达到大腿减脂的效果了。

经常吃含盐分高的食物，容易令体内积存过多水分，形成水肿，结果积聚在小腿上。饮食除了要减少盐的吸收外，也可多吃含钾的食物，钾有助排出体内多余盐分，含钾丰富的食物包括番茄、香蕉、土豆、西芹等。

按摩是瘦大腿的最快方法，通过按摩可以刺激腿部的穴位，排出毒素、消除水肿。

对腿部进行节奏性的按摩，因为小腿浮肿是最常见的“第四围问题”。腿部累积的废物和毒素加上因重力作用滞留在小腿的体液，会直接导致小腿水肿、变胖。如果不能天天泡澡，常常用温水给小腿做全面的节奏性的按摩，也能消除小腿水肿，恢复腿部纤细。

工具也不难收集：足够深的木桶、精油、浴盐。

温水方法：将温水注满木桶，以能完全没过小腿为准，加入精油和浴盐，再把整个小腿放入水中浸泡15分钟左右，同时轻揉按摩小腿，帮助排毒，紧实双腿线条。

按摩是最直接、最有效的腿部塑形方式，通过按摩刺激腿部的穴位，促进血液和淋巴循环，排出毒素、消除水肿，同时还可以通过刺激分布在双腿上的重要穴位来调整荷尔蒙分泌。现在有一种腿部按摩机，可以代替人工进行按摩，会方便一些。

神秘的私密花园

女性的私密部位为什么神秘，因为只有那里才能诞生生命，也可以说是创造生命奇迹的地方。

女人的私密部位向来都是最棘手的地方，腺体多造成了荷尔蒙经常性的不稳定，神经末梢最敏感的地方不是集中在阴蒂就是集中在阴道口，卵巢、子宫又是全身60%以上的荷尔蒙的发源地，稍有差池，女人的身体都会发生翻天覆地的变化。

不论是在电视剧还是在现实生活中，我们都会遇上这样一些情况：有些女士明明遇上一个很符合自己心意的男士，但偏偏没有感觉，总是找各种借口回避，等到最后发现自己真的对那个男士产生倾慕之情时，为时已晚。不是时辰不对或者是缘分没到，而是因为女性在大小阴唇的皮层下有一个腺体——巴氏腺（即前庭大腺，也叫巴多林腺），若它接收到的雄性荷尔蒙不足，女性的生殖器就不会产生大量滋润分泌，女人就不会产生愉悦感。当女人没有感觉时，就好像在额头上贴着一张字条"男人如狗，不得内进"。

怎样让女士对男士有感觉？排除一种心理阴影的因素，只要在两情相悦的基础上，男士经常去揉动一下女士的下腹部，女士的卵巢和子宫就会分泌出更多雄性荷尔蒙到巴氏腺当中，阴道大量分泌会促使女士中枢神经产生大量兴奋的感觉。所以我们通常在电影或电视剧中看到浪漫的瞬间：只要男士从背后环抱女士并把手触摸到她的下腹部时，女士几乎是一脸沉醉的样子，生理性的喜悦便被激活。

仅仅让女士感到愉悦是不够的，因为阴道的分泌只是让女士的神经能传递一种兴奋的感觉，并没有让女士产生任何欲望。怎样从温馨浪漫过渡到发生亲密关系呢？还是由女士体内的荷尔蒙占据主导地位说了算。刚才我们了解了女士的巴氏腺受到雄性荷尔蒙的影响，女士就会沉醉于浪漫之中，而当生殖器真的受到外来刺激时，女士就会清醒过来，而且很容易产生激烈的拒绝情绪或行为，因为只是雄性荷尔蒙在发生作用，女士体内的雌性荷尔蒙还没有完全在生殖器上释放。当雄性荷尔蒙过度发挥作用，而雌性荷尔蒙被过度抑制时，女士就会对两性亲密没有感觉，甚至还感到厌恶。

要解决这一种窘况也不难，因为此刻女士体内是雄性荷尔蒙占据主导分泌，只需要把雌性荷尔蒙的分泌提升上来就可以了，理论上很简单，现实当中也不难实现。女士的阴蒂集中了其身上起码80%以上的末梢神经传导，平时都是龟缩在小阴唇的末端，只需要把它露出来，稍稍按摩一下，女士整个身体的神经丛都会被激活，身体各个腺体当中的雌性荷尔蒙便会源源不断地分泌出来，不仅供给到生殖器上，而且还通过神经荷尔蒙的传导供应到大脑，促使垂体产生类吗啡，让女士从欢愉的状态升级为兴奋的状态。

女性私密部位的荷尔蒙调节，作用不仅仅在情感方面，更重要的是在健康上。

女性健康的心腹大患是在下腹腔内，不知道什么时候会肿大的子宫内膜肿瘤、子宫肌瘤，或者是卵巢癌、子宫癌、宫颈癌，随便一个都能把你折磨得死去活来。把整个子宫和附件都割掉吧，以后的荷尔蒙内分泌又成了难题，不割掉吧，生命又受到了威胁。光是这样的左右为难，足以让女人提前衰老了几十年。

归根到底，都是女性盆腔内的荷尔蒙在调节，调节得好，你爱干什么就干什么，不会受约束；调节得不好，你还是老老实实宅在家里吧，否则晒晒太阳你会觉得心烦，吹吹风你会觉得下腹闷胀，做做运动你会觉得又痒又痛，唯一的人生乐趣估计就是网购了。

为什么要让盆腔内的荷尔蒙调节好？传统观念认为，女性的生殖器除了生小孩外，是不能刻意地去按摩或者处理的，否则就跟淫荡没什么区别。这个传统的观念让很多女人遭了不少罪，很多妇科疾病都是因为女人硬忍着憋出来的，很多肿瘤都是因为女人没有注意而产生的，妇科癌症则是因为女人对于自己的私密部位根本没有一点保养意识。当盆腔的荷尔蒙调节适当，之前的错误观念所导致的身体问题，也可以得到修复。

在通风的环境中，女士稍稍用手指循着自己的外阴揉动，还有揉动自己两条大腿内侧的腹股沟末端，会促使阴道当中残余的积液尽快流出来，这样也会促使淋巴腺体和巴氏腺代谢新的荷尔蒙。没有了积液的霉变，同时补充新分泌的荷尔蒙，整个生殖器就会处于稳定的状态，妇科疾病也就无从发作。

当有妇科肿瘤的时候，别急着用外科手术把它割掉，因为肿瘤还是需要身体的营养而存在的，只要调节荷尔蒙对肿瘤的分泌，那么肿瘤也不难被代谢。妇科肿瘤中以子宫肌瘤和卵巢囊肿为主，前庭大腺囊肿和淋巴腺末端的囊肿只占小数，大概每20位女士当中约有1位，概率小得可怜。在这个时候，应多清洗自己的外阴，特别是清洗阴蒂的部分，因为只要阴蒂还能保持强大的神经末梢激活，那么身体内的荷尔蒙还是能调动起来。每天揉动自己囊肿的位置，通过周围的微循环加速囊肿内的循环，同时还要揉动阴蒂，通过神经的兴奋带动整体荷尔蒙的调整。囊肿周边的微循环通畅后，囊肿就会产生萎缩现象，而神经的兴奋刺激了整体荷尔蒙的代谢和重新分配。

当癌症出现的时候，最先调动的是身体内的荷尔蒙水平，毕竟癌症会威胁身体的生存空间，当然会被荷尔蒙列为优先处理的部分。

说雌性荷尔蒙会诱发妇科癌症，是因为雌性荷尔蒙严重分泌过剩，没有办法从巴氏腺和淋巴管被代谢，才会让卵巢和子宫产生巨大的恶变。当雄性荷尔蒙、雌性荷尔蒙和孕荷尔蒙重新调节的时候，子宫癌和卵巢癌还可以被稳定。雄性荷尔蒙为器官提供了强大的代谢能力，同时孕荷尔蒙让周边参与循环的所有管道产生疏通，单靠雌性荷尔蒙变异的癌细胞就会因此而被抑制。

如果已经是经过治疗、外科手术切除或者放疗，那么自身的荷尔蒙调节就更重要了，因为一切都要重新开始，重新构筑新的生理代谢循环。从医学的角度，需要分泌出大量的荷尔蒙帮助身体去调整；从养生保健的角度，更多的是需要重新调配好自身的荷尔蒙，否则一味依赖外来的荷尔蒙，会形成依赖性而导致后期癌症的反复。

像这种术后的荷尔蒙调节都是很讲究的：

不能穿紧身的衣物，特别是内裤不能压迫外阴和腹股沟的淋巴管。保持身体各个腺体不受紧身衣物的压迫，这样才更容易重新调整腺体内荷尔蒙的分泌。

常以维生素为主要营养，例如多吃水果和蔬菜。维生素更多是催化代谢，可以减缓雄性荷尔蒙的代谢功能，让雄性荷尔蒙更多地投入到身体生理的重新建设。

经常对身体进行轻度的按摩。因为子宫和卵巢都需要外力的刺激才会更好地蠕动，揉动腹腔时，力度要均匀、缓慢，不能过重，三分力就好了。时间也不能太短，延长按摩时间对于身体内部的恢复很有帮助，同时可以不让神经产生阵发性疼痛。

清洁和揉动阴蒂。这时候，阴蒂也会起很重要的作用。因为化疗过后，身体会莫名地产生很多的躁动或者疼痛，揉动阴蒂，可以通过神经末梢的兴奋性，把身体各种凌乱的感觉统一起来。其目的更多是为身体的神经系统兴奋做准备，神经能兴奋起来，荷尔蒙才能更好地传导，它们才知道应该往哪里分泌最理想。

其实，真等到癌症爆发时才做自身的荷尔蒙调整，这是最不理想的保健调理方式，毕竟痛苦的是自己的身体。对于女人来说，私密的部位保养好了，健康就不会丢掉。

过渡更年期

数亿中年女性饱受更年期不适之苦，有人熬不住，甚至会萌生自杀念头。下面我们将为你揭开更年期的神秘面纱。

对于人类能够繁衍生命，造物主最伟大的贡献在于创造了生命的动力——荷尔蒙。

生物医学、脑生理学及分子生物学的研究证明：人体分泌系统、免疫系统和神经系统，彼此有着密不可分的关联性。

人到了45岁左右，无论男女，从外观（如皮肤急剧松弛、老化）到机体生理（性腺功能减退）都出现急剧衰退的现象，导致人体神经系统、免疫系统的功能发生一系列的改变，从而诱发各种疾病及症状。

从中年期向老年期过渡的这个阶段，被称为“更年期”。因此，女性有更年期，男性也不例外。对一般人来说，其症状较轻，可通过神经系统和内分泌系统的自身调节及配合进行适当的保健，经过一段时间后，都能顺利地度过更年期，平稳进入老年期；但也有部分人很难适应这种内分泌的突然变化，出现一系列症状，如心情烦躁、容易恼怒、头晕心悸、失眠、健忘、轰热、汗出、倦怠乏力、皮肤有蚁走感、关节痛疼、精神抑郁、神经过敏、尿急、阴道干燥等，严重影响正常工作和生活。

更年期是人生的必经之路，也是生命的转折点，不是每个人到50岁左右时都会出现更年期症状，如果懂得正确的养生保健，更年期症状是完全不会光顾的。

荷尔蒙短缺是更年期系列症状的罪魁祸首，由于女性对体内荷尔蒙的变化反应较男性强烈，所以女性更年期症状较为普遍，而男性则较少。这个有如云宵飞车起伏的荷尔蒙变化，最早可以在35或40岁开始。当雌性荷尔蒙的浓度急剧降低时，热潮红、抑郁症、失眠和易怒的症状会变得非常严重，特别是患有经期前症候群、卵巢囊肿以及其他荷尔蒙失调症状的女性，前更年期开始的时间会较一般人早。

女性在一生中，有1/3的时间是在后更年阶段度过的，我们必须使自己的身体不受更年期的威胁以及避免它所带来的有害影响。20世纪90年代，大洋彼岸的美国，由于人人有着良好的自我保健意识，女性在更年期的年龄已很少出现更年期症状，她们拥有比其他国民更长的青春期、更好的健康状况、更幸福且很少有疾病的晚年生活。由此看来，特别是对女人来说，是否拥有丰富的保健知识决定了后半生的健康与幸福。

女人要是想永葆青春，就得想办法保住渐渐减少乃至消失的雌性荷尔蒙，月经停止得越晚越好。

雌性荷尔蒙赋予女人第二性征，比如使乳房丰满、月经按时来潮等。也就是说，雌性荷尔蒙可以使皮肤中的水分保持一定含量，使皮肤看上去柔嫩、细腻。所谓更年期，就是雌性荷尔蒙的分泌量渐渐减少，到月经终止时降到最低，大约在女性50岁时，几乎失去了生育功能。

事实上，从45岁开始，女人就进入了更年前期，卵巢机能逐渐下降，雌性荷尔蒙分泌减少，皮肤的含水量也随之递减，皱纹慢慢出现，皮肤失去以往的光泽和弹性。在50岁之前，与男性相比，女性患心脑血管疾病的机会要少，这是因为雌性荷尔蒙的存在维护了血管的柔软度，她们的血管不易硬化。但雌性荷尔蒙消失之后，女性患这类疾病的机会就增加了，同时，骨质疏松开始出现，妇女大多数的腰背痛是因为骨质疏松所致。

更年期来临前后，还有一点最常见的变化是脸面一阵阵躁热潮红，情绪激动，不能控制，这些都是卵巢分泌雌性荷尔蒙减少的缘故。这时候，补充雌性荷尔蒙是当务之急。人为地补充雌性荷尔蒙可能会诱发癌症，如乳腺癌和子宫内膜癌等。西方医学的先父希波克拉底说：人类离自然越远离疾病就越近，离自然越近离健康也就越近。他的这一古训已经体现在现代人回归自然的健康准则之中。具体到延缓衰老，雌性荷尔蒙的补充完全可以融入日常的生活当中。

如果到了更年期时才注重调整体内的荷尔蒙，不是晚了，而是真的太晚了，毕竟更年期一到，女性体内的荷尔蒙急速下降，有相当一部分已经停止分泌，如果早期已经不分泌的，到了更年期就更不可能分泌了。

更年期的女性吃什么才能够补充荷尔蒙，答案是有色食物，因为能影响荷尔蒙的分泌。

中医认为，人是一个统一的有机体，五脏与五行、五味、五色是相生相克的关系。不同颜色的食物与人体五脏六腑有着阴阳调和的关系，合适地搭配饮食有助于增加荷尔蒙的分泌。与脾相对应的是黄色、有自然甜味的食物，与肾相对应的是黑色、带有自然咸味的食物，而与肝相对应的是绿色、有酸味的食物。

（1）黄色食物健脾：黄色食物可以健脾，增强胃肠功能，恢复精力，补充元气，进而缓解女性荷尔蒙分泌衰弱的症状。黄色食物对消化系统很有疗效，同时，也对记忆力衰退有帮助。

代表食物：黄豆、南瓜、夏橘、柠檬、玉米、柿子、香蕉等。

黄豆：帮助胃肠恢复动力，是天然植物性的雌性荷尔蒙，有助于女性荷尔蒙的调整。也有助于缓解更年期和经期的症状，还可以预防与荷尔蒙有关的癌症，每天吸收50克就行。

南瓜：提高精力，补充元气，提高代谢，每天摄入100～200克就很充足了。

夏橘：有驱风、芳香、滋补的作用，并能缓和精神紧张症状，每个星期有30克就可以了。

柠檬：消除疲劳，促进血液循环，增强免疫力，延缓皮肤衰老，不用每天一个，平均一个星期喝200毫升的柠檬汁就可以了。

柿子：健脾开胃，润肺生津，改善心血管功能，一天一个。

香蕉：强化消化系统功能，清除血液中的毒素，并有抗忧郁及提高免疫力的功效，一天吃一根就可以。

（2）黑色食物补肾：黑色食物有助于提高与肾、膀胱和骨骼关系密切的新陈代谢和生殖系统功能。可调节人体生理功能，刺激内分泌系统，促进唾液分泌，有促进胃肠消化与增强造血的功能，对延缓衰老也有一定功效的。

代表食物：黑米、黑枣、黑豆、黑芝麻、黑木耳、香菇、虾、贝类等。

黑米：有滋阴补肾、补血益气、增智补脑、促进新陈代谢的作用。

黑枣：有增强体内免疫力的作用，一天20克足够。

黑豆：有补肾、强筋骨、暖肠胃、明目活力、利水解毒的作用，一天10克。

黑芝麻：具有养肾、健脑润肺、养血乌发、防衰老的作用，平均一个星期25克。

黑木耳：清胃涤肠，增强肌体免疫力。

（3）绿色食物补肝：绿色食物含有对肝脏健康的叶绿素和多种维生素。能清理肠胃，防止便秘，降低直肠癌的发病率。

代表食物：菠菜、绿紫苏、白菜、芹菜、生菜、西兰花、韭菜等。

菠菜：有养血、止血、滋阴润燥及抗衰老、促进细胞增长的作用。

西兰花：可增强肝脏解毒能力，并能提高肌体的免疫力，减少乳腺癌的发病率。

韭菜：能温补肝肾，增进胃肠蠕动，外敷有散血解毒的功效。

能够尽量地补充身体内的荷尔蒙，是安全度过更年期的关键，但补充荷尔蒙不是靠外在的补充，毕竟荷尔蒙一旦产生排斥反应，身体自身的荷尔蒙分泌就会紊乱，别说更年期不稳定，即便度过更年期也不会稳定。

因为荷尔蒙是一种特殊的物质，所以它的营销平台也有点与众不同。

荷尔蒙所牵涉的知识点很多，但要应用于生活层面的也就一小部分，我们不可能要求每个人都成为生物学家，对荷尔蒙的所有细点都了如指掌。生活中，荷尔蒙是被运用而不是被研究，深化研究荷尔蒙的任务留给生物学家好了，平常人没有必要纠结太多。

现在，荷尔蒙用于美容营销主要有以下几个问题：

（1）荷尔蒙能不能用？

（2）荷尔蒙对身体有何效果？

（3）怎样避免荷尔蒙对身体的副作用？

（4）荷尔蒙对身体还有什么附带作用？

（5）为什么一定要用荷尔蒙，有没有可替代品？

（6）我们已经用过什么样的荷尔蒙产品？

（7）荷尔蒙要是出了问题，该怎么办？

荷尔蒙从来都是门槛高

对于荷尔蒙，美容界早已对它垂涎三尺。荷尔蒙作用明显，特别是在有皮炎或者皮肤很敏感的情况下，一抹上护肤品都会产生过敏现象，但是只要在护肤品中加入荷尔蒙，无论你的皮肤怎么差，都可以变得白里透红。

美容就是冲着皮肤的色泽、机能、润泽度、柔软性去的，要肤色白，就使用影响松果体的荷尔蒙；要肤色好，就使用影响脑垂体分泌的荷尔蒙；要肤色柔软，就使用影响甲状腺的荷尔蒙……荷尔蒙的靶向渗透，让美肤效果立竿见影，甚至无须观察期。

令人担心的是，荷尔蒙本身是一把双刃剑，一方面让人心潮澎湃，另一方面确也令人望而生畏。因为荷尔蒙在对身体作用的过程中很容易失衡，无论是多一点还是少一点，身体都会发生消极的变化。消极的变化是指容易发生癌变，这是人类无法承受的。自体的荷尔蒙尚且如此，外来的荷尔蒙就更容易因为身体的排斥反应而让身体招致“杀身之祸”。

荷尔蒙在某些无知的人眼里，跟“癌症”划上等号，主要原因在于人们不知道怎么运用荷尔蒙，或者不知道怎么解释荷尔蒙的作用，所以只好采取观望的态度，看看谁能成为第一个吃螃蟹的人。

其实荷尔蒙作用于美容，需要两个前提技术条件，即提纯和代谢。提纯就是从一大堆原料中提取出高质量的荷尔蒙，提取的原料有很多，血液、骨髓、内脏、生化细胞等都可以，但如果真的要被身体靶向吸收，荷尔蒙的细胞活跃度和融合力就要高，同时具备快速起动的能力，所以荷尔蒙的提纯技术要求相当苛刻。试想一下，人体的细胞与细胞之间有缝隙，如果荷尔蒙不是精细到细胞壁的1/10000，荷尔蒙的因子是没有办法穿过细胞间的缝隙到达指定的细胞群中的，没有经过高密度提纯的荷尔蒙只会停留在身体的某个角落，成为身体的一种累赘，甚至引起身体其他细胞的癌变。

荷尔蒙的提纯讲究的是精确，这是产品技术要求，而勾兑、稀释之类的纯属欺诈行为，因为荷尔蒙无法在人体以外的地方进行勾兑和稀释。若真要那么做，产品一进入身体首先就会破坏身体的分泌，然后诱导细胞变异，也就是产生癌症。精密提纯后的荷尔蒙才具备靶向定位能力，勾兑、稀释都会破坏荷尔蒙的靶向能力，就好像把导弹的定位系统拆除了却依然要把所有导弹发射到战场上，这明显不合理。

荷尔蒙代谢是必须的，因为它是一种超级活性的物质，没法在身体里储存，要么促进身体的生长发育，促进其他营养、微量元素、脂肪或者碳水化合物结合，要么就是被身体代谢掉，只有这两种选择。荷尔蒙不能被闲置，一闲置它就马上“造反”，随时可能会对任何细胞组织产生剧烈和深远的影响。例如经常运动但汗液不多的人，最终会长出很多斑块；经常喝饮料但尿液不多的人，最终会四肢水肿；经常涂面霜膏体但脸部还是很干枯的人，最终会变得五官畸形（脸皮变得太厚挤在一起了）。

因为荷尔蒙不会自然地代谢，它的代谢讲究操作技术。要是体内荷尔蒙分泌多了或者吸收多了，首先促进的是所有细胞的生长，当然也包括变异了的癌细胞，而当人体有足够生命力的时候，荷尔蒙会被全部吸收到甲状腺和性腺当中，所以人体荷尔蒙过多就很容易产生甲亢和性欲旺盛状态。别以为这是什么好事，甲亢是要人体运动起来和情绪化，借此把多余的荷尔蒙消耗掉，而性欲强则是直接通过性行为把荷尔蒙排出体外。所以在性生活当中，男性的精液和女性的分泌物往往都是含有高浓度的荷尔蒙，要是没有荷尔蒙，那么不管男人还是女人，他们的寿命也即将走到尽头。

什么才是荷尔蒙的代谢技术，其实这在中国也不是什么稀奇的事情，因为古人早就发明了经络穴位按摩以及类似华佗五禽戏的肢体协调运动，而且是针对具体部位的按摩。因为中国的按摩更多刺激了腺体的分泌状态，倘若腺体当中有残余的荷尔蒙，就会在按摩过程中被诱发出来，产生代谢行为。想消化食物就揉动胃所在的上腹部，多少会有胃酸分泌；想身体稳定就多揉动脖子，沿着肩胛骨、锁骨到胸脯，其实就是为了稳定甲状腺和胸腺；想稳定情绪就多用手指揉动头脸部。但在所有荷尔蒙代谢当中，能直接进行代谢的就是性腺，原因有二，其一是地心引力，荷尔蒙很自然地往最接近地面的性腺分泌；其二是性腺器官大部分都能摸得着，不像脑垂体、松果体那样几乎是藏在头部的最深处。所以，我们可以看到大部分内分泌紊乱的人，一旦有了稳定和高质量的性生活，便逐渐不治而愈。我们也可以明白，现在中国市场内很多针对生殖器的美容项目，明明技术含量并不高，却能让那么多人趋之若鹜，其实就是很多操作项目误打误撞地刺激了人体的生殖器，引起了生殖器的荷尔蒙代谢，因而达到了身体内分泌平衡的状态。

如果生殖美容的项目能针对各个荷尔蒙腺体位置进行系统的疏导和按摩，本身就是比较完善的荷尔蒙调理，根本不需要怎么巧立名目。

除了提纯和代谢这两个基本技术条件外，荷尔蒙还需要有针对性地使用，不是什么状况下都可以用荷尔蒙调理，虽然它确实接近于身体的万用剂。荷尔蒙之所以中用，很大程度上归功于它的靶向效果，作用于肠道的荷尔蒙不会跑到血液当中，对皮肤起效果的荷尔蒙一定不会跟心脏搭上关系。荷尔蒙调节得好，身体营养就会达到一种均衡分配和代谢的效果；荷尔蒙调节不好，那就不仅仅是营养分配不均匀了，还会引发内分泌失调，细胞发育异常。现代人之所以畏惧荷尔蒙，就是因为怕体内荷尔蒙失调所带来的一连串不良反应。

对于禁食有研究的学者一定会发现，在印度，人们最开始禁食时首先要吃月见草并喝点蜂蜜，同时生活要靠近泉水，最好附近有茂盛的花草，过后要喝些小米粥，这才是真正意义的禁食排毒。有生活阅历的女性都知道，月见草调理月经、蜂蜜调消化、小米粥调养身体脏腑，这些都起到调节或稳定体内荷尔蒙的分泌状态。

美容产品当中使用荷尔蒙，就好比骑着一匹烈马上战场厮杀，只要你骑术精湛并且知道烈马的秉性，那么凭着烈马的爆发力和冲击力，你完全可以在战场上纵横驰骋。可是如果你骑术不过关，或者你对所骑的烈马一无所知，那么上战场可能就有生命危险了。驾驭荷尔蒙的作用，严谨和精准必不可少，别以为把别人好的产品模仿了，或者多添加一些荷尔蒙成分，美容效果就可以提早显现，这只是奸商的一厢情愿。事实上，荷尔蒙的配比是商品的核心技术，一旦出现细微的偏差，出来的只会是消极的效果。可谓差之毫厘，谬以千里。

避免荷尔蒙副作用的营销

避免荷尔蒙的副作用，这似乎有点天方夜谭，就好像雪糕很好吃，但吃多了身体容易发胖，而忍住不吃又实在憋不住。荷尔蒙从被发现的那一刻开始，就已经被烙上了“双刃剑”的属性，主要是超活性，同时也容易引发身体的生物反应。

身体有活力离不开荷尔蒙的反应，失去了荷尔蒙，人就会死翘翘，浸泡在福尔马林里的人体器官，就绝对没有一点荷尔蒙了。

身体太有活力是不是一件好事？给一辆全世界性能最好的汽车不断加油，同时保证它的冷却系统正常运作，让它连续不断地行驶，结果会怎样呢？答案显而易见，三个星期内，它必然报废。

我们现有的技术，可以源源不断地给身体注射提纯后的荷尔蒙，或者在黏膜位置使用高渗透性的荷尔蒙，身体吸收了以后，整个人会变得魅力四射、容光焕发、青春无限……这些都是必然的结果。但我们的身体毕竟不是用钻石打造的，在基因序列上，已经对身体各个器官的使用年限做了规划，荷尔蒙用得再多也影响不了自身的基因，只能影响下一代的基因。过量使用荷尔蒙，身体的机能会因为消耗过度而提前衰竭，这已经是在上天庇佑的条件下发生，万一荷尔蒙过量使用而产生了变异，随之而来的就是癌症！

为什么“红颜薄命”“天妒英才”比比皆是，很多人自身的荷尔蒙使用过度，导致器官早衰，他们自己竟全然不知。比方说现在年轻人热衷的夜生活，在激情四射、异常亢奋的状态下，他们彻夜狂欢，不知疲倦，第二天依然精神抖擞。很让人羡慕吧，疲惫袭来，在身体所有器官的功能下降的情况下，荷尔蒙依然会使你保持光鲜亮丽的外表，避免出现一夜白头之类的荒谬现象。所以，你的面容依然红润，只是有点发紫，处事能力依然精明，只是容易发呆。这些假象让你觉得自己的生命还很旺盛，而事实却是，你的身体已经在透支，到了哪天器官细胞异常发育的时候，就是癌症；某个器官一下子缺氧，导致整个身体供养中断，就是猝死。

避免荷尔蒙对身体的副作用就是适量地使用荷尔蒙。

在这里必须再次提醒，荷尔蒙并没有谣传的那么可怕，荷尔蒙≠癌症诱发，它只是人体不可缺少的物质之一。但是，荷尔蒙有一点不好——爱出毛病，就像个顽童，你打也不是骂也不是，只能从各个方面去协调，这活干起来还挺费神的。

荷尔蒙如果分泌平衡，身体基本不会出现什么疾病，甚至还会为身体提供可靠的免疫力，比那些需要注射的免疫球蛋白医疗操作实在多了。荷尔蒙只有在分泌不平衡的时候，身体才会出现这样或那样的疾病，但从荷尔蒙的角度来看，人体的一切生理变化一般都是可控的。

接下来，我们就看看荷尔蒙怎么为身体带来真正的价值。

荷尔蒙的营销与其他美容产品的营销方式有着截然不同的地方，主要是因为其他美容产品有着立竿见影的外表效果，就好像把墙壁涂上颜料一样，一看上去就知道涂的是彩虹或者是涂鸦，很直观地得出结论。而荷尔蒙的产品需要渗透到身体当中才能产生效果，这个过程是无法直观看到的。

荷尔蒙的营销首先是概念的认同和知识的普及，避免人们误以为荷尔蒙会导致身体得癌症。我们在前面讲过荷尔蒙的相关知识，知道了它在美容当中的作用。但如果顾客是个文盲，或者不愿意费心思去了解荷尔蒙复杂的概念体系，他们依然会下意识地认为“荷尔蒙=癌症”。

要顾客认同荷尔蒙美容产品的概念，营销人员必须对医学或者生物学有资深造诣的专业人士，荷尔蒙营销是专业强者的盛宴，庸俗的人只能靠边站。资深的销售人员，用简明扼要的几句话就能让顾客明白身体上的问题哪些是因荷尔蒙紊乱所致，使用了荷尔蒙产品，哪些是能直观看到或者感受到的结果。只有这么做，顾客才能从严谨的专业体系中找到安全感，荷尔蒙的美容产品才会被接受。

其他各种产品都有相关的试用装，基本上可以用于促销或者试用。荷尔蒙的美容产品如果做试用，则会起到一种相当负面的效果。

为什么？

荷尔蒙渗透到人体当中去，首先是人体皮肤腺体因为受到荷尔蒙的诱导而被激活，出现各式各样的分泌状态，这样皮肤就会受到各种腺体的滋润而变得饱满和有光泽。但是所有的东西都需要一种后继支撑，如果含少量荷尔蒙（大概在0.38微克）的美容产品激活了皮肤腺体的分泌，而没有一种后续支撑，皮肤的腺体就会瞬间枯竭，或者无力分泌，后果就是腺体口全部紧闭，同时把皮肤的养分全部抽调到皮下，以巩固腺体在皮下的组织结构。从表面上看，就是皮肤暗沉，没有丝毫光泽，同时出现短暂性的凹陷。

从这个角度来看，荷尔蒙的美容产品似乎就是鸦片，一旦没有后续补充，皮肤就会变得难看。其实不然，主要是因为腺体末端受到荷尔蒙的诱导后，它需要后续的荷尔蒙继续补充，以便于继续分泌滋润皮肤，等分泌状态巩固了，自身的荷尔蒙就能按照新的生理规律补充到皮下，那么就不需要再从荷尔蒙的美容产品中摄取。

如果把皮肤的滋润比作一架飞机，那么美容产品中的荷尔蒙就是飞机起飞的推动力，不是飞机一到天上就不用推动力了，而是要等飞机到达高空，并找到逆风的助力，才能把推动力减下来。

所以，荷尔蒙的美容产品不能搞促销或者试用装，主要是面对荷尔蒙的诱导启动之后，试用的顾客不知道需要多少荷尔蒙作为后续才能让皮肤有感官上的可喜变化。

荷尔蒙美容的营销，都是一个疗程一个疗程地试用，而不能一个单品一个单品地试用。

问题来了，怎样才能让顾客相信自己皮肤的变好就是做了一个疗程的荷尔蒙美容的结果呢？这个问题也可以说是荷尔蒙营销的核心。

解决的办法就是做荷尔蒙定位测试，把顾客皮肤所需要的荷尔蒙的量定性、定值、定量，然后再制订相应的美容疗程。

荷尔蒙不同于其他护肤用品，胡乱测试只会搬起石头砸自己的脚，必须是专业人士才能参与。

所以，如果用了荷尔蒙的美容产品却完全看不出任何效果，那既不是人的问题，也不是技术的问题，绝对是产品本身的问题。

如果用了荷尔蒙的美容产品却出现了负面的后果，例如浮肿、毁容、内分泌失调等，那就不是产品的问题，而是操作者的问题。

如果用了荷尔蒙的美容产品却让顾客身体产生了各种肿瘤，那么很不幸，你成了那些半成品的试验品。

如果用了荷尔蒙的美容产品而直接导致癌症的发生，负责美容的治疗师有问题，产品有问题，顾客自身也有问题。

荷尔蒙美容产品的营销，更多在于把美容产品用到极致，而不是让顾客拼命地用，即便是土豪，也有可能只需要一个美容疗程就可以让皮肤变白，多用可能会导致皮肤粗糙或者变得容易过敏。

只要产品涉及荷尔蒙，营销的定位就必须清晰，对象是什么人，什么状态，什么时候用产品，产品用了以后会有什么效果。

荷尔蒙产品的设计需要高端专业人士，其营销更需要专业人士。

2004年，荷尔蒙因为被大面积应用到抗非典的治疗当中而进入了人们的视线，在这之前，还只是一直在欧洲盛行。

当荷尔蒙作为一种新的技术进入美容界的时候，会是怎样一种情形，不亚于英国把坦克投入到“一战”，美国把原子弹投入到“二战”，在效果参差不齐或者不稳定的产品技术中，荷尔蒙能让普通的美容产品一下子处于优势地位，美白去皱之类马上起效，润肤祛痘也不含糊，所有美容商家、美容中介都在观望荷尔蒙进入美容界以后给他们带来多少利益。

关于荷尔蒙的效果，很多不靠谱的营销商还真看不出门道，他们只是很肤浅地觉得皮肤可以马上变白、变细嫩、变光滑、变得有弹性，当中潜藏的危险他们完全看不到，即便看到了也一概忽略。

荷尔蒙产品，一个是起动量，另一个是维持量，让皮肤变得白嫩，第一个疗程平均每天可以用含荷尔蒙0.69%的霜体涂抹，浓度过了不行，量过了也不行，否则皮肤会产生增生。

当皮肤已经变得白嫩的时候，就要从起动量变成维持量，荷尔蒙的维持量一般是起动量的30%，也就是如果第一个疗程在一个星期内产生了效果，那么第二个疗程应该是在一个月后开始，同时用量只能是第一个疗程的30%，然后再隔两个月才进行第三个疗程。

荷尔蒙的效果没有叠加一说，若干不同荷尔蒙产品混在一起用，绝不可能出现“1+1=2”的效果，只会诱导细胞产生癌变，即便过量使用含同一种荷尔蒙的美容产品，身体也代谢不了，肯定会出现我们上面所提到的变异。

如果使用含荷尔蒙的产品后没有正面效果，只能证明一件事情，就是产品中根本没有荷尔蒙成分，这就不是效果不明显或者用量不足的问题了。正常环境中，如果在1升纯净水里加入1毫克纯净荷尔蒙，2小时内全部喝下去，则可以在36小时内不用补充水分。

这只是说明荷尔蒙在浓度为0.001%的时候也会产生作用，美容产品要加入荷尔蒙，怎么也不会少于这个标准。

真要加入荷尔蒙，美容产品会在36小时内起效，但是缓慢起效还是累积性起效，就要看荷尔蒙的类别，以及个人的吸收和代谢了。

荷尔蒙的用量因人而异，但只要是荷尔蒙的专家，他们都很清楚荷尔蒙的起动量和维持量的用法，等同于急救的时候，用的肾上腺素也有轻重之分，断然不会一下子就打10个单位的肾上腺素，因为这样不是救命，而是害命。

以荷尔蒙的专家为主导，才能使得荷尔蒙的使用疗程更规范。不是商家用多少，也不是顾客用多少，而是顾客的身体能接受多少，如果本末倒置，会出人命的。

商家赚钱的初衷是不变的，但鼓吹拼命使用荷尔蒙，无异于饮鸩止渴。

荷尔蒙营销的重点不外乎就是以下六个方面：

（1）专业操作的技术团队。

（2）讲述理论的专家。

（3）对顾客进行详细且有针对性的检查。

（4）公司所有人员必须经过专业知识的扫盲。

（5）所有疗程都以专家为主导。

（6）用科学精密仪器鉴定效果。

做到上述六点，荷尔蒙的美容产品才能在美容界站稳脚跟。

荷尔蒙营销的失败，归根到底来自以下的原因：

（1）经营产品的公司或者商家不懂装懂，一味鼓吹荷尔蒙的好处，完全忽略了荷尔蒙的弊端，最终导致产品副作用的大量产生。

（2）专家是冒牌的，完全不懂如何把握荷尔蒙的启动量和维持量，甚至连身体最简单的生化现象都无法判断。

（3）没有足够的技术支持，导致公司企业的营销人员不知道荷尔蒙产品的用途与亮点。甚至盲目地推荐客户使用产品，造成了恶劣的后果。

（4）公司总裁或项目总监自作聪明，一厢情愿地认为荷尔蒙产品可以赚大钱，其他事情一概忽略。

（5）荷尔蒙的产品与其他成分的产品胡乱搭配，即便真的产生了效果也不知道是哪个产品起了作用。

（6）不会使用荷尔蒙的相关检测工具，出了问题惹来一大堆商业纠纷。

针对荷尔蒙的营销有不少的雷区，任何一个都足以致命，只有依靠严谨的医学体系才能让荷尔蒙产品的营销更顺畅。

这就是荷尔蒙对于身体美容起决定性作用，当然塑造身体还有其他的方式，接下来我们就继续看看市面上最常见到的排毒美容。

Chapter 7 身体还能有多毒

——排毒美容

时下流行排毒美容，人们总觉得自己身体哪儿都有毒，连放个屁带点臭味都觉得是中毒现象。

排毒可以美容，但是排什么毒？身体能不能有效地排毒？最重要的是，身体到底有多少毒素，哪些才是身体真正要排掉的毒素？

时下流行排毒美容，人们总觉得自己身体哪儿都有毒素，连放个屁带点臭味也觉得是中毒现象，然后就是胡乱相信美容院所谓的排毒秘方，吃自己都不清楚是什么成分的东西，最后狂拉出一些黏糊糊的东西，认为就是排毒。

这简直就是拿自己的生命开玩笑！

排毒可以美容，但是排什么毒？哪些毒素必须排掉？身体能不能有效地排毒？最重要的是，身体到底有多少毒素，哪些才是身体真正要排掉的毒素？

什么才是人体的“毒”

“毒素”这个概念，被现在的美容院用得很泛滥，不管三七二十一，眼睛发红，是毒素；舌头瘀青，是毒素；脸色泛黄，是毒发迹象；便秘，那是五毒俱全了。

毒素，是指生物体所产生的毒物，这些物质通常会干扰生物体中其他大分子作用的蛋白质，例如蓖麻毒蛋白，是由生物体产生的、极少量即可引起动物中毒的物质。人体内毒素是人体内的有害物质，人体内“毒”主要分为外毒和内毒。在正常情况下，人体有能力化解和排除毒素以维持健康，顺便通过代谢毒素来提升自身的免疫力。一旦平衡被打破，体内的毒素得不到及时清除而不断累积，人体会进入亚健康状态，进而引发多种疾病。

要想知道自己的身体有没有毒素，可以从以下五个方面去看：

第一，长期便秘。严重便秘表明身体当中有很多残渣没有被及时排出，这些残渣使人肚子整天胀鼓鼓的，非常不舒服。

就像豪华住宅小区成了垃圾场，因为没有人清理垃圾，所以没有人愿意住进去，久而久之就成了垃圾收容所，人体没有排放的垃圾，理所当然就是毒素。

第二，经常上火。这是中国传统医学的概念，形容经常性地出现头痛、口干、喉咙痛、口臭等症状。

这个概念怎么来的也不容易说清楚，这是千百年积累下来的经验。从现代医学来看，就是残渣的发酵影响了神经系统、内分泌系统和呼吸系统。

第三，皮肤粗糙。在不经意间抚摸手臂或者腿部肌肤时，感觉很粗糙、不光滑，这表示身体需要排毒，多多少少也证明代谢出了问题。

出现这个症状明显就是皮下代谢的问题，毛孔粗糙会在皮下累积更多无法代谢的坏死细胞，这样就形成了一个恶性循环，坏的去不掉，正常的细胞也无法生成。

第四，疲惫无力。虽然什么事情都没做，但就是觉得很疲劳，容易疲倦，身体很沉重，走路也像是在脚上绑了沙袋一样。

这种情况就是毒素或者变异的细胞在消耗身体的氧分，没有氧气供应，身体理所当然会不想动。

第五，烦躁不安。经常因为鸡毛蒜皮的事情大动肝火，而且容易产生各种神经官能症的倾向，例如歇斯底里的焦虑状态。

这种状态其实就是中枢神经系统被毒素扰乱的标志，从生理学来说，神经也会产生代谢，如果坏死的神经细胞积累下来，就会影响整个人的心智水平。

真正意义的毒素，一旦侵入身体就得马上排掉，真要等到去美容院再排除，为时已晚。所以，在美容界中所指的毒素，应该是那些对身体健康造成一定影响、阻碍身体新陈代谢、扰乱身体正常生理循环的物质。

从营养学来说，进入身体后不发生应有的作用，囤积发酵的蛋白质就是毒素。另外，无法排泄的微量元素也是毒素，因为那时候，再被身体吸收，就成了身体的一种累赘，甚至有可能会引起细胞的变异，也就是传说中的癌症。

美容院的所谓“专家”唯一说正确的是，毒素可以遍布整个身体。事实上，人体没有哪个角落是绝对免疫的，甚至连代谢快的指甲也可以带病毒，于是就有了灰指甲这种病。

身体排毒，更多的是把体内无法使用的营养和杂质全部清除出去，让身体有多余的资源维持正常的生理循环，还有减轻新陈代谢的负担。

身体什么时候存在毒素？身体有了毒素以后，会有什么样的反应？怎么排毒才是美容？

以上是本章节必须正视的问题。

身体的毒素从性质分，有脂肪性钙化毒素、蛋白质发酵毒素、重金属毒素、荷尔蒙变异毒素四大类。

吃出来的隐患

第一类是脂肪性钙化毒素，其实就是身体内的器官囤积了太多脂肪，又无法充分运用，脂肪出现钙化表现，形成了对器官蠕动的影响，最明显的就是脂肪肝。

脂肪性钙化过多，就会影响器官蠕动，没有足够的蠕动，热量就不会产生，热量不产生，多余的脂肪就不会被燃烧，只能囤积在器官里面或者周围。

心脏有过量脂肪囤积，左手臂会酸、麻、痛，与右手臂相比要明显粗大，也就是传说中的“麒麟臂”。别以为这是小事，心脏动脉硬化在后面等着呢。

肝脏有大量脂肪囤积，晚上睡觉时小腿容易抽筋，别以为揉揉捏捏就没事了，不久肝硬化就会找上门。

肾脏有过量脂肪囤积，声音就会发不出来，嗓子就会变得沙哑，拼命润喉也于事无补，膀胱结石、尿道结石、肾结石将接踵而至。

脾胃有过量脂肪囤积，这个情况倒不会有令人太头疼的后续表现，只是会造成大肚腩，身材严重走形。

要排除这种脂肪性钙化毒素也不是什么难事，因为它不是顽固性的东西，最根本的一点就是——睡觉别太晚，生活规律一些。

任何试图更改生物钟的行为，都将给身体留下莫名其妙的疾病，二三十年之后再后悔，已经来不及了。

晚上9～11点应安静下来，可以听音乐，到公园里散步，或者在书房里看书，别让自己太兴奋就行了。

晚上11点到凌晨3～5点，应该进入熟睡状态，偶尔做梦也不用大惊小怪。要是在这个时间段咳得厉害，那就是肺部出现了问题，中国传统医学中的“寒咳”就是指这种情况，不应用止咳药，以免抑制废积物的排除。

凌晨5点～早上7点，如有便意，应及时排便，千万别憋着，特别是冬天的时候，很多人怕一出被窝寒气袭人，宁可在被窝里憋着也不愿上厕所。很多女人在春天时会突然发胖且胖得一发不可收拾，就源于此。

早上7～9点是小肠大量吸收营养的时间段，应吃早餐。最好早于6点半前进食，养生者在7点半前，不吃早餐者应改变不良习惯，即使拖到9、10点吃也比不吃好。如果没有及时吃早餐，很容易低血糖，脸色会显得苍白。

脂肪钙化毒素天天都会发生，只要有轻微的运动量和规律的生活就可以代谢，如果是宅男宅女就真的会积累很多。事实也证明，这类毒素极少会威胁到生命，顶多让身体变得臃肿不堪，代谢失常。

身体的“内毒”

第二类是蛋白质发酵毒素，这是因为肌肉中的蛋白质被吸收后，没有相应的热量燃烧，或者受到了其他生物因素的干扰而形成。和脂肪性钙化毒素相比，蛋白质发酵毒素的威力提升了一个台阶，它会产生炎症，引起身体内细胞比重的变化。

蛋白质发酵毒素主要集中在器官位置，因为只有器官才需要大量的蛋白质，而且往往运动量最少的也是器官。

1. 心脏存在蛋白质发酵毒素时的症状

（1）呼吸不顺畅，胸口发闷且有刺痛感，刺痛的时间是短暂的，一般发作几秒钟就过去了，最多一分钟。太阳穴会胀痛得难受，太阳穴在两侧大面积疼就叫“偏头疼”，血管一扩张就刺激到旁边的神经，痛得受不了。痛的时候脸部肌肉会不由自主地抽搐一阵子，过后才缓下来。

（2）严重时会从前胸痛到后背至肩胛的地方，十天半个月会来一次，或者三五个月发作一次，发作间隔时间越短情况越严重。不仅仅是脸部抽搐，而且身体也会产生相应的抽搐，整天要把身体弯下来也够凄凉的了。

（3）心脏也会牵扯到颈部僵硬、转动不灵活，经常出现落枕现象，原因是颈动脉狭窄，血液供应不顺畅，旁边的筋络失血自然僵硬。

（4）中国传统医学的观点，火毒（心火）上升，停留于额头处，时间久了会生出烂疮，多数人自觉头昏，两侧面颊泛红明显。有没有看过一些女人额头上痘痘密布，而脸上没有多少，但是脸蛋近乎赤红，这可不是内分泌失调的现象，如果不改善，那真的会“红颜薄命”。另外，火毒到了头顶就会往下降，从额头顺着两边眉陵骨绕着太阳穴穿过我们的后脑，沿着颈部进入咽喉，再进入肠子，从肛门出去；所以火毒降下来，两边眉陵骨就会酸痛；有的人机能亢进，眼睛的压力会慢慢增大，往前暴出来，即所谓的“凸眼症”。

（5）后脑勺逐渐发胀，感觉怪怪的，接着颈部淋巴会肿大；咽喉容易发炎，经常感觉有东西哽在喉咙，既吞不下去，又吐不出来。此外，肠子会燥进，越来越热，温度太高会有水分来缓和，水分来得多来得快，肠子里的粪便就会呈稀泥状，会拉肚子；水分来得不足，粪便就会干燥，排不出来。总觉得坐也不是站也不是，浑身不自在。

（6）会造成脾胃受伤，脾胃一受伤，消化吸收的能力就会降低，吃进来的食物不能消化，最后会胃胀，那些东西会反冲回头，叫作“胃酸过量”。身体会变得消瘦，不过，肚腩不容易消下去，反而会饱满起来。

（7）养分不能输送，总觉得体力不够，想多吃点来补充，过多的食物会带来大量的糖分，排除糖分都靠肝脏、肾脏，过多的糖分会导致肝、肾衰竭，很容易得糖尿病。人会觉得青春焕发，因为这个时候脸上总会冒痘痘，不管你什么岁数都这样。

（8）人的神经会衰退，遇到一点事情就会紧张，容易受到惊吓，晚上不易入睡，睡着以后会做噩梦，且噩梦会延续，即所谓的“噩梦连连”。

2. 肝脏存在蛋白质发酵毒素时的症状

（1）右腹闷痛，肝炎是肯定的事情，但是甲肝、乙肝、丙肝当中的哪一种，有待进一步确诊。有没有传染性则另当别论，如果再加上眼睛发黄，那么你不管碰上哪个医生都会被要求住院检查。

（2）触摸肝脏像挨了拳头一样疼得要命，有正面、背面两种反应。如果疼痛在正面，肝脏会硬化、肿大，会挤到肋间神经，肋间神经就会胀痛；如果疼痛在背面，会造成右腰酸痛，时间长了，你走路就会像孕妇一样。

（3）晚上睡眠质量不好，翻来覆去不易入睡；起床后口干、口苦、口臭，刷牙时牙龈出血。平常对食物没有兴趣，不吃不饿，吃一点点就有饱腹感；走两步路小腿就会很酸，感觉全身越来越疲劳，手脚也越来越无力。

（4）脚会经常扭伤，扭伤了又不容易恢复；不小心割伤了，伤口也不容易愈合。比患糖尿病好一点点的就是伤口还能愈合，只是愈合的速度比普通人慢很多。如果只是手脚还可以忍受，问题是脸上的斑块也会越来越严重，还有可怕的静脉曲张，到了这个时候，你出门不仅要全副武装，戴上口罩、眼罩、手套，还要把自己裹得严严实实才能在街上走动，因为这时候你已经不起阳光中紫外线的照射。

（5）喜欢喝酒的人，酒量忽然减少了，或是有久治不愈的皮肤病周而复始好不了，脸上的痘痘就别指望能消下去了，这个时候，痘痘还会遍布你的全身上下。

3. 肾脏存在蛋白质发酵毒素时的症状

有毒素的时候，肾经中有两条通路。

一条从脚底的涌泉穴上来，走到脚后跟内侧，再顺着腿的内侧往上走。肾脏会出现炎症，因此腰会酸，背会痛，再往上到颈部，颈部会觉得僵硬；到了后脑勺会感觉昏胀不舒服，到了头顶会觉得闷胀，过了头顶往下到两个眉心之间的睛明穴，气不到会觉两眼干涩。双目无神，眼睛黯淡无光，别人总觉得你提不起精神。

另一条从前面上来，经过大腿与人体的生殖器及肝脏结合，最后沿着身体两侧到胸前与肺脏会合。肾脏有问题，大腿两侧会酸、软、无力，经常发痒。无法把气送到胸口与肺脏结合，呼吸会逐渐不顺畅，时间一长肺部的气管就会自然闭锁，一闭锁空气就不易进来，人就会感到窒息，必须通过干咳来缓解症状。

（1）膀胱中括约肌的细胞容易代谢死亡而造成膀胱松弛，出现排尿状况不佳、尿频，久而久之细胞慢慢坏死，最后导致尿失禁。

（2）从中国传统医学角度，看东西的瞳孔叫作“视觉”，由肾脏直接控制，肾脏有问题，不能将肾水送达眼睛，眼睛会觉得干、酸、涩，视觉慢慢就会变得模糊，严重时会出现黑影，即“飞蚊症”，久了以后压力会越来越大，形成“青光眼”。

（3）早上起床，脚后跟会不舒服，因为人在休息时，血液是在肝脏，肾脏会暂时缺血，起床须把血液送至全身，由于肾脏不好，气太弱，血液来得太慢，关节失血自然就会僵硬，活动一下，血液循环到了关节才会轻松。

（4）人活着就会讲话，讲话会耗元气，本身肾脏不好，气太弱，再把气耗掉就会不想说话，因工作原因不得不说话时，声音就会出不来，变得沙哑。

（5）想要深呼吸总是觉得气不够，自然呼吸会加快，呼吸一短促，鼻腔就会缺血，鼻腔的黏膜因为缺血，抵抗力就会降低，空气中的尘螨就足以破坏它，破坏了当然就会敏感，当天气潮湿、变化时，容易引发过敏性鼻炎。这种状态下，潜水运动将与你无缘，甚至乘坐电梯到30楼之上，都会觉得鼻子难受。

（6）男性的前列腺，女性的卵巢、子宫都间接或直接跟肾脏有关。因此，男人肾脏出了问题，到了一定的年龄，前列腺就会肥大；女人如果肾脏不好，卵巢、子宫就会因虚寒而无法将每个月的经血排泄掉，经血滞留在子宫的时间久了难免造成血块堆积，形成肿瘤，从而引发子宫肌瘤。

（7）每个月的经血排不净，在子宫内来回撞击，子宫内膜因受不了经血的推挤，就会变形、异位，引发子宫内膜异位症；慢慢地内分泌就会混乱，导致分泌物过多而形成赤白带。别以为这只是体内发生的事情，对于外表没有影响，这时候女性的皮肤会变得干枯、蜡黄。

（8）时间久了，肾脏会越来越差，气会越来越弱，手脚开始变得冰凉，到了冬天会特别冰冷。这个时候，坐也不是，站也不是，走也不是，肯定会造成神经受损，晚上无法入睡；或者好不容易睡着了，一点点声音都会把你吵醒，就算睡着了，也整夜都在做梦，睡跟没睡一样，天天都很累。

4. 脾胃出现蛋白质发酵毒素时的症状

最直接的现象就是出现久治不愈的肠胃炎，一旦肠道的蛋白质发酵，那么无论吃了什么营养品，身体都不会认可，因为蛋白质在胃部或者小肠里变性了。所以，我们看到很多人似乎很懂吃，但怎么吃都不行，不是吃的东西的问题，也不是吃的方法的问题，而是吃进去以后如何吸收的问题。

（1）右肩经常痛可能是肝脏出了问题；左肩酸痛可能是心脏与胃出了问题。两肩同时感觉不舒服，脖子经常觉得僵硬，肯定是消化器官出了问题。

（2）常感觉太阳穴的两边疼痛，虽然长期看病、吃药还是无效。可能同时还伴有便秘、排便困难、腹泻或胃肠胀气等现象。这时只要治好消化器官的毛病，自然可治好困扰多时的偏头痛。

（3）一般人都以为便秘和腹泻是两回事，可是有些人会有便秘及拉肚子交替出现的现象，平时常觉得食欲减退、腹部胀气、胸部有压迫感或心悸、呼吸困难及失眠等现象，而且感觉自己的体力一天天减弱，肌肉消瘦又查不出原因。有以上情况，你可能已罹患慢性肠炎，不赶快处理可能会造成致命的腹膜炎。别以为拼命忍一忍就过去了，小肠时不时产生痉挛，即便是不动也忍受不了那近乎肠穿破肚的剧痛。

（4）小肠与淋巴系统出现不明原因的疼痛，倘若咽喉没有发炎也会经常感到不舒服或疼痛，脖子两侧也经常胀痛，肩膀与手臂外侧会不舒服与胀痛，但查不出原因。经过推拿、按摩也只能暂时缓解，此现象表明小肠与淋巴系统已亮起了红灯。虽然不至于出现致命的恶化，但是人会觉得吃什么就拉什么。

（5）经常觉得口干、口苦，想要多喝水，而且容易鼻塞、流鼻涕，平时没有蛀牙，但牙齿会痛。脖子两侧会胀大些，不舒服，双臂无法提重物。

要解决蛋白质发酵毒素的问题，相对来说要复杂一点，因为这种毒素相当顽固，可以让人终生带毒，虽不见得会把人毒死，但会让人半死不活。针对这种毒素，人们通过呕吐、排泄、辟谷等方式排出来一堆东西，很多人都认为这便排出了毒素，其实蛋白质发酵毒素最怕抗生素，用一点抗生素就可以让这类毒素销声匿迹一段时间，只是抗生素吃多了，对身体也不见得是一件好事。为什么有些人的照片看上去还可以，但一看真人就惨不忍睹，就是因为吃了太多的抗生素，整个身体都被改变了，可以让别人很轻易地看到自己身上的各种斑、痘、疹。

别以为吃了催泄的东西，强化身体的代谢能力就可以把体内的蛋白质发酵毒素去除，这是相当天真的想法，那些拉出来的五颜六色的东西也不完全是什么毒素。之前美容院里吹嘘的灌肠排毒、酵素排毒，完全没有意义，因为硬喝催泄的产品，肠道产生痉挛，排出来的不过就是肠道壁上的黏膜，没有一点美容的效果，倒是会让身体变得越来越差。肠道壁的黏膜脱落后，肠道就失去了保护，长期在一侧窥视着的细菌、病菌还不乘虚而入？

其实，我们的身体本来就拥有自主扫除体内垃圾的功能，特别是针对蛋白质发酵所产生的毒素。只不过，这需要我们按照正确的方法去激发它。缺乏运动、饮食不当等，都会导致身体自我排毒能力下降，无法及时扫除体内垃圾。

真正让身体排出蛋白发酵毒素的方式应该是这样的——激发身体的自我排毒能力。

（1）多吃绿色食物助排便。排毒首先要给肠道减压，排便是首要任务，用什么来排便则是重点。深绿色蔬菜富含抗氧化剂、多种维生素、矿物质以及其他植物营养素，其抗炎作用可以让免疫系统保持活力。深绿色蔬菜就是天然绿色的蔬菜，如大白菜、芹菜、麦菜、生菜、椰菜花等。

绿色蔬菜还富含膳食纤维，有助于促进排便，保证肠道中顽固性毒素的排出。所以，可以将菠菜、羽衣甘蓝、莴苣、甜菜等蔬菜加少量酱汁拌成沙拉食用，也可将这些蔬菜加水榨成蔬菜汁喝。

水果中同样含有丰富的膳食纤维，且维生素含量更高，因此，多吃水果会有类似的好处。比如，可将香蕉、桃、梨、杧果、蓝莓等水果混合榨成果汁饮用。

榨汁喝无妨，该有的维生素和排便最需要的纤维素都会在肠道中发挥应有的作用，如果硬食入粗纤维，会弄巧成拙，引发消化不良。

（2）少吃高能食物促代谢。什么是高能食物？就是经过几道高温工序处理的食物，例如炸麻花。少吃糖，少吃加工食物，比如高糖的饼干、面包或奶酪等，因为这些食物会阻碍身体各系统的工作速度，影响代谢。

我们可以一点点地改变饮食习惯，如一次只吃一小块，然后再用其他更健康的食物来填肚子。比如，用芹菜拌鹰嘴豆、菠菜拌花生来代替奶酪等。不妨先尝试两个星期，看看你的身体到底会出现什么变化。

（3）优化食物组合，平衡吸收和代谢。身体能量的80%来自我们的日常饮食；同时，我们需要靠排出体内垃圾以保持身体平衡。把容易吸收与容易排出的食物进行组合，最利于身体保持良好的工作状态。我们常常看到这样的组合，如肉和土豆、鸡蛋加培根、鸡肉配米饭，其实这些搭配会加重身体负担，不值得推荐；以蔬菜为主，搭配蛋白质或纯谷物才是更好的选择。水果则建议空腹吃，特别是不要在刚吃完甜点后吃。

给大家介绍一个排毒妙方，在暴食之后喝600mL的酵素，可以把胃和肠道里的残渣尽快代谢出体外。别以为这是瘦身方法，只不过是让身体不吸收蛋白质发酵毒素而已。

（4）吃八分饱有利于消化。使用电脑的都知道，留点空间，电脑就会运行得更畅快。人也一样，吃饭应吃八分饱。当觉得胃里还没填满，但对食物的热情已经下降时，就要停下来了。这种吃饭方式不仅有利于肠胃健康，还可以让身体像加满润滑油的机器一样运行无碍。暴饮暴食，唯恐自己吃亏的吃货，到头来只会吃垮自己的身体。此外，这样的习惯可以抵消掉一部分因吃垃圾食品而导致的不利影响，为偶尔放纵的饮食上了保险。

（5）多喝温柠檬水有利于排尿。人体60%～70%由水构成，水还可以帮助搬运体内的垃圾，其重要性不言而喻。每人每天应保证饮用6～8杯水。对大部分健康人来说，判断你喝水够不够的标准之一就是：如果你每天小便次数不足10次，那就再加点吧。

这里有一个小诀窍，在水中加入半片柠檬或柠檬果汁，趁热喝，有利于消化系统和淋巴系统的正常工作，进而起到促进清除体内垃圾的作用。但是有严重脂肪肝的人，这招没用。

（6）洗澡多用盐浴。清除体内垃圾最简单、便宜的方法之一就是盐浴。在30℃左右的热水中，加入2杯浴盐；如果条件允许，还可以再加几滴精油。调暗灯光，放点舒缓的音乐，在水中享受20分钟的泡浴。温热的水可以打开身体的毛孔，使毛细血管扩张；浴盐则有助于带走身体内的毒素。但在此不得不提醒，有高血压、心脏病或年老体弱的人，不宜使用此方法。

热水泡脚也有类似的好处，脚是人体的第二心脏，热水泡脚能够使气血运行通畅，增加足部的血液流速和流量，促进新陈代谢。水温应40℃左右，以温暖舒适为宜；时间控制在20～30分钟。特别是在夏天，这种方法的排汗、排毒效果更好。

盐浴的作用更多是让皮肤变得光滑、细腻，四大美人之一的杨贵妃就经常泡浴，估计她放的东西也不少，所以才有“美人出浴”一词的盛传。

（7）锻炼并保证出汗量。定期锻炼可以使我们的身体康复能力提升8倍，且有助于保持心理健康，一定强度的锻炼可以促进排汗，而汗液可以帮助带走体内多余的垃圾。锻炼应保证持续性，每周最好5次。

运动项目的选择应按人群有所区别：45岁以下者既可以进行较剧烈的无氧运动，如举重、跳远、潜水等，也可以参加缓慢些的有氧运动；45岁以上者，特别是老年人，则应以有氧运动为主，如散步、慢跑、游泳等。

事实上，世界卫生组织的调查资料显示，10个人当中，也就那么1～2人有运动的习惯，运动的人也没有运动排毒的意识，他们只是喜欢运动。

有这么一个小诀窍：尝试养只小狗，在遛狗或者跟小狗玩耍时，总是可以通过一定量的身体锻炼来排汗。

（8）远离过敏源，保护身体机能。过敏可能带来的危害很多，如头疼、湿疹、关节和肌肉疼痛、哮喘、腹泻，以及情绪失控、易怒、抑郁等。同时，它还可能破坏身体的自我清理机能。所以，我们要在生活中注意远离过敏源。

致命的“毒”

第三类重金属毒素跟前面两类比起来，威胁就大多了，而且积累下来是可能致命的。前两类毒素还可以通过吃药或者代谢排出，但重金属毒素就没那么容易对付了。

“重金属”顾名思义，其实更多是微量元素过量所造成。人体由80多种元素组成，根据元素在人体内含量的不同，可分为宏量元素和微量元素两大类。凡是占人体总重量万分之一以上的元素，如碳、氢、氧、氮、钙、磷、镁、钠等，被称为常量元素；凡是占人体总重量万分之一以下的元素，如铁、锌、铜、锰、铬、硒、钼、钴、氟等，被称为微量元素（铁又称半微量元素）。微量元素在人体内的含量真是微乎其微，如锌只占人体总重量的百万分之三十三。铁也只有百万分之六十。微量元素虽然在人体内的含量不多，但与人的生存和健康息息相关，对人的生命起至关重要的作用。它们的摄入过量、不足、不平衡或缺乏都会不同程度地引起人体生理异常或引发疾病。微量元素最突出的作用是与生命活力密切相关，仅仅像火柴头那样大小或更少的量就能发挥巨大的生理作用。

如果是在饥寒的环境里，身体对微量元素的摄入是不足的，所以微量元素缺少的特征就是矮小、弱智、脑瘫、浑身发黑、皮肤起皱，完全是一种侏儒的状态，如非洲难民。

在现代社会环境中，微量元素的摄入百分百地超标，因为衣食住行都需要经过化学加工，有了化学加工，就不可避免地让很多人体不需要的微量元素通过各种方式进入到人体当中。

微量元素比脂肪钙化和蛋白质发酵都要顽固，它们完全有可能赖在身体中不走，让身体出现各种难看的现象，例如斑、痘、疹。

铁多了，血色素会沉淀，损害基因的氧化作用，还会影响身体检查的各种指标，不管你是验尿、验血还是验大便、精液，一律都显示数值偏高。还有一个现象就是容易出现静脉曲张，脸上都是一条条看得见的“蜈蚣”。

铬多了，肺部纤维容易硬化，而且肺的活动量明显下降，即使不会呼吸衰竭，也可能是肺脓肿、肺积液，严重者可能会患肺癌。

镍多了，气管里总觉得有些东西，让你时不时需要干咳几声才能舒缓。要是硬憋着会感觉痒得难受，气管内镍含量过高还会导致鼻咽癌或者肺癌。

钴多了，红细胞会不断增多，对于贫血的人来说或许是件好事，但是对于正常人来说就未必了。想想看，一个房子只有100平方米，但住了100个人，且不管这100个人是不是正常，夜晚连睡觉的地方都不够。红细胞的数量达到了身体无法承受的程度，首先会引发高血压、高血脂，紧接着心脑血管疾病也会随之而来。

铜多了，容易精神失常，不时出现情绪化，或者无法控制地颤抖。对于男性而言，更恐怖的是，铜吸收多了，会出现无缘由的尿频、尿急，但是尿量少。一晚要去好几趟厕所，令人无法入眠。

锌多了，胃酸分泌不足，吃进去的东西几乎有一大半沉淀在胃部，最终会导致胃癌。所以海鲜、河鲜吃多了，即便不吃东西，肚子里也总觉得胀胀的，就是这个原因。

锰多了，运动失调，人体逐渐丧失平衡感，最终会出现帕金森综合征，走路东倒西歪。随之长出无法掩盖的老人斑。

镁多了，身体容易产生麻木，有趣的是，这跟神经系统完全没有关系，主要是关节缺少应有的润滑度。

钙多了，容易患胆结石、白内障，影响心脏血液流通。事实上，钙过量还会产生很多负面影响，主要是会让软骨头出现增生现象，让女性感到恐怖的，还有脸上难以消除的斑块和痘印。

要排出这种重金属毒素，吃酵素促排泄无法解决问题，抗生素也起不了作用，因为它不是什么细菌、病菌，也不算是微生物。但是也不是什么绝症，只要还记得中学化学的人，应该知道微量元素中有一个基础定律——置换反应，这个定律就是活性高的物质把活性低的物质置换出来。

所以，解决重金属毒素的排毒美容就是用活性酶，它可以存在于大量的细胞当中，让人体细胞产生有序代谢的物质。微量元素更多是直接用于细胞当中，没有用的微量元素更多沉淀在血管、淋巴管当中，只要血液和淋巴里有足够的活性酶，多余的微量元素就会被排出。

含活性酶的食物有哪些?

（1）青木瓜。木瓜中含有木瓜酶，青木瓜中酶的含量是成熟木瓜的2倍左右。它不仅可以分解蛋白质、糖类，还可以消除脂肪，去除赘肉，促进新陈代谢，及时将多余的脂肪排出体外。例如，青木瓜鱼汤，天下闻名。

（2）绿豆。绿豆富含B族维生素、葡萄糖、蛋白质、淀粉酶、氧化酶，其性味甘凉，能降低血液中的胆固醇和防治动脉粥样硬化，同时对解毒保肝有明显的疗效，对高血压、动脉硬化、糖尿病、肾炎有较好的治疗辅助作用。只是绿豆在吃的时候，一定要煮熟，同时一天的量不能超过10克。

（3）香瓜。香瓜富含过氧化物酶，有消暑热、解烦渴、清肺热、止咳、益气、利便之功效，适宜于肾病、胃病、咳嗽痰喘、贫血和便秘等症。不能多吃，一天一个就足够了。

（4）南瓜。南瓜含维生素C分解酶，能防治糖尿病、高血压、肝脏及肾脏的一些病变。南瓜中含有钠元素，能消除亚硝胺的突变，因此可以预防癌症，促进造血功能，钠还可参与人体内维生素B_{12}的合成，对预防糖尿病、降低血糖有特殊的功效。

（5）猕猴桃。猕猴桃富含蛋白酶，有滋补强身、清热利水、生津润燥之功效，对胃癌、食道癌、风湿、黄疸有预防和治疗作用。常吃猕猴桃可对半身不遂、肌肉麻木起到辅助疗效的作用，每天吃2～3个就足够了，如果进食过量，会出现维生素C中毒。

（6）胡萝卜。胡萝卜富含维生素C分解酶，有消热解毒、健脾化滞的功效，适宜消化不良、贫血、夜盲症、痢疾、高血压、糖尿病等症。

（7）蜂蜜。蜂蜜中含有淀粉酶、脂肪酶、转化酶等，其含酶量的多少，即酶值的高低，表明蜂蜜的成熟度和营养价值的高低，是检验蜂蜜质量优劣的一个重要指标。正因为蜂蜜中含有多种酶，才使蜂蜜具有其他糖类食品没有的特殊功能。蜂蜜气味芳香，味道可口，从营养和保健价值来看，它既是滋补、益寿延年之品，又是治病之良药。

以上仅仅是排毒所需要的材料，一天到晚吃青木瓜，你可能不会出现胃痛、消化不良、乳汁不通、湿疹、手脚痉挛等症状，但你一定会出现凝血、心律不齐以及偶尔胃酸反流的现象。任何进入身体的东西都必须是相匹配的，排毒美容更需要严谨的配合，否则就是一句空话。

（1）青木瓜可熬汤，一般把瓜肉用来煮鱼汤，瓜皮用来敷脸，也不用天天如此，一个星期有那么一两次就足够了。

（2）绿豆一般是在熬汤时放上一把就足够，也不用天天吃，3～4天喝一次绿豆汤就可以了，如果觉得头晕眼花，就一周一次。

（3）香瓜可当饭后水果，爱吃的一天吃一个也无妨，不喜欢的可以用它拿来熬汤，做成肉汤、鱼汤都行。

（4）南瓜的做法很多，可炒菜，煮粥，或者熬汤。不过南瓜不宜多吃，一周食用500克就可以了。

（5）猕猴桃生吃，每天1～2个，倘若持续数天，每天4～5个则会引起内分泌失调，而且味觉也会受到影响，和前面四种食物不同，猕猴桃不适合糖尿病患者食用。

（6）胡萝卜比较适合熬汤，生吃和榨汁都比较考验肠道的消化能力，生吃可能会导致上吐下泻的狼狈局面，多吃也无意义，一个星期熬汤一两次就足够了。

（7）蜂蜜还要慎重使用，因为中国传统医学始终认为蜂蜜药性属湿寒，吃多了会引发各种风寒湿热。事实上，蜂蜜也就是一天补充50mL就足够了，量一多容易引发糖分代谢异常，易诱发糖尿病。

别指望把上面的所有东西混在一起吃，弄个大杂烩，就可以完全排出重金属的毒素，人是一个复杂的生物体，不像单细胞生物那样随便就可以分解大自然中的各种元素。能按部就班的排毒才是排毒美容的王道。

恐怖的“毒”

如果说前面三类毒素一个比一个要命，那么第四类毒素未必一下子会要了你的命，但是比要你的命还要严重。第四类毒素是荷尔蒙变异毒素。

如果人体内的荷尔蒙急剧性变异，那么肯定是急性癌症，或者已经处于癌症末期，那时美容已经失去了意义。

如果人体内的荷尔蒙只是缓慢性变异，人体还有足够的能力去消除变异的癌细胞。

如果人体内的荷尔蒙只是部分变异，大部分还维持在正常状态，那么人体只是出现一些不可逆的症状，只要控制好，还不至于毁容或者没命。

荷尔蒙变异所产生的毒素，首先是糖尿病。

糖尿病不只是因为胰岛素不足，而是由于肾脏、肝脏、心脏均出现了问题，因此不易医治。而且容易造成其他病变，如肾脏衰竭、中风、失明、截肢等。

三多（吃多、喝多、尿多）一少（体重减少）是糖尿病的特征，而且伤口不容易愈合，脸上的那些斑、痘、疹就不要指望能消除了，末梢血管坏死、伤口发黑、溃烂不易愈合，有时甚至需截肢以延续生命。

要对糖尿病患者进行排毒美容，可是个高技术的活，稍有不慎，无法代谢的糖分就会渗透到身体的各个部位，形成毛细血管的血栓，到那时排毒美容就成了催命符。

糖尿病患者的排毒美容，应该针对多余糖分的代谢。

（1）应该用从苦瓜、芹菜、韭菜中提取的纤维素作为主要材料，一天起码要有50克的吸收量，低了不行。

（2）因为糖尿病针对性的用药是二甲双胍，这种药会造成脸部皮肤的粗糙。毛孔扩张，只需要定时敷含有蜂蜜成分的面膜就可以了，不用害怕面膜的蜂蜜糖分会被吸收到人体的毛细血管当中，面膜上的蜂蜜其实更多是补充到表皮的细胞中。

（3）需要适量的运动，只要维持每天有轻微出汗的运动量就足够了，多了会增加神经系统的负担，少了会囤积血脂，造成血管的堵塞。

（4）视力异常就别想通过排毒美容改善了，因为眼睛末梢毛血管受阻碍，造成眼睛易疲劳、视力模糊、细小字看不清，除非哪天有一种药物可以保证末梢毛细血管正常扩张，那才有改变的可能。

荷尔蒙变异所产生的毒素，其次是痛风。

相信听到“痛风”这两个字，不少人的头皮都开始发麻了。根据2015年世界卫生组织痛风国际会议报告显示，10个成年人当中，有6人伴随不同关节的痛风现象。其实这是身体胶原蛋白变异所导致的疼痛反应，与病毒、细菌完全无关，与血液中的血糖有间接关系。

痛风不是大病，但是痛起来要人命。世界卫生组织资料显示，每天至少60万人有疼痛情形，止痛药越吃越多，却越吃越无效，关节疼痛情形不断恶化，还有部分人每月痛风持续15天以上，三成以上因滥服止痛药，结果状态依旧，甚至养成吃药成瘾的恶习。

痛风人群的排毒，如果用空腹辟谷之类的，百分百会弄巧成拙，因为空腹会导致身体燃烧脂肪，产生糖分，更无法让身体平衡胶原蛋白分泌，这样痛风一旦发作就更加痛不欲生。其实，头痛和内脏胶原蛋白代谢有一定的关系，正如有痛风病史的人不要吃过量的海鲜，不要积累过多的胶原蛋白，那么痛风的症状便不会发生。

去除痛风的因子，对于现有的医学水平而言还是一个难题，如果说能把痛风像排毒一样去除也是骗人的，现阶段的医学都不太可能的事情，美容更不可能。可以通过排毒的方式来平衡身体的胶原蛋白，不让体内残余的胶原蛋白产生发酵变异。

如何减轻痛风程度的美容排毒，遵循以下细节就可以了。

（1）经常打嗝，在身体的胸腔和腹腔之间有一层肌肉-纤维结构——膈肌，将胸腔和腹腔分隔开。和身体其他器官一样，膈肌也有神经分布和血液供应。引起打嗝的诱因刺激传导给大脑以后，大脑就会发出指令，使膈肌出现阵发性和痉挛性收缩，于是就出现了打嗝。打嗝不会消耗什么，只会促使体内多产生一些热量，加速肠道蠕动，让残余的蛋白质代谢出体外。

（2）多吃一些猪血，猪血被吸收以后，就会稀释血液中的黏稠成分，而且也不会形成毛细血管的血栓，有助于血糖的降解，只是如果猪血吃多了，身体会微微发胖，而且不容易消减。

（3）多吃番薯，番薯中的膳食纤维被吸收以后，容易代谢出体内的顽固性杂质，但如果患者是糖尿病加痛风，那这招就无效了。

（4）对于蛋白质，不要留恋太多，毕竟能吃下去的东西都无法消化，何必让身体承受多余的负担呢。

荷尔蒙变异所产生的毒素，再次是长疹子、痘痘。

众所周知，到了发育阶段，不少人的脸上都会长痘痘，这是青春期内分泌失调的现象。当然，不少女人一心追求美丽，把痘痘视为天敌，高喊“只要青春不要痘”。冷不防有那么一两颗长在脸上，挤出来就发炎，而且还留下挤压的痕迹；不挤出来同样发炎，而且还会长成一个小包。

痘痘怎么来的，估计大家只知道是内分泌失调的结果，但很少有人知道内分泌失调和长痘痘之间到底有什么关系。

痘痘的学名叫痤疮，是一种毛囊皮脂腺的感染性炎症。身体的皮脂腺在表皮上有很多终端的毛囊口。一旦毛囊口阻塞，过多的皮脂代谢就被堵住了，像皮肤“便秘”了一样。由于过多脂肪酸的刺激，以及封闭环境中过度增殖的痤疮丙酸杆菌，皮肤会发生炎症反应。再怎么消炎也没有用，因为它会源源不断地产生痤疮丙酸杆菌。别以为只有脸上才长痤疮，如果皮脂腺末端比较发达，那可是会遍布全身。

痘痘的表现从轻到重是白头、黑头、粉刺，炎性丘疹和脓疱，囊肿和结节，而发红和化脓的痘痘是细菌感染形成的。如果内分泌稳定，那么皮脂腺的代谢就没有那么大的负荷，即便偶尔堵塞一下，也可以很快愈合。

不过我们必须强调，对于痘痘，不要拼命去挤，要强化皮脂腺末端的代谢能力，还有就是打开皮脂腺末端的排泄口，不要让任何杂质滞留在毛囊当中。

想改善痘痘问题，可通过以下方式：

（1）经常吃水果，补充更多维生素，每天起码要维持100克水果的摄入量，避免吃榴梿、菠萝等热性水果。

（2）多接触新鲜空气，让皮肤更清爽。宅男宅女是爱长痘痘一族，可能他们也不会太在乎。整天在封闭的环境中工作的加班狂人，到了中年时也会长痘痘，原因是空气不流通而憋出来的。

（3）多喝水，这个是连小朋友都懂的道理。

（4）将芦荟捣烂敷在脸上做面膜。可直接敷在痘痘密集处，这是纯天然的排毒方式。

（5）别熬夜，生活作息规律，这是老生常谈了。

荷尔蒙变异所产生的毒素，最后是纤维瘤。

一般来说，纤维瘤是一种良性肿瘤，它们是纤维性的实体瘤，只有少数的纤维瘤是恶性的。纤维瘤也是公认的女性杀手，轻则在皮肤的真皮层长一些结节，摸上去时是一个个的疙瘩，有点恶心，怎么处理都不行，而且还容易和脂肪瘤混淆；重则在重要的腺体上产生结节堵塞，不是堵血管就是堵淋巴管，或者长在最要命的地方，即子宫纤维瘤。以中国为例，每天都有数千名女性因为子宫肌瘤引发痛经而被折磨得死去活来，可能这个数字未来还会增加。

让女人变得红颜薄命的也是这种纤维瘤，只要这些纤维瘤长在关键部位就足以让很多女人在不到30岁就香消玉殒。长在子宫里是很寻常的事情，最显著的特点就是易发生痛经；长在肾脏部位，就容易肾衰竭，女人很快就衰老了；长在肠道壁上，女人很容易营养不良；长在腋下或腹股沟，女人很快会失去免疫力，变得容易过敏……

纤维瘤是怎么来的，更多是因为荷尔蒙分泌失衡，导致身体的腺体终端部分荷尔蒙分泌过剩，而部分极度匮乏，造成身体组织的增生状态。说这类毒素很温和也行，因为它都是凝结在一堆上，不会泛化，不会直接要了你的命；说这类毒素很恶毒也行，因为它总是会引起很多麻烦的并发症，而且这些并发症每年都会夺去很多女性的生命。

要排除这种毒素，比较伤脑筋，因为这种毒素具备顽固性。而前面所提到的三种毒素，再怎么恐怖和厉害，都有一个共同的特点，就是不被身体的防御系统认可，很容易产生自发性排斥，利用身体的不认可，排毒是相当容易的事情。但是，这种毒素可谓防不胜防，同时容易被身体防御系统认可。

这种毒素毕竟不是绝症，还是有很多可逆转的余地，有以下几点：

（1）多做热身运动，出汗排汗。也没有必要天天跑马拉松，能够让身体每天有3个小时处于高体温（37.6℃）就可以了，因为这是身体燃烧脂肪、释放荷尔蒙的基本做法。

（2）多喝鲜榨甘蔗汁，补充维生素的同时让身体排出多余的残渣。没有了残渣就不用浪费荷尔蒙去处理了。

（3）时不时地和别人挠痒痒。不要以为这是情侣之间才有的行为，看看那些在街边嬉闹的小猫小狗就经常彼此挠痒痒，它们就没有纤维瘤。别小看这个动作，它可以让身体的末梢腺体完全打开，不会形成腺体闭塞，更容易产生腺体脂肪的代谢，那么肿瘤就没有形成的基础了。

（4）每个星期有固定的性生活。和谐的性生活也是一种美容排毒，因为在此过程中，腺体的荷尔蒙会得到重新调整。

综上所述，四大类别的毒素各有特点，每一种都有不同的排毒方式。感觉身体容易处于僵麻状态，而且伴随有胀胀的感觉，这是脂肪性钙化毒素；感觉身体莫名的痒痛，而且身体机能一落千丈，这是蛋白质发酵毒素；身体有坠胀的感觉，而且皮肤或者黏膜产生明显的颜色变异，这是重金属毒素；感觉吃不好、睡不好、排泄不好，而且身上可摸到疙瘩结节，这是荷尔蒙变异的毒素。这些都是相当容易进行自我判定的，不需要听信所谓“专家”的瞎编乱造。

下面介绍一种特殊的排毒方式，在现代社会看来，堪称特异性排毒！

特异性排毒

第一种，排毒排出“男人味”。

现代社会当中，几乎80%以上的成年男性是酒色财气地生活着，最终都是因为大量尼古丁、焦油和乙醇而伤肝伤肾，从魁梧壮汉最终变成萎缩老头的为数不少，所以排毒对于他们来说是必不可少的。

如果只是单纯地排毒，那就没有什么特色，毕竟乙醇是很容易代谢的，做做运动亢奋一下便能消除70%以上。尼古丁即烟碱，作用在神经系统，或多或少能产生放松和迷幻的作用。但也不是什么难事，用甘蔗菊花雪梨熬水喝就可以解决。焦油也不见得难对付，经常去泡温泉、做按摩都可以使其从腺体代谢。

在生物学家看来，尼古丁和乙醇是可以利用的东西，特别是经过男人身体的发酵以后，就像是猫屎咖啡的微生物发酵原理一样。

可能有部分女人都经历过，遇上一些又烟又酒又好色的男人后，没想到自己竟然会迷上这种男人，觉得这种男人跟其他男人不同，有种自己都说不出的“男人味”！因而大部分女性对此现象感到迷惑。

想想看，80%以上的男人都是同样的习惯，为什么就只有部分男人能对女人释放出男人味，而其他人不行。从科学的角度上看，就是因为有“男人味”的男人，把自己身上已经发酵的尼古丁和乙醇溶液完全排放出来，并且对女人产生了作用，这并不是什么神奇的现象。

是不是所有男人都可以做到这样，答案是绝对的，当中有着不为人知的奥秘。你想知道吗?

在澳洲墨尔本大学的生物研究所，科学家们发现了一个有趣的现象，就是适量的尼古丁融入乙醇以后，被人体吸收形成了一种新的丁醇，大量的丁醇在人体内是有害的，但少量的丁醇是可以在男人的前列腺中产生微生物发酵。

微生物发酵以后，丁醇发生了改变，变成另一种异丁醇，这种异丁醇只要让女人碰上，女人的身体就会强烈分泌出苯基乙胺，苯基乙胺（phenylethylamine，简称PEA）是恋人坠入爱河时分泌出的荷尔蒙。

以下将教你怎样操作，满足三个条件才可以尝试：

条件一：有两三年的烟酒史，心、肝、脾、肺、肾有没有异常无所谓，最要紧的是前列腺没有问题，因为体内微生物会产生发酵，万一有什么急性、慢性、特异性前列腺炎，你就没戏了。

条件二：只是在最放松时吸一两口烟，雪茄（尼古丁含量最低）是首选，一天吸四包烟的没戏，因尼古丁过量了。

条件三：只是在交际时喝一两杯正宗的红酒、洋酒，或陈酿五六年的白酒，浸泡中药材的药酒绝对是首选。但酗酒、只喝啤酒、醉后要酒疯的，同样没戏。

然后，按照下面的三个步骤去做：

步骤一：第一天全天之内不吃肉食，只吃淀粉质的食物和水果，稍微运动一下，禁止任何形式的性爱活动。

步骤二：第二天听听音乐，或者钓鱼、下棋、看电影都可以，放松心情，依然吃淀粉质食物，依然禁欲，只是额外在一天内喝1000mL的鲜榨甘蔗汁。

步骤三：第三天应加强运动，可以蹦极、潜水，就是不能一动不动地躺在床上，其他也不用有什么生活禁忌。

方法就是这么简单，只要一个月有这么三天，那就可以了。

当然也有一种更快速便捷的方法，德国生物研究所最近才研发出来的排毒套组，包括内服的药丸和外用的按摩膏。内服是为了促进一系列微生物发酵，也不用斋戒静心；外抹就是让异丁醇尽快代谢出来，让男士浑身散发出独特的“男人味”。

第二种，排毒排出“女儿香”。

男人的排毒像猫屎咖啡那样有着微生物发酵，女人的排毒又如何呢？其实女人的排毒方式更多。

即便是又抽烟又喝酒的女人也能散发出极具诱惑的“女儿香”，

比男人的操作更容易和简单，因为从男人前列腺发酵的异丁醇还要通过身体的二次吸收才能进行代谢，而女人根本不需要那么麻烦，因为女人的腺体粗大，分泌也很旺盛。

烟酒对于女人而言，同样是尼古丁和乙醇，也同样会生成丁醇，不同的是女人并没有前列腺去发酵，所以不得不说这对于女人而言是一种缺陷。

只要让女人在晚上睡觉之前，喝500mL番茄汁和香蕉汁的混合饮料，最好是新鲜榨汁，美美地睡上10小时，期间不能有太大的运动量，也无须禁欲。10小时以后，用3个鲜柠檬榨汁喝，柠檬渣也不要浪费，放在浴缸里。喝完柠檬汁后可以随便吃些东西，不要吃太饱，适量做一些会出汗的运动，瑜伽、逛街、跑步都行，也可以玩些刺激的运动如蹦极、潜水，4小时以后，必须泡在浴缸里30分钟左右，然后做做按摩，整个过程也就一天左右。

条件一：避开月经期。

条件二：如果是体型大的女士，喝的番茄汁、香蕉汁、柠檬汁要按比重增加（参考标准：中国正常成年女性身高为165厘米、体重为60千克）。

这种做法是以女性整个消化系统作为微生物发酵的场所，让其体内积存的尼古丁代谢出来，同时转变为一种跟丁醇相接近的晶体物质——盐丁醇。这种物质不会引起男人的荷尔蒙变化，但是会让男人频繁分泌多巴胺。所以有些女人让男人一接触就有一种莫名的兴奋感，或者很多男人到了女厕所，会有一种说不出的亢奋感，其实就是这种物质在起作用。

原理跟狐狸尿液差不多，狐狸所到之处都会留下一阵特有的骚味，只不过女人排放出来的盐丁醇没有刺鼻的骚味，只会让男人有一种说不出的兴奋感，所以定义为“女儿香”。

特色排毒就也会牵涉生殖美容，因为女性最大的排毒更多是生殖器的排毒，女性的生殖器几乎时刻都在往外分泌，一旦停止分泌就会造成腺体的堵塞。因此，女性盆腔可以产生收紧行为，只是女性大多没有缩阴的意识，所以可借助一些缩阴的产品进行生殖器的排毒。

生殖器向内收缩会带动盆腔的肌肉向内收紧，在大程度上避免了子宫脱垂的情况，更重要的是腹膜伴随盆腔肌肉丛也向内收紧，让肠壁上的腺体向下产生挤压的动力，这样可以使因饮食不调而滞留在肠壁腺体上的脂肪随之向下代谢。这种腹腔收紧的现象不会对肠道内产生影响，只是促使肠道有更多的活动空间，肠道壁上的腺体进行有序的排放，就不会增加对肠道脂肪的填充，也可以避免小肚腩。

复杂的生理逻辑关系可能需要长篇累牍才能解释清楚，而想减掉肚腩可以经常做缩阴提肛的动作。具体做法是：大小便时，一下子憋住，然后再放松，这就是一个缩阴提肛的动作。这个动作还有一个额外的好处——可以解决便秘的问题，主要是肠道受到负压刺激，引起了一连串蠕动，让结肠中的食物残渣尽快消化吸收，继而有序代谢。

人体的重心更多是在腹腔，腹腔如果得不到充足的养分，那么养分不可能被运送到四肢。所以，四肢冰冷的女人如果连腹腔也是冰冷的，那么她无论吃多少营养品，用什么特效药，皮肤的问题永远无法得到改善。这是因为人体营养的择优分配，最主要的营养绝对是首先分配到躯干部位，而皮肤的问题只能处于次要地位。

腹腔的重点更多是盆腔肌肉丛的活跃度，只有盆腔肌肉丛活跃了，人体的代谢物才不会轻易滞留在盆腔当中从而影响下半身的供血状态。否则，腺体端口的代谢物发生堵塞发酵，产生的炎症会逆行感染并蔓延到全身的腺体，导致身体各种风疹、湿疹此起彼伏，这时用什么消炎药都无效，此外还会产生各种脂肪粒或者皮下脂肪结节，洗澡的时候，用手触摸肌肤会发现一丛一丛的小颗粒。

盆腔肌肌肉丛和生殖器的关系密切，我们在后面的“生殖美容”章节中会详细讲解它的组成部分和功能状态。

人体健康的源泉更多来源于腹腔，为什么满脸痘痘的时候，总是被怀疑为内分泌失调，这些都不是空穴来风。因为只有腹腔代谢稳定了，人体的大部分才能稳定。

怎么知道自己的腹腔代谢是否稳定？办法就看看自己浑身上下长痘痘的状态。

（1）痘痘分布在脸上至颈侧一带，或者干脆集中在腮帮，那是腮腺出了问题，需要多吃水果。

（2）痘痘分布在胸前，同时身体伴随水肿现象，那是胸腺出了问题，需要多做运动，利用出汗来代谢。

（3）痘痘分布在嘴边，同时伴随有消化不良的现象，那是消化腺出了问题，需要调节自己的饮食或者多排便。

（4）痘痘分布在腋下或者腹股沟，那是淋巴管出了问题，需要调节作息，避免暴饮暴食。

（5）痘痘大范围出现在背部、臀部，那是荷尔蒙调节出了问题，同时也证明腹腔部分腺体处于僵化的状态。

（6）痘痘出现在生殖器附近或者长在生殖器上，那是细菌或者病毒感染性腺，如果痘痘太多的话建议马上去医院就诊。

身体出现了痘痘未必一定要去挤，只要腺体代谢稳定了，痘痘自然会慢慢消除。

最极致的基因排毒

利用生殖器的本能收缩，让毒素从盆腔内排出，促使女性的身体处于健康状态。倘若毒素已经深入到基因当中，或者是在胚胎形成的时候，已经对基因产生了影响，导致生来身体素质就较差，只要环境稍微变化，身体也会随之出现不适应的症状。

侵入基因的毒素，导致基因变异是相当容易的事情，所以才有这些奇特的现象——很多小孩突发白血病，而他们的父母本身不具备血液病的潜在基因。

要知道自己的基因已经被环境的毒素侵害，也不是一件难事，主要是身体的免疫系统和神经系统，还有最根本的生殖系统会因为基因变异而发出警报，但辨识这些警报则需要科学地分析身体出现的异常现象。

（1）腹股沟出现大小不一的肉疙瘩，这是免疫系统发出的警示——淋巴结节，不过需要用手去摸才能知道。

（2）经常出现消化不良的现象，这是消化系统发出的警示——消化道溃疡。

（3）皮肤经常出现发麻的现象，这是神经系统发出的警示——末梢神经节已经失去功能。

（4）生殖器胡乱长出毛发，这是内分泌系统发出的警示——荷尔蒙混乱了。

（5）生殖器颜色变得格外乌黑，这是生殖系统发出的警示——微量元素积聚过度了。

身体不会无缘无故地冒出肿瘤或者末期癌症，它也会出现一定程度的警示，最大的警示就是从身体排出的毒素或者身体出现的各种异样，识别它并且代谢它，身体从基因开始才能得到足够的保障。

都说人需要排毒养颜，只是现在很多美容项目都把排毒当成唯一的方式，或者将排毒和养生并列在一起。其实真正的排毒是为了美容，把多余的毒素去掉，让生命散发出本色的魅力。

Chapter 8
羞涩的魅力
——生殖美容

生殖美容是指针对生殖器的美容，它不仅仅是为了满足两性的欲望和需求，更多是为了健全身体的防御机制，保证腺体不受损伤，同时也是为了让女性更好地孕育下一代。

前面所讲的都是身体外露部位的美容，现在我们要介绍身体的私密部位生殖器的美容。

人体的生殖器位于人体躯干部位的最下端，通常情况下，人体的水分代谢物和腺体代谢物都要通过生殖器排出体外。人体健康出现问题时，大多可以通过观察生殖器的状态得知，如果不保持生殖器的健康状态，那么人体内很多系统的疾病无法被察觉。许多有经验的大叔大妈在买鸡、鸭、鹅等禽类作为食材时，首先要通过观察禽类的屁股来判断它们是否健康，与之相同的是，我们经常会在街上看到那些小猫小狗在亲近时总是要嗅对方的屁股和生殖器，这些都是生物的本能。

也许很多人打开这本书时会直接翻到这一章，因为这种羞涩的魅力是无法抗拒的。在此，我们主要说明的是：生殖器为什么要进行美容，生殖美容的实质是什么，它需要哪些基础，当中的关键点是什么，经过美容的生殖器会产生怎样的效果和变化。

生殖器为什么要进行美容

生殖美容是指针对人体生殖器的美容，它源于医学上的矫治，最早的生殖美容始于伊斯兰教地区的男性割包皮，纯属保健作用。直到1841年，医学界才证实妇女产后要做提肛的修复运动，以尽快恢复生殖器的功能，可以说生殖美容是为顾全男女亲密关系而诞生的。但到了后来，女权主义的萌芽促使生殖美容必须是建立在预防两性疾病的基础上，如果人体的生殖器出现问题，那么人体的腺体就会出现问题，紧接着就是人体的免疫系统出现问题，最后就是人体的健康出现问题。

如果没有生殖美容，人类的健康将会失去50%以上的保障，所以才有了现在很多美容专业人士的觉悟——想貌美如花，必须先把自己的“根部”管理好。而这个“根部”就是生殖器的健康机能及免疫机能，而这一切必须通过美容才能实现。

“二战”后，人口需要大量繁衍，生殖美容的重心逐渐向生殖器的修复转移，比起脸部的美容，足足晚了上千年。因为生殖器不外露，而且女性的生殖器大部分都是死角，如果不依赖镜子，绝大部分的女人无法看到自己的小阴唇，而所有的女人都看不到自己的阴蒂，与脸部相比较，生殖器显得不那么重要。在医学中，当知道妇科系统比脸部的肌肉、脂肪、腺体组织结构更复杂时，也没有人敢轻易去触碰。直到两性亲密的很多方式逐渐被人们接受，大家才意识到，自己的生殖器也需要清洗、整理、保养及矫正，否则自己的健康受到了威胁也没有警示信号。不过在当时，也仅仅限于对外阴的护理性操作，更多是以清洁、消炎为主导，产品都是女性自己买回去自行解决，不管是从产品还是对身体的操作上看，都没有太多技术成分。

20世纪五六十年代，生殖美容在医学上的出发点依然是治疗妇科疾病和矫正外阴畸形，不具备艺术审美成分，直到人体写真行业风靡世界，生殖美容才真正被重视和完善。原因是早期的人体写真没有打“马赛克”，身体上的任何瑕疵都会完全暴露在镜头下，特别是生殖器部位，所以为了镜头中的艺术形象，生殖美容才逐渐盛行起来。在那个时候，阴毛整理、外阴美白、小阴唇着色，人们将脸部的美容方式全部用于外阴上，当然也不会舍弃之前的清洁和消炎，也就是基础涂抹过后再进行修饰，只是这些几乎都是在特有的美容院里进行，并没有全部展开。

而生殖美容的技术提升则是源于饱经沧桑的日本女艺人要做回一个普通的女人，所以要对生殖器进行逆向性修复。在性医学的带动下，医学界才真正对阴蒂、小阴唇、巴氏腺、卵巢素这些羞涩的概念作出严谨的修正。在这之前，只是偶尔有几个性学学家和妇科医生对其进行过粗略了解。

进一步的技术提升则是因为近代女权主义的发展，女性也希望在两性交往过程中获得更多的感觉体验和享受。之前的人类历史受男权主义的影响，至今科学对于定位女性在亲密行为中的高潮感觉，界限依然模糊，从一开始的神经学研究到现在的现象学研究，也就那么几个人和断断续续的几十年历史，与传统的医学研究没法相比。况且，女权主义者并不看重这些理性的分析，她们就冲着女性必须拥有与男性对等的感觉体验为目的，“二战”过后便病急乱投医地发展了生殖美容技术。所以直到现在，性高潮与性快感之间并没有明确的界限，虽然有部分人知道这是两回事，G点、A点、U点各自有不同的定位，根本原因在于没有严谨的科学理论来确定这些标准。

如果说脸部的美容技术需要用两年的时间来学习和实践，那么生殖美容技术则需要用五年以上的时间去学习，实践就不知道要用多少年了，主要是生殖器牵涉的肌肉组织、腺体组织、脂肪组织、筋膜组织太复杂。脸部再怎么复杂，脸部美容也就只有一个目的——好看，生殖美容不仅仅为了艺术的审美，它还兼顾着生殖与满足欲望的作用，事实上它更侧重于提升器官的功能。围绕着生殖器的功能，无论是保养还是修复，都是尖端的技术。

毫无疑问，生殖美容会在全世界兴旺并且持续发展下去，技术也会得到不断发展。随着人类性意识的不断开放，以及女性群体自身对于亲密关系的享受和追求，人们对于生殖美容的重视程度只会越来越高。

私密部位的美容标准

一开始，生殖美容纯粹是为了清洁、消炎，作用很单一，随着人们慢慢对感觉的追求及视觉的审美，生殖美容才加入了审美的纠正技术。

从一般的角度看，只有当小女生变成大女人，或者发生亲密关系的次数达到了一个足够的数字，生殖器的健康问题才会被男女双方重视，主要表现为容易产生炎症，或者有异味，或者杂毛太多……

事实上，男性更多是从实用功能的角度来看待女性的生殖器，而对于男性自己的生殖器，男女双方达成了共识，只要求三个条件：长度、硬度、持久度。

而从女性的角度看女性自己的生殖器，则是出现痒痛、松弛（有时还不是女人自己的感觉）、炎症、有颗粒时。女性的生殖器有没有出现衰老现象，90%以上的女人没有敏锐的感觉，95%以上的女人不会分辨，最重要的是60%以上的专业妇科医生也不懂得分辨，所以女性对于自身生殖器衰老的定位，还是相当模糊。不懂得生殖器的衰老，自然也就不懂得自身腺体的衰老，所以为什么现在出现那么多的妇科癌症，而且完全不知道它是怎么发生的，其实就是生殖器腺体出现了问题。

没有生育过的女性，有80%的人是在30岁以前对自己的生殖器完全没有概念，而有少部分人在30岁之后才逐渐有保养意识，到了真正出现痒痛致使无法入睡时，才会重视起来。

经过生育的女性，有70%的人是在生育完小孩以后才对生殖器有保养意识，而且还需要别人提醒。

不管有没有生育过，再婚的女性有70%的人在遇到身体不适时才会对生殖器有保养意识。

根据世界卫生组织2008—2010年对女性健康调查统计，100个年龄在15～30岁有过性生活的女人，只有40%左右对生殖器有美容保养意识。而没有性生活的女人，对生殖器有美容保养意识的人只有0.4%。

很多女性认为，没有性经验是不需要对生殖器进行保养的。可以说，生殖美容在没有性经验的女性群体中几乎没有市场。

有观点认为，女性只有经历了一定次数的性生活，才有必要进行生殖美容。但这个观点相当错误，因为生殖器有没有使用是一回事，这属于功能性问题；而生殖器的腺体能否正常代谢则是另一回事，这属于生理性问题，如果各个腺体都可以正常代谢，那还真不用理会生殖器，但如果腺体无法维持正常代谢，那么生殖美容就有了实际的意义，它能知道腺体出现了多少问题，以及性质是否严重。对于男性而言，这一点就更为重要了，因为生殖美容关系到男性荷尔蒙的质和量问题。

随着人们对性生活和性文化认识的不断深入，越来越多的人会正视性生活的健康度和美满度，生殖美容会在未来的10年内在美容市场逐步发展，并且将永久地保持优势地位。因为任何生物都会本能地把种族的繁衍摆在首位，所以生殖美容会随着人们意识的变化而不断得到发展和巩固。

生殖美容的宏观发展是一回事，但它本身所需要的技术是否有足够的支撑，需要什么样的产品和文化底蕴，所能达到的效果，这些很实际的问题又是另一回事。

男性“最痛部位”的美容

二十世纪八九十年代，有一种在男性生殖器的包皮上镶嵌钢珠的生殖器整容手术流行，目的是让男性在性生活的过程中可以把强劲与持久发挥得淋漓尽致。但后来医院的泌尿科与生殖科报告显示，这一种近乎对生殖器摧残的整容手术，在手术后的两三年内确实可以让男性在性生活中获得满意的效果，但时间一长就会让男性生殖器发生大幅度萎缩。这种整容手术主要是在手术过程中，需要切断阴茎上的神经线，虽然不会产生痛感，但切断了神经会导致日后的萎缩。

美容界从这些惨不忍睹的案例中得到了一个宝贵的教训：男性生殖器上的神经线不能随意切割，所以即便是后来的早泄治疗，也只是在神经线上打个结，就好比在电路中加个电阻，而不是把电路完全切断。

项目设计者们不断尝试和改进美容方式，不从男性生殖器的包皮和阴茎入手，改从阴茎的海绵体入手。此外，还从深阴茎筋膜入手，一改粗暴的创伤性手术方式，用荷尔蒙包皮下的渗透技术，短时间内促进海绵体的微循环，让海绵体不断得到供血，这样男性的生殖器就可以增大，也可以达到男性所期待的持久效果。最重要的是，这种操作以口服和外敷两种形式相结合，避免了在男性生殖器上造成创口，至少避免了对生殖器的危险性操作。

从包皮下渗透、作用在男性生殖器筋膜的这种构思，现在被广泛应用于男性的生殖美容上，虽说效果一般，但聊胜于无。而用于男性生殖美容的产品则是五花八门，有从坚果中提取的精华素，有从动物生殖器中提取的胶原蛋白，还有与水晶结合的晶体定型。这些做法只有一个目的，就是让男性生殖器中的筋膜强化甚至固化，从而让生殖

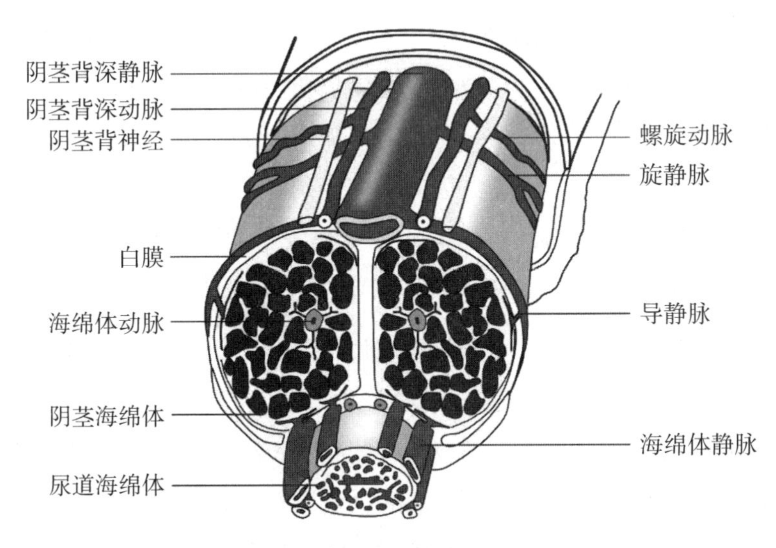

男性生殖器深层结构图

器挺拔和粗大。

包皮下渗透的生殖美容技术的优势是安全且容易操作，仅仅涂抹在包裹阴茎的包皮外就可以了，没有什么技术要求，所用的产品材料很普遍，不会出现产品断货。

除了这几个优点，商家说得再天花乱坠，也不可能提升额外的效果。而且70%的男性都会有包皮过长或者过厚的情况，药力渗透所需要的时间不同，所以有的男性在涂抹后一个小时内就感受到了自身的变化，而有的男性则需要等较长时间甚至到第二天。

包皮下渗透的生殖美容技术的缺点也不多，主要有：一是个体稍有差异（年龄、微循环、性经验、体质等）就会造成效果不稳定。二是制约因素明显，遇上膀胱炎、肾炎、前列腺炎、尿道结石等就很麻烦，因为海绵体被硬化，炎症和结石都无法代谢出体外。三是“山寨”产品很多，谁也说不清生殖美容是否产生了作用，只有小部分人有效，大部分人完全无效，甚至效果仅仅保持了几分钟而已。

相比较产品宣传的优点而言，很多人会选择性忽略上述缺点，所以很多男性抱着侥幸心理去尝试，即使失败了也没什么，只能怨自己的体质、年龄。

早在包皮下渗透出现的几百年前，人们就发明了黏膜渗透，最著名的产品莫过于印度神油了。“神油”是如何被创造出来已无从考证，目前我们唯一知道的就是它可以通过表面涂抹的方式被黏膜吸收。

稍懂解剖学的人都知道，包皮下的生殖器有60%以上的部位没有角质层，外表为黏膜结构，再往里就是毛细血管，涂抹在黏膜上，5分钟内就可以直接进入血管，不管黏膜上覆盖的包皮有多厚。

不过，“神油”的目标也很明确——持久，唯一的弊端就是用多了会造成阴茎龟头感觉迟钝，年老时容易尿失禁。所以，印度神油在传入中国后的百余年，都是作为男性养生的必备用品，现在不少男性生殖美容的产品也是根据印度神油的这个原理而设计的。

如果说现在的生殖美容能解决男性生殖器的长度问题，那么说这话的人绝对是骗子，因为从生命医学的角度，男性的生殖器和他自己的手指呈正比例。一个男人把手掌张，手指全部绷直，他的中指指尖和拇指指尖的距离就是其生殖器勃起的最大长度。全世界人种中，只有非洲象人族的生殖器是1：2的比例，其余人种统统如此。

如果将生殖器硬拉长，首先断裂的是韧带组织，然后是海绵体，最后是包裹前列腺的筋膜组织，如果前列腺的筋膜被破坏，生殖器就会向腹腔内萎缩。

其实，男性专属的生殖美容还有一项，就是按摩前列腺。

所谓前列腺按摩疗法，就是通过定期对前列腺按摩、引流前列腺液，排出炎性物质而解除前列腺分泌液郁积、改善局部血液循环、促使炎症吸收和消退的一种疗法。前列腺按摩方法适用于贮留型和慢性细菌性前列腺炎，腺体饱满、柔软、脓性分泌物较多者尤其适用，也就是适用于举而不硬、硬而不久的男性。它既是一种诊断方法，又是一种治疗手段，治疗效果甚至可以超过抗生素。

说是一回事，做又是另一回事，主要是因为前列腺位于盆骨内，上下左右都被盆腔肌肉包裹着，靠近直肠壁，如果要按摩就得先灌肠，然后把手指从肛门伸进去，把前列腺周边的韧带扶正，没有两三年实际操作的锻炼，手指没有那么尖细和柔软是做不了的。

前列腺按摩项目目前唯一可以大行其道的国家只有日本，主要是因为日本把男性的前列腺按摩看作是医学养生的技术之一，不会刻意回避。

变长，现有医学科技无能为力；变硬，其实吃几颗伟哥就可以了；持久，无意外的话，“神油”会继续沿用下去。

以上就是男性的生殖养生，其实没有多少可以挖掘和发展的空间。

女性的生殖养生技术之所以偏多，是因为女性生殖器的结构相对于男性较为复杂，所牵涉的问题较多。

女性的生殖器几乎都是内置的，而且腺体、肌肉、组织虽说各成体系，但也错综复杂，单单一个盆腔积液就让无数妇科医生焦头烂额，主要是防无可防、治无可治，更不用说子宫肌瘤、子宫内膜异位、输卵管闭塞，严重一点的有前庭大腺囊肿、附件炎、卵巢囊肿、综合性阴道炎，更严重的有阴唇癌、宫颈癌、子宫癌、卵巢癌，随便一种都会让妇科医生崩溃，遇上妇科炎症综合征，更是任何一个妇科实习医生的噩梦。

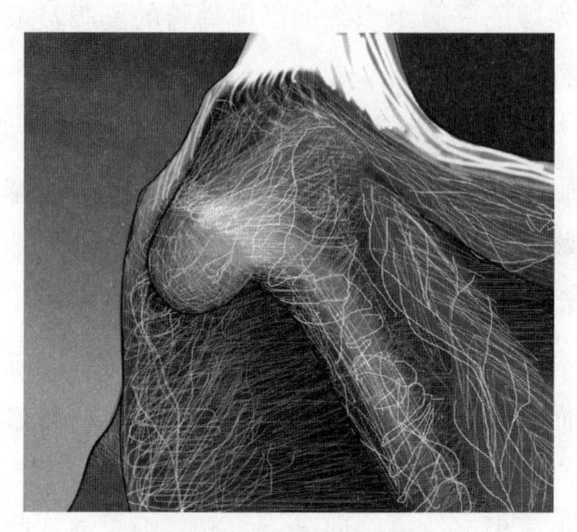

女性生殖器阴帝部位深度解剖图

之前的女性生殖美容无法深入开展，除了人们的性意识薄弱，主要还是在医学病理学方面受到了限制，没有办法将技术深入发展起来，生殖美容也只能停留在表面的抗炎治疗上。

女性“私密部位”的精细化美容

要提高女性生殖器的紧致度、润滑度、饱满度、健康度，对于现有的技术来说也不是太难，甚至再加上外表不要太难看、没有臭味或太浓的腥味、阴毛不要太粗糙、阴唇皮肤光滑也不见得会有多少技术上的难度。

生殖美容的技术难度就在于精准化，例如要让阴道紧致多少，虽说阴道只是一条扭曲的管道，但是有五组以上的肌肉丛主宰着这条管道的伸缩，好比将拳头握紧，五根手指的肌肉各自独立收缩，便形成了拳头握紧的力度。

现在产后康复经常提到盆底肌，很多人都说那是一块肌肉，但从生理解剖图来看，那是一个肌肉丛，而不是单独的一块肌肉组织。要活动这部分的肌肉丛也不难，多做提肛运动就可以了，经常做这个运动可有效避免大小便失禁。其实动作很简单，在小便时，突然一下子把尿液憋住，那个动作就是提肛运动，无论男女都能做到。

单单运用盆底肌肌肉丛就能让阴道紧致，这简直就是痴人说梦。

盆底肌再灵活，也只能提升尿道、肛门的锁闭功能，仅此而已。要锁闭阴道，盆底肌完全做不到，充其量是把在阴道口的异物挤出阴道，或将阴道内的残渣及多余菌群挤出体外。

严格来说，阴道分前、中、后三截，前面一截是指打开大小阴唇后可直观看到的阴道壁，长度等同于女性食指的第一指节。女性阴道的总长度，其实就是女性自己的中指指尖到近节指骨末端的距离，当亲密次数增多，阴道会因应两性亲密情况而延长40%甚至60%。

中间一截是阴道内小上丘到子宫颈，这段的长短就因人而异，肥胖的女人这一截一般会稍短，而干瘦的女人这一截会稍长。

后面一截实际就是后穹隆，也叫“精液池”，可以很短，也可以拉伸得很长，因为围绕这一带的坐骨海绵体肌和子宫悬韧带有很大的拉伸度，过后要恢复也相当容易。

要让阴道紧致，盆底肌肌肉丛需要活动，但不是单独活动，需要带动会阴肌肉丛、耻骨尾骨肌、耻骨直肠肌、肛门括约肌一起活动，这仅仅是表面，真的要紧缩，那么阴道里面的球海绵体肌、阴道横膈肌、肛提肌所联合组成的肌肉丛都要活动起来，正如要用手握紧一根短棍，五根手指都得用力，光一两根手指用力没法握得住。

若女人能细致地把盆腔里每一块肌肉都活动起来，80%以上的妇科疾病便不会产生，因为一有异物感或者不适感，盆腔内各肌肉功能会反射地进行蠕动，通过阴道把异物全部清除，为了达到这个目的，才有了生殖美容的精细化。

为了让读者更容易记住且方便运用，我们分别给决定阴道收缩的五种肌肉丛起名字，如下表所示：

决定阴道收缩的五种肌肉丛及其控制范围与作用

肌肉丛	控制范围	作用	对身体影响
外阴肌肉丛	大腿内侧、大阴唇、小阴唇	夹紧及外层闭合	防止细菌入侵，同时防止妇科炎症
阴道口肌肉丛	阴道口周围、会阴、肛门	阴道口收紧	能排除阴道内多余的渣子，预防子宫脱垂
阴道壁肌肉丛	阴道及盆腔内	阴道内收缩	促使身体盆腔肌肉紧实
盆底肌肌肉丛	自阴道口至肛门韧带	阴道及直肠紧绷	让盆腔内大肠蠕动更顺畅，防止大小便失禁
后穹隆肌肉丛	阴道最里面及腹腔	产生负压辅助收缩	婴儿出生后，帮助子宫收缩；防止难产和产后大出血

阴道要收缩，首先外阴肌肉丛要闭合，经常练夹腿下蹲的动作就可以做到，如果还不知道怎么做，就看看咏春拳的马步，只需要比那个马步再往下蹲就可以。把咏春的马步夹紧再夹紧就是要诀，只是肥胖者估计会有很大难度，因为腿部多余的皮脂产生了阻碍。

要让阴道口肌肉丛收缩，只要经常踮着脚走路，而且时刻保持下盘的重心就可以让此肌肉丛得到锻炼。在中国古代，女人缠了小脚，走路一摇一晃，同时也不能很拖沓，这个运动本身就可以让阴道口肌肉丛得到锻炼，所以中国古代女性很少出现子宫脱垂现象。

要让阴道壁肌肉丛收缩，这个还真有点难度，因为要叉开腿坐在一个坛子上，坛子里装上一些香薰或者醋精。受到香薰的刺激，阴道壁就会不断收缩，这种做法还有一个额外的好处——瘦腰，主要是盆腔内的肌肉受到牵扯，同时盆腔所有腺体都因为坠力往下分泌，不会因此产生腺体性积液，腰部肌肉也能自然往里收缩。

要让盆底肌肌肉丛收缩，还是前面提到的提肛运动。

要让后穹隆肌肉丛收缩，人需躺在床上或者瑜伽垫上，盆骨位置要紧贴着床板或者瑜伽垫，然后尽量把脚笔直抬高。看似很轻松，但这个动作保持一分钟后，整个下盘和腰部就酸得要命，但这个动作会让盆腔里的后穹隆肌肉得到充分地扩张，唯一美中不足的就是有肚腩者会感到很辛苦。

如果觉得上述的过程很辛苦，可以用一些简单的方式替代，这就是生殖器美容第一个精妙之处。

要让外阴肌肉丛闭合，可以请调理师用力推拿大腿内侧从膝盖到大阴唇之间的位置，沿着大阴唇外括不断地上下搓动，经常这样做，就会建立起大腿内侧和大阴唇的神经反射，当察觉危险时，女人的双腿和大阴唇就会自发地缩紧，提供给女人快速逃离的敏捷，这就是神经性的肌肉神经反射锻炼，但没有他人协助，自己是做不了的。

要想阴道口肌肉丛紧缩，在以前没有什么更好的办法，毕竟阴道口的位置没法用力，现在则可以购买到成人用品振动器。把振动器放在阴道口而不要往里塞，或者穿上有震动功能的内裤，这是最便利的方式。经常颤动，阴道口肌肉丛就会自发地产生吮吸的动作。当阴道里产生炎症时，阴道会自发地产生这种动作去排除炎症。

要想阴道壁肌肉丛紧缩，现在可以用瑜伽球，球的大小以适合自己为度，骑上去双脚脚尖能勉强够得着地面就行。有空没空都坐在上面，阴道壁肌肉丛就能得到足够的锻炼，自发地收缩。这种锻炼还可将女性的水桶腰瘦下来，所以市面上出现了一些能瘦腰的座位摇摆机，但那不是真正意义的减肥，不过是刺激了皮脂腺向外代谢。

其实盆底肌肌肉丛一直都在活动，大小便都离不开它的辅助，要是这个肌肉丛失控，就会大小便失禁。所以，经常做提肛运动有好处，最显著的效果就是不会便秘。盆底肌肌肉丛由韧带组成，而韧带对胶原蛋白的吸收相当快速，将渗透性的胶原蛋白涂抹在大阴唇和小阴唇及会阴位置，就已经足够了。实在没有必要像现在市场上那些标榜产后康复的疗程，激光、微创、电子按摩等十八般武器全上。

由于后穹隆肌肉丛大部分也由韧带组成，可把手指探进阴道里，摸到子宫颈以后，稍微把手指往下压一下，就能感觉到后穹隆肌肉丛，基本都是黏膜。别小看这位置，有些女人做梦都希望产生的潮吹现象就是后穹隆肌肉丛给予动力的。和盆底肌肌肉丛一样，后穹隆肌肉丛对于胶原蛋白的吸收也相当快速且具有良好的效果，将具有渗透性的胶原蛋白涂抹在大阴唇、小阴唇和会阴处，可有效紧缩后穹隆肌肉丛。

如果说外阴肌肉丛处于最外部，而后穹隆肌肉丛处于最内部，那么，我们应该自外而内地使用仪器来促进阴道缩紧，同时自内而外地搭配使用筋膜启动运动，保证腹腔肌肉得到锻炼。

“尴尬部位”的收缩

现在的女人，缩阴不是为了两性亲密关系，更多是为了防止细菌入侵和促进炎症代谢。

缩阴用的产品有以下三种：

第一种是荷尔蒙产品。荷尔蒙渗透快速，而且对肌肉筋膜的启动也相当快，最重要的是生殖器不排斥，所以很多催情用的产品都加入了稳定的荷尔蒙。把0.1毫克的荷尔蒙涂抹在阴道当中，在黏膜下吸收，20分钟内阴道肌肉会产生弹性收缩，在之后的72小时内都可以保持最佳的效果，72小时后因为身体的代谢这一效果会逐渐减弱，一直到144小时后完全消失，阴道肌肉重新恢复原有状态。

前提是荷尔蒙稳定，而且使用者不允许是患有严重妇科疾病的女性，前提条件有点苛刻，但如果是已绝经的女性使用，效果最佳。

还有“山寨”的荷尔蒙产品，或者随便用医用荷尔蒙混搭的产品，也依然对阴道收缩有效，只是多了副作用——易诱发癌症。

第二种是胶原蛋白类产品。胶原蛋白可以分为很多种，合成的、从动植物中提取的，甚至是自体移植的，女性生殖器上的腺体不会排斥这一类产品，不过吸收就慢很多，胶原蛋白被阴道内黏膜吸收了，起码18小时后才能够真正看得见阴道弹性收缩的效果，当然持续时间也很长，因为胶原蛋白被肌肉丛吸收后，就转变为肌肉的部分，不容易被代谢，体现出一种稳固性。

胶原蛋白的使用前提没有荷尔蒙那么苛刻，不过涂抹之后，需要时间去吸收。估计没有哪个女人可以在床上一动不动地躺18小时，就为了等阴道内的胶原蛋白被完全吸收。为了节省时间，胶原蛋白都是搭配可在阴道内发热的仪器来使用，阴道内温度上升，阴道黏膜需要水分，此时就会加快对胶原蛋白的吸收。不过话又说回来，黏膜吸收得再怎么快，要转化到筋膜当中，并且巩固筋膜韧带，还是需要一定时间的。想要得到立竿见影的效果，在生殖美容中较难达成。

第三种是荷尔蒙和胶原蛋白的合成产品，这一产品对于合成技术的要求相当高，因为荷尔蒙和胶原蛋白是两种截然不同的分子结构，迄今为止只有瑞士、德国、日本、美国这几个拥有尖端离子合成技术的国家才能生产这类合成产品。

别以为随便往阴道里塞些什么药品或者保养品就可以达到生殖美容的效果，我们或许可以在口腔中随便塞点什么东西，感觉不适还可以吐出来，但阴道难以产生这种呕吐机制，塞什么就吸收什么，实在受不了就会发炎。

虽说阴道和口腔都是黏膜组织，但阴道明显要挑剔很多，我们来看看有哪些药品不能被填入阴道。

不能用于缩阴的产品成分：

果酸类，对生殖器的刺激过大，以至于会破坏阴道内的酸碱平衡，引起一系列的炎症。

酵素类，酵素类主要是以分解物质为最终目的，会破坏阴道中的黏膜结构，虽然使用时也对筋膜有些许修复作用，但仍然是得不偿失。

纤维类，纤维类产品进入阴道，会使阴道产生收缩现象，这是因为纤维不断吸收阴道中的水分，导致阴道黏膜萎缩而产生收缩，完全是饮鸩止渴。

女人凭什么被滋润

怎么从外表看出一个女人是否过得滋润？这要看她整个人所自然流露出来的气色，还有给人的感觉。如果一个女人看上去形同枯槁，完全流露不出什么气色，或者很憔悴，或者无精打采，或者欲哭无泪，那么就可以定义这个女人没有被滋润。“滋润”从生理现象上看就是，女人很多腺体的分泌和代谢都正常，让女性呈现出让人喜悦的风韵状态。

生殖器的滋润，指的就是与生殖器有关的各种腺体可以很快速地分泌出正常的分泌物，而这些分泌物能为生殖器带来正面的效果，最显著的就是减低女性患妇科疾病的概率。

作为女人，怎么知道自己的生殖器被滋润了，没有什么感觉，或者感觉很滋润就是被“滋润了”，因为女人生殖器的腺体没有分泌，女人的生殖器一定不同程度地出现酸、麻、胀、痛、痒，而且每一种情况对于女人来说都是一种折磨。20岁以下的女人没有什么感觉，腺体的分泌比较正常，不过到了50岁以上，女人没有什么感觉，就是大问题了。在20岁之前，老天对女人都特别厚爱，只要没有潜在疾病，一切分泌都很正常，所以女人不会有什么异常的感觉；20岁以后，或者有了性生活以后，那就截然不同了，在大阴唇侧的巴氏腺会产生大幅度调整，是为了接下来的种族繁衍作准备。

女性生殖器滋润程度的调整，说得直白一些，就是对女性生殖器的按摩，只需通过半个小时以上的按摩，女性的生殖器便会源源不断地产生滋润性分泌。为什么是半个小时以上？因为女人生殖器的腺体在没有受到刺激时，处于半枯竭状态，极少女人的生殖器一年从头到尾都是分泌不断，因为这对于女性来说，行动很不方便。当然，如果女人钟情于某个伴侣（不一定是异性），那么也会有18个月连续不断的分泌，也就是我们平常所说的蜜月期。

女性不同年龄段的生殖器滋润情况

女性年龄段	女性生殖器滋润情况
10岁以下	完全是荷尔蒙综合分泌，不容易接受刺激，不需要自我滋润
10～18岁	加入雌性荷尔蒙和孕荷尔蒙分泌，会出现紊乱和排斥状态，自我滋润极少
18～30岁	各种分泌进入成熟阶段，生殖器会相当滋润，稍按摩刺激就会有分泌
30岁～更年期	滋润逐渐衰竭，但是腺体的应激性得到强化，不用按摩刺激也会分泌
更年期	自身分泌停止，毫无滋润，按摩刺激无效

女性生殖器的自我滋润程度不太高，并不是因为女人没有分泌，而是有分泌和分泌出来是两回事，如果体内有足够的分泌，但是腺口末端因为炎症或者细菌感染而没有办法分泌出来，就导致了堵塞。

所以在10岁之前，女孩子基本不会有内分泌失调现象，或者是外阴炎症，随着内分泌增多，体内代谢不了，才会出现各种妇科症状。所以，处理女性生殖器的各种腺体分泌，无论是从美容的角度，还是从健康的角度，都是必须的。

要刺激女性生殖器的腺体分泌，也不是什么高技术的活，一般只需要按摩生殖器中阴蒂的位置10分钟，18岁以下的女性就可以自行产生大量分泌。18~45岁，按摩阴蒂的时间可以在10分钟以内，甚至有些身体敏感的女性，几十秒就可以了。

如果非要涂抹一些产品让生殖器产生滋润，那么普通的润滑剂就可以，不过前提是涂抹了以后，要配合适量的按摩。每天对生殖器按摩15分钟，生殖器就可以长期保持腺体分泌，这样滋润的状态也得以持续。

如果涂抹的是持续性作用的润肤产品，那么也可以出现持续的滋润效果。生殖器本身是经常被遮盖的部位，不像脸部一样经常能透气，因而滋润的效果可以持续几天。但如果一个星期不清洁、滋润生殖器，或者不理会生殖器的分泌，那么生殖器的腺体就会产生霉变，因而产生异味或者发臭。

月经期间有很多的禁忌，但有些女生因缺乏相关的卫生知识，对于自己的生殖器过度保护，整天捂得死死的。这种做法会导致一个不良的后果，那就是生殖器的表皮循环不通畅，还有生殖器的毛囊因为长期不透气而坏死，最直观的现象就是生殖器变得乌黑一片，大、小阴唇都变得格外粗糙，阴毛胡乱生长，夏天穿泳衣时会相当尴尬。

阴道滋润对于女人来说，还有一个更重要的目的，就是香体。

很多人都知道，人体的气味80%来源于下体，为什么女人有味，不仅仅是她的言谈举止，更重要的是，她宽衣解带的那一刻，有一种不言而喻的成熟韵味。

最大的奥秘就在于女性的生殖器会散发出一种独特的味道，这是人体无法改变的生物本能属性，动物的本能就是当它要去亲近或者接近某个同类物种时，它就会把鼻子靠近同类动物的生殖器，嗅一嗅从生殖器散发出来的味道，决定亲近还是远离，满大街的小猫、小狗可以证实这一点。

阴道滋润就可以让体味散发得更清香，对异性产生不可阻挡的诱惑力，艾滋病、宫颈糜烂、阴道炎这些疾病肯定是扰乱体味的重要因素，主要是会释放出一阵阵酸臭的气味。所以，部分嗅觉灵敏的男人可以本能地知道一个陌生女人有没有问题。

虽然说这是处于健康的需要才对阴道进行滋润，但我们要提出一个全新的观点，就是芳香疗法。

在腋下、脖子边、手腕上喷香水，效果不长久，因为这种香味随着人体的汗腺分泌，很容易被抹掉，一遇水就打回原形。

香薰、香蒸、香浴等借助外在因素把香料涂抹在表皮上的方法也仅仅是概念的炒作，事实上并不是那么一回事，如果香料真的停留在表皮上，那么它一定会对表皮有腐蚀性效果。如果真能通过皮肤的呼吸将香气渗透到表皮下，那皮肤更惨，因为皮肤吸收进去的香料可不是氧气，也没有供氧成分，缺氧的皮肤会逐渐呈现腐烂的情况。

在女性的大阴唇上，有一种腺体叫巴氏腺。它开口于阴道前庭、阴道口两侧，在处女膜或处女膜痕附着部与小阴唇后部之间的沟内，其分泌物黏稠，有滑润阴道前庭的作用。分泌量的多寡与女性的年龄、精神状态、兴奋程度、性欲望强弱有关。

这个腺体平时几乎处于“沉睡”状态，并不分泌黏液，只有在女性产生性兴奋或者有性幻想时，在大脑皮层兴奋中枢的督促下才能被“唤醒”。在性生活时，巴氏腺分泌的这种黏液，就像机器齿轮上的润滑油一样，能让阴道保持湿润光滑，从而获得性爱中的愉悦感和欣快感。

生理结构在这里并不是重点，重点是怎么产生“香体”的效应。

当一个女人穿着内裤时，其巴氏腺容易吸收附大阴唇上的杂质，当生殖器完全暴露在空气中时，巴氏腺就会把吸收的杂质通过呼吸作用吐出来，瞬间形成了这个女人独有的味道。所以为什么一再强调女人的内裤一定要干净，就是这个主要原因。

基于这个原理，可以把浓度较高的精油涂抹在大阴唇上，让巴氏腺尽可能地吸收，当生殖器完全暴露在空气中时，那么精油的香味就随之而释放出来。

这只是让身体产生“香体”效应的低级做法，那么中级以上的做法是什么呢？就是在女人洗完澡以后，身体释放出最自然的香气。

方法很简单，只要让女人保持均衡饮食，平时多吃苹果、雪梨、葡萄等富含维生素C的水果，常喝200毫升的鲜榨甘蔗汁。

那么丰富的维生素C和辅酶R就会在女人的巴氏腺残存，这样被水一冲洗就自然往外代谢，在空气当中形成一种清纯的体香，巴氏腺对于腺体内残存的维生素C和辅酶R不会重复吸收，只会源源不断地代谢，形成了持续不断的体香。

而高级的做法就是让巴氏腺摄取荷尔蒙，形成巴氏腺的改造，让释放出去的腺体像麝香一样充满芳香。做法就有点考验技术和对腺体的熟悉程度，可以用按摩仪器，先让巴氏腺尽量分泌，让生殖器充分地被巴氏腺分泌出来的液体滋润，巴氏腺就会因为腺体枯竭而产生吮吸反应。这时在巴氏腺口，也就是大阴唇内侧涂抹0.5毫克的荷尔蒙，巴氏腺就会把这些荷尔蒙全部吸收进去，管道内就会发生巴氏腺管道内的塑造作用，当下一波腺体要分泌时，自然就变得格外芳香迷人，不用担心会产生什么副作用，因为0.5毫克的荷尔蒙微不足道，两个星期后就自然代谢掉，因此这种高级“香体”的效果能保持两个星期左右。

其实这个原理跟炎症感染一样，只不过炎症感染是负面的，而这种生化性改造是对女性有好处的。

当然，还有更高级的做法，我们会在后面的美容技术篇章中介绍。

做一个丰满的女人

一个丰满的女人是上下身段看起来线条协调，身体肌肉、皮脂分配均匀。而人体的重心在盆腔，而盆腔最核心的位置就是内置的生殖器。生殖器牵动着盆腔肌肉丛和盆腔腺体，盆腔肌肉丛维持着整个身体的肌肉用力，盆腔腺体维持着整个身体的代谢水平。

所以，生殖器的肌肉丛和腺体丰满了，女人才有丰满的资本。

为什么有些女人没有很粗的大腿？这是大小阴唇的内置筋膜得到了充分锻炼的结果，也有2.3%的女性是因为巴氏腺天生发达，把皮脂腺的部分也往外分泌了，而这些女性也很容易患上前庭大腺囊肿（一种必须通过大阴唇腺体引流才能痊愈的疾病）。

怎么让大阴唇和小阴唇的内置筋膜得到充分锻炼？大阴唇的主要牵拉是大腿内侧的肌肉丛，以及盆骨内的外阴肌肉丛，平时多揉搓这些部位，平均每天保证两个小时的活动就足够了。其实，如果每天有三个小时的跑步也可产生同样的效果，所以女长跑运动员大腿根部的肌肉发达，但不会特别粗大就是这个原因。

办公室一族的女性因为经常久坐导致生殖器受压迫，血液循环不通畅，生殖器多半处于萎缩的状态。我们常常看到一种现象，经常运动的女人很容易左右逢源，这是由生物学的原理决定的，只要她们主动保持大腿根部的运动状态，都能产生这样的结果。

巴氏腺可以被丰富起来吗？理论上是可以的。从生理学的角度来说，只要多吸收浓度较高的胶原蛋白，或者吸收具有晶体结构的胆固醇，这些成分就能在大阴唇上堆积，从而使巴氏腺丰富。当一个女人坐着时，躯干部位最接近地心的就是大阴唇，所以被代谢的胶原蛋白都集中在大阴唇的巴氏腺上。女性的身体如果在两个星期内补充200克的禽类蛋白，生殖器会积存大量具有晶体结构的胆固醇，达到想要的膨胀状态，在产生防护的同时也充分代谢出杂质。

最后就是生殖器要粉嫩、健康。

女性的生殖器最容易产生色素沉着，久坐、月经、白带残渣、生殖器感染、亲密方式不对都可能使女性的生殖器变得相当难看，刚开始时，有阴毛遮盖，只要没有异味问题都不大。

女性追求生殖器的美观并不是为了自身，更多是为了可以知道自己的身体有没有发生负面的改变。其实，女性的生殖器能够本能地自我修复，也就是什么都不做便可以自然去除色素沉着，只要定时清洁就不会变黑（更年期除外）。

要让小阴唇变得粉嫩，只需要轻度刺激它就可以了，因为小阴唇有丰富的神经网络和毛细血管，稍一刺激，毛细血管便会膨胀起来，遇上强烈的震动，小阴唇上的黑色素就会以最快的速度代谢。

患过炎症的大阴唇会产生色泽改变，但这并不是不可逆的，只需要用温水热敷，让大阴唇表皮毛孔重新打开，代谢出剩余的残渣，只需十来分钟，就可以重新恢复到原本的粉嫩状态。

生殖美容必须建立在严谨的医学基础上，因为生殖器是人体器官中很复杂的部分，其复杂的程度仅次于大脑。大脑无法美容，但生殖器可以。

如果想要鉴定生殖美容的项目是否有效，说难也不难。

女人做完生殖美容以后，怎么鉴定效果？从外观只能看出饱满度，其他的润泽度、嫩滑度、柔韧度、紧致度统统看不出，主要因为女性生殖器完全内置。

我们不得不承认，为什么女性的生殖美容一直都没有固定的标准，不像生病感冒，你不发烧了，能吃、能喝、能睡、能跳那就是好了。女性的生殖美容修复做得好不好，没有办法得到确切的答案，往往都是凭借女性自我的感觉，几乎都是失准的。

因为这个缺陷，很多“山寨”的生殖美容产品乘虚而入，而且无法精准评价它的好与坏，反正用了以后，女性自己感觉好就行，但这其实是对女性生殖美容的最大践踏。

解决的办法也不是没有，下表便是鉴定女性生殖美容效果的标准化方法。

女性生殖器美观度标准

部位	状态	功能
阴阜	饱满；对指压有回应性反弹；没有结节；没有表皮脂肪性颗粒；手心接触能感觉到热量	①美观 ②让盆腔腺体有更多发育的空间
阴毛	光滑，柔顺；最长的不超过两根手指的长度，超过了就是雄性荷尔蒙过剩；没有打结，有弹性；没有阴虱；根部毛囊没有囊肿；接触时没有痒痛反应	①美观 ②防止皮肤生硬摩擦 ③防止细菌入侵
大阴唇	外皮细腻，不粗糙；毛孔不粗大；左右能闭合；色泽均匀；没有萎缩、起皱；整体能呈现外隆状态	①闭合完整 ②对细菌有警示作用

（续表）

部位	状态	功能
小阴唇	柔软；有光泽；没有任何渣质残留；没有结节；皱褶纹理自然；看得见水分	①黏附在大阴唇上，闭合完整 ②遇到细菌入侵时，可以起防御作用
阴蒂	饱满；能勃起；有光泽；翻露容易；没有折痕；死角没有渣子残留；颜色单一；无血丝；能自由收缩	①刺激有反应 ②产生体内生物电 ③调节身体的整体末梢神经
处女膜残留	均匀分布；无尖锐牙角；无明显裂痕（有顺产时的侧切口例外）；有少许光泽	无
阴道内壁	不管什么人种，均呈现粉红色；皱褶明显；没有凸出性息肉；能看见阴道内黏液分泌；不干燥	具备收缩性
外阴肌肉丛	扩张、闭合有力；闭合时连带小阴唇闭合；闭合时没有卷入阴毛，有则代表阴毛过长；没有松弛	闭合性强
阴道口肌肉丛	提肛时能看见轻微呼吸状；刺激阴蒂时，有明显收紧感；指尖探入时，能产生允吸感；提气深呼吸时，对探入指尖有黏附感；指尖探入没有感觉到息肉	阴蒂刺激有联合反应
阴道壁肌肉丛	手指探入时，向上下左右扩张；对手指可裹紧；提肛时，手指指腹有被勒紧的感觉；有湿滑感	阴蒂刺激有联合分泌及反应
盆底肌肌肉丛	手指下压时，有明显的反弹；能把探入的手指往外挤动；有明显的吮吸度；相对平滑；没有摸到颗粒	提肛时有联合分泌及反应
后穹隆肌肉丛	手指探入时有明显湿润感；存在少许积液；没有摸到肿块	贮藏优势精子
子宫颈	圆润有光泽；平滑；不管什么人种，颜色均粉嫩；没有任何颗粒或囊肿	防止劣质精子进入

以上为世界卫生组织在2000—2010年在全球各个地域的医院，对10万名就医的女性做出临床观察后，得出的女性生殖器健康状态的指标，遗憾的是中国女性大多不达标。

当一个男人做完生殖美容以后，效果的鉴定是相当容易的，主要因为男性的生殖器外显，功能可以一目了然。事实上，男性对于自己生殖器的美观度只有三个要求：不要太细、不要太短、不要太软。但这些往往都是男性身体的筋膜来决定的，跟遗传也有关系。

男性生殖器的美容早在欧洲文艺复兴时期就有定位，而中国在春秋战国时期就已经定型、定性。

以下我们引用世界性学协会收集的数据，对男性生殖器审美的判定标准进行说明。

男性生殖器审美标准

特质	状态
长度	男性生殖器的长度与身体有着相应比例，当男人张开手掌，中指指尖和拇指指尖的距离，就是该男子生殖器勃起时的最长长度；生殖器的长度与人体高度完全无关，金赛性学中心已经论定，如果不通过外科手术，绝不可能增加男性生殖器长度
硬度	筋膜有力，能随个人意志产生软硬变化
力度	能抬起拇指大小体积的石卵
颜色	与人种身体肤色一致
部位	**状态**
龟头	边缘周长与人体成一定比例，让男人的中指与拇指两指指尖相接触，所形成的圆周长，就是该男子生殖器勃起时龟头边缘的周长；粉嫩，无颗粒，无黑点；随勃起产生软硬状态变化
阴茎体	放软的时候，能旋转90°～120° ；勃起时周长一致
阴囊	能鼓起来也能萎缩回去
阴毛	顺滑，不打结

比起女性生殖器的审美，男性的简单多了，而且标准也是公认的。

男士之间的握手并不仅仅是因为要向对方表示自己没有武器握在手上而表示出善意，同时也有潜在生物意识的炫耀。因为两手相握时，完全可以知道彼此生殖器的长度。

生殖美容有许多奥秘之处，所以才能主宰着人类不断地繁衍。

生殖美容与荷尔蒙

现在的都市女性动不动就说自己内分泌失调，因为世界环境的多元素污染，女人从发育的那一刻，就没有多少个是内分泌正常的。

既然是内分泌失调，那肯定是要到医院看病，通常都是妇科转内分泌科，或者是两者位置对调，也有转去肿瘤科的，但概率非常低。

人体的分泌少说也有数百种，对于女性而言，只有六种分泌起决定性作用：卵泡生成荷尔蒙（FSH）、黄体生成荷尔蒙（LH）、雌二醇（E2）、催乳素（PRL）、睾酮（T）、黄体酮（P）。

1. 卵泡生成荷尔蒙（FSH）和黄体生成荷尔蒙（LH）

这两种分泌决定了女性卵巢的状态。

如果化验单不幸显示：基础FSH大于40IU/L、LH升高或大于40IU/L，为高促性腺激素（Gn）闭经，即卵巢功能衰竭；如发生在40岁以前，称为卵巢早衰（premature ovarian failure，POF）。

卵巢早衰在现代医学上难以逆转，但是在中国传统医学上，则只认为是阴气亏损，改善一下饮食就可以了。

卵巢早衰改善的标准有以下几个：

（1）体型不再水肿，但体重没有变化。

（2）腹部消下去，夜晚没有疼痛感觉。

（3）不会出现尿频尿急的现象。

（4）脸上的痘痘不会轻易冒出来。

（5）没有出现心烦意乱，甲状腺的分泌值也没有变高或者变低。

别以为在美容院就可以让自己的卵巢早衰得到扭转，这在医学上不太可能实现的事情，美容院也绝不可能做到。

基础FSH和LH均小于5 IU/L，则为高促性腺激素（Gn）闭经，同样不是好事，这是提示下丘脑或垂体功能减退。

下丘脑或垂体功能低下，变相地在说明身体的调节能力下降，气温稍微一变化，就很容易生病感冒，更别说去高海拔地区旅游了，就算去了也是到高压氧气仓里做理疗。

应对的办法也不是没有，多运动，最好是有高潮的性生活，强化垂体分泌，促使垂体功能强化，如果完全没有任何感觉的性生活，那就是负累。

基础FSH/LH大于2 ~ 3.6（FSH可以在正常范围内），则是卵巢功能不良（diminished ovarian reserve，DOR）的早期表现。

卵巢功能不良可不能轻视，在受孕时将会影响受精卵细胞的发育状态。2000—2010年《自然》刊登的现有科学数据显示，在卵巢功能不良的情况下受孕会出现下述现象：

（1）65.45%会导致胎儿肢体残缺，严重的会出现器官缺损现象。

（2）33.68%会出现死胎，或者毫无征兆的流产。

（3）53.41%会出现新生儿夭折。

卵巢功能不良所诞生的婴儿会百分之百地遗传来自母系的遗传疾病，隐性、显性统统都有，不会落下。

卵巢功能不良的改善办法：

（1）正常饮食、作息，禁烟限酒，远离二手烟。

（2）有条件的就一周泡一次温泉，或者到海边散步。

（3）别进行费心神、费体力的工作，即便是普通工作量也要每天控制在6小时以内，而且还不能连续作战。

（4）偶尔轻轻地揉按一下腹部。

其实，去医院揉按一下腹部还真是小题大做，但选择去美容院也必须注意，别让美容师过分用力揉按，因为卵巢很容易受到强大外力影响而破裂。

基础LH/FSH两者均大于2～3，而且身上的毛发旺盛，那就是多囊卵巢综合征（poly cystic ovarian syndrome，PCOS），身体没有多少毛发也是诊断PCOS的主要指标。

多囊卵巢综合征不会影响生育过程，但会影响怀孕的概率，还会让女性有一种性亢奋的倾向。

多囊卵巢综合征唯一的负面影响，就是生出来的孩子很容易出现外倾型精神障碍，例如反社会人格，或者是暴力狂等。

多囊卵巢综合征的改善办法：

（1）不要过分压抑自己的性欲。

（2）多吃水果，适量地做一些运动。

改善多囊卵巢综合征需要慢慢调理，可以多做些力度柔和的下腹部按摩。

2. 雌二醇（E2）

雌二醇由卵巢的卵泡分泌，主要功能是促使子宫内膜增殖，促进女性生理活动，也就是决定了女性子宫内膜的状态。

基础雌二醇大于165.2～293.6pmol/L（45～80pg/mL），不管是什么年龄，也不管FSH如何，均提示生育力下降。基础雌二醇大于或等于367pmol/L（100pg/mL），卵巢反应更差，即使FSH小于15 IU/L，也基本无妊娠可能。

但是不用绝望，因为这种状态是可以改善的，适量抑制一下它的分泌状态就好，不过烟酒史超过十年的女性就真的没有扭转的资本了。

基础雌二醇分泌少也不是好事，当基础雌二醇水平低于73.2pmol/L，提示卵巢早衰会出现或者已经存在。

雌二醇也是监测卵泡成熟和卵巢过度刺激综合征（ovarian hyperstimulation syndrome，OHSS）的指标，也不要把卵巢过度刺激综合征不当回事，一般是由体外人工受孕引起的并发症，但即便没有人工受孕也会引发，概率是20%左右。患者会出现全身水肿、胸腔积液、盆腔积液，凡是身上有空隙的位置全部积液，整个人像是被注水一样。这个病解决起来也不难，只需强化身体的水分代谢就足够了，不会对生命产生任何威胁，但是会对体型造成些许影响。

女孩8岁之前，血液中雌二醇水平升高超过275pmol/L，那就是性早熟的激素指标之一。女孩过早出现身体成熟，也不是什么好事，会提前来月经，乳房提前发育，提前产生同龄人不该有的毛发，总之会惹上一大堆不必要的麻烦，会对女孩本身造成很大的心理负担，而且无法逆转。

别指望美容院或者美容会所能解决雌二醇的分泌问题，90%以上的美容院要是知道荷尔蒙当中有雌二醇这个项目已经很不错了，但美容院不太能改善雌二醇这种荷尔蒙分泌的问题，除非平均每10mL的产品中含有60%以上的胎盘素，事实上也不太可能，毕竟费用太昂贵了。

3. 催乳素（PRL）

催乳素是由垂体前叶的泌乳滋养细胞分泌的蛋白质荷尔蒙，在非哺乳期，女性血PRL正常值为5.18 ~ 26.53ng/mL，男性还没有定论。

PRL水平随月经周期波动较小，但具有与睡眠相关的节律性，入睡短期内分泌增加，醒后PRL下降，下午较上午升高，餐后较餐前升高。

如果睡眠时间不规律，催乳素分泌紊乱，大部分的女人就会感觉到自己的乳房时不时有肿块，有时摸得到有时摸不到，还以为自己是乳腺癌前兆，如果是男性，就是胸口胀痛。

PRL的分泌受多种因素影响，例如饱食、寒冷、性行为、情绪波动、刺激乳房等均会导致PRL升高。

PRL大于或等于25ng/mL，或者高于实验室所设的正常值均为高催乳素血症。是最常见的腺垂体疾病，如果不是怀孕、药物及甲状腺机能减退的影响，那么对于女人来说就有点悲哀，这种病以时不时地流出乳汁和性腺功能减退为突出表现，同时性欲降低，有点抑郁症的感觉，出现早衰现象。男性患者则主要表现为性欲减退、阳痿，严重者可出现体毛脱落、睾丸萎缩、精子减少甚至无精症。

PRL大于50ng/mL者，约20%有垂体泌乳素瘤；PRL大于100ng/mL者，约50%有泌乳素瘤，可行垂体CT或磁共振检查；PRL降低者，见于席汉综合征、使用抗PRL药物。

PRL大于50ng/mL并不会造成什么生命危险，最负面的结果就是乳房萎缩或者乳房里出现肿瘤。美容院里很多丰胸的项目乱搞一气，但殊途同归地都是用药物强化了催乳素的分泌，短时间内把胸部增大了50%以上，但几年过后，胸部恢复原状已经是最理想的结局，最不理想的结局就是造成胸部大小比例悬殊。

PRL过高可抑制FSH及LH的分泌，间接抑制卵巢功能，影响排卵，导致性早熟、原发性甲状腺功能减低、卵巢早衰、黄体功能欠佳、神经药物刺激（如氯丙嗪、避孕药、大量雌性荷尔蒙、利舍平等）。10%~15%多囊卵巢综合征患者表现为轻度的高泌乳素血症，其可能为雌性荷尔蒙持续刺激所致。所以很多美容院在丰胸时，惊讶地发现丰胸的效果竟然可以影响排卵，也可以让一个活蹦乱跳的女人变得文静起来，或者可以改变一个女人过于情绪化的样子，所以就拼命吹嘘丰胸的好处。实际都是催乳素激增的表现，并不是丰胸能有多大的附带效果。

正常状态下没有必要把催乳素降低，因为这样垂体功能也会跟着减退，个人的平衡感会锐减。

4. 睾酮（T）

雄性荷尔蒙由卵巢及肾上腺皮质分泌，雄性荷尔蒙分为睾酮和雄烯二酮两大类。女人绝经前，血清睾酮是卵巢雄性荷尔蒙来源的主要标志，绝经后肾上腺皮质是产生雄性荷尔蒙的主要部位。99%以上的睾酮在血循环中与肝脏分泌的性激素结合球蛋白（sexhormone-binding globulin，SHBG）结合，呈无活性状态，只有1%的游离睾酮有生物活性。胰岛素抵抗的代谢紊乱者，在SHBG水平下降，游离睾酮升高，而总睾酮并不升高的情况下，才会出现高度雄性荷尔蒙血症的情况。

睾酮是提升女人运动力的主要能源，如果分泌很少，再怎么美丽的女人也只能病快快地躺在床上做一个“林妹妹”了。

睾酮不可能完全耗尽，完全耗尽了，女人在72小时内肯定会死于糖尿病急性并发症的代谢紊乱。

睾酮过多会出现以下症状：

（1）女性短期内出现进行性加重的雄性荷尔蒙过多症状及血清雄性荷尔蒙升高，往往出现卵巢囊性化肿瘤，这可是畸形瘤，遇上医术不高明的医生，就会把子宫和附件全部切掉。

（2）睾酮水平通常不超过正常范围上限的2倍。雄烯二酮常升高，脱氢表雄酮正常或轻度升高，女性的身体会长出很多毛发，体格变得粗壮，这种情况并没有太大问题。但血液内的睾酮值呈轻度到中度升高，且长期不排卵，那就是多囊卵巢综合征，这种病会影响将来出生的孩子的心智。

（3）血清雄性荷尔蒙异常升高，睾酮水平升高超过正常值上限2倍以上者，有40%的肾上腺会分泌雄性荷尔蒙的肿瘤，这个是腺性肿瘤，极少会导致死亡，但一定会影响身材。

（4）性取向错乱，这个结果已经过若干科学观察，不用再质疑，睾酮短时间内剧增，会让女人心理状态男性化，即传说中的“女同”。

睾酮天生就相当稳定，在众多荷尔蒙当中，它算是罕见的稳定，只有遇上诱发雄性荷尔蒙突变的药物时，才会变得不安分。平时很安分的宝宝不安分起来，那是相当恐怖的。据报道，某个国家曾使用药物让女运动员的爆发力激增，扰乱她们体内的睾酮，但服用后有1/3的女运动员由于各种原因神秘死亡，1/3的女运动员成了同性恋，还有相当部分的人做了变性手术。

5. 黄体酮（P）

黄体酮，也叫孕酮、黄体荷尔蒙，是卵巢分泌的具有生物活性的主要孕荷尔蒙。排卵前，女性体内每天产生的黄体酮的量为2～3mg，主要来自卵巢。

排卵后，黄体酮每天上升20～30mg，绝大部分由卵巢内的黄体分泌。黄体酮可以保护女性的子宫内膜，在女性怀孕期间，黄体酮可以给胎儿的早期生长、发育提供支持和保障，而且对子宫起到一定的镇定作用。另外，黄体酮和雌性荷尔蒙的关系密不可分，两者都是相当重要的女性荷尔蒙。雌性荷尔蒙的作用主要是促使女性第二性征发育成熟，而黄体酮则是在雌性荷尔蒙作用的基础上，进一步促进第二性征的发育成熟，两者之间有协同作用。

黄体酮最重要的作用是判断排卵，黄体中期（月经周期28日的妇女为月经第21日）P大于15.9nmol/L提示排卵，如果之前使用促排卵药物时，可用血黄体酮水平观察促排卵效果。

黄体期间，如果黄体酮水平低于生理值，提示黄体功能不足、排卵型子宫功能失调性出血，医生多半诊断为黄体功能不全（luteal phase defect，LPD）。很多女性偶尔有阴道出血现象，血量不多，也会惊慌失措地将此认定为宫颈癌的前兆，但到医院检查发现什么事都没有，就是这个原因引起的。

很多生殖美容的项目都会促使黄体酮低于生理值，主要是因为产品中含有大量的雌性荷尔蒙，当身体吸收了大量的雌性荷尔蒙时，就会相对抑制黄体酮的分泌。

如果P小于4.77nmol/L（1.5ng/mL），则提示过早黄素化，一般这个指标是需要做试管婴儿时才会去检查。如果对此不慎重处理，试管婴儿往往会无法存活，或者发育不良。

如果P大于47.7nmol/L（15ng/mL），甚至大于或等于79.5nmol/L（25ng/mL），预示着会出现宫外孕的可怕情况，因为正常宫内妊娠者

90%的P值大于78nmol/L。不管有没有怀孕，只要你是女人，同时出现不安全的性行为，这个危险的概率就会存在。

如果怀孕了，在孕12周内，黄体酮水平低下，则早期流产风险高，这时要监测黄体酮水平，如果一直呈下滑趋势，流产的概率在70%以上。

更可怕的是，单次血清黄体酮小于或等于15.6nmol/L（5ng/mL），可能是死胎。所以，怀孕的女性千万不能做生殖美容，原因就在这里。由于缺乏必要的避孕意识，不少女性在意外怀孕后去做人工流产的不在少数，随着人们性意识的不断开放，做人工流产的女性群体更是呈现出年轻化的趋势。需要特别提醒的是，不小心怀孕必须做人工流产时，一定要选择去正规的三甲医院。人工流产的手术中，需要做一次彻底的清宫，以防日后出现子宫内膜变异或者子宫内出血。

对于医生而言，这么做是为了安全考虑，避免再动一次手术；对于女性而言，清宫对身体的创伤是相当剧烈的，而且绝对会使子宫口的部分腺体遭到破坏。

可能大多数女性不会把子宫口的腺体当回事，因为那里不存在末梢神经，怎么破坏都不会有疼痛的感觉，只会有麻胀的感觉。但是随后的子宫颈肥大，引起子宫内膜炎、输卵管炎、卵巢炎、输卵管粘连或阻塞，最轻微的影响就是不孕不育，最严重的后果则是盆腔性水肿。也许对于不孕不育未必会觉得是很大的问题，但是盆腔性水肿绝对是女性的噩梦。罹患盆腔性水肿，不管再怎么努力健身减肥，患者的下腹部总是鼓胀着，而且永远不会消下去，好像孕妇一样。

想要消减水肿，是一个相当漫长的过程，主要是炎症降解，同时把粘连的部分慢慢重新扩张，重点是没办法通过外科手术一次性解决，病情严重的还要进行盆腔内、子宫内积液引流。

子宫口腺体被破坏还是可见的创伤，子宫体因为清宫的原因被刮薄了。怀孕时，若子宫内膜过薄，受精卵在子宫内着床发育便很容易引起宫外孕，会不会影响体型就不得而知了，但是生命受到威胁是很难避免的了。

根据2000—2006年《世界流行病学》对于宫外孕紧急处理的调查显示，宫外孕的患者通常都伴随阴阜过度膨胀、阴毛杂乱、大小阴唇干涩这三大典型特征。由此我们可以推断，因为子宫壁的薄弱，腺体分泌受到影响，所以阴阜所在的腺体过度饱胀，而大小阴唇的巴氏腺则是呈现枯竭状态。

我们也有机会重新修复内膜和子宫壁，只不过要讲究一种荷尔蒙的搭配。

在这里，我们给大家提供一个相对简单的方法。

【材料】草鱼的鱼卵300克，当归100克，哈密瓜肉500克，鸡肉500克。

【做法】将全部材料洗净，放进1000毫升的清水当中，煲2小时，要不要放姜片去除腥味，则是个人喜好了。

【功效】利用哈密瓜肉中的微量元素和草鱼鱼卵中的卵磷脂相结合，促使子宫内膜尽早形成，为子宫体的恢复赢得缓冲时间；同时鸡肉的肉质蛋白和当归可促进子宫体的自我修复，避免盆腔的腺体紊乱。

【特点】不算是滋补类的做法，更多是促使组织器官的快速修复。

其实，预防宫外孕不在于对外阴的观察，更重要的是对男性的观察。

生殖美容不仅仅是为了满足两性的欲望和需求，更多是为了健全身体的防御机制，保证腺体不受损伤，同时也是为了让女性更好地孕育下一代，但绝对不应该是为了圈钱。所以，在这里值得一提的就是生殖美容的营销模式。出于人类繁衍的本能，生殖美容已经成为潮流，由于混杂的因素太多，我们必须知道它相关的内在规则，否则弄巧成拙是常有的事。

生殖美容营销大背景

2004年非典刚过，全球养生产业都进行了评估，《纽约时报》马上针对生殖美容项目专门做了评估分析。分析指出，生殖美容不仅将在未来的50年内处于优势地位，甚至可以说在有人类的时代，它都不会消失，因为人类的本能之一就是情欲，而生殖美容就是让情欲变得更有美感。

随着女权主义的蓬勃发展，女性开始追求情欲的主动权，生殖美容的技术必定会日新月异，在未来的30年内，一定会出现对生殖器的纳米修复技术，从而使人类的生殖器恢复到18岁时的健康状态。理论上是如此，但在实际操作中，可能会因为缺乏检验而让很多生殖美容项目成为空中楼阁。生殖美容最直观的检验，除了性爱过程外，就是女性自己的腺体分泌状况和身体衰老状况，而盆腔修复、产后修复则是帮助女性知道生殖美容的效果。女人想为自己争取更多的健康利益，毫无疑问就要从生殖美容开始，因为这是女人自信的根本。但怎么才能让更多的女人重视生殖美容，让她们知道生殖美容对于健康的意义，所以生殖美容的营销有其存在的价值。

现阶段的男性生殖美容，更多强调的是功能的保养，至于能否恢复到年轻时的状态，绝大部分的男性都不会在乎，他们只在乎生殖器能用、持久和前列腺健康这三大点。欧美和东南亚地区对于男性生殖美容都保持在一定的消费水平，不会提升也不会降低，原因是当地人都是把这种美容当作是一般的保养，不会给予特殊的界定。在欧洲的丹麦、法国、意大利等地，生殖美容完全是以居家用品为主导，和一般的脸部美容、身体美容一起被纳入身体保养的范围，不会被区分开来。日本的男性最注重生殖器的保养，甚至日本的男性从小就被灌输对生殖器保养的观念，这让日本的生殖美容在“二战”以后有了快速的发展。最初的理念是为了能生育优质的下一代，同时日本国民对性文化持开放的态度，这为生殖美容的发展打下了牢固的基础。如果未来100年，日本本土没有发生大规模战争，生殖美容在日本将是一种稳定的财富。

其实，对于男性生殖美容，有两个潜在的市场：一个是印度，另一个是中国。印度的男性约占印度总人口的3/5，而且穷人较多，暂时不可能产生太多的保养性消费。如果要在印度发展男性生殖美容项目，至少在未来30年内都不具备实际操作性的条件。此外，印度历来环境恶劣，感染性极高，因而印度男性的生殖器免疫力较好。效果温和的生殖美容产品在印度绝对没有竞争力，主要是起效慢。所以，印度的男性生殖美容发展很受限，有落后的原因，也有本身传统观念固化的原因，特别是古老的印度神油被使用了上百年。与印度相比，中国的男性占全国总人口比例较高，保守估计每年有几千万单身男性。因为有传宗接代的传统观念，所以中国男性自我保养意识还算好，大部分的城市人都会有额外的保养消费。

虽说近二十年来中国人的思想观念逐渐开放，但依然没有摆脱几千年来传统羞涩的观念，对于自己生殖器的问题一直都不能正面、积极对待。因此，虽然在美容方面消费潜力巨大，但是美容的方向未必是生殖美容。现在，让中国男人愿意在生殖美容上消费的理由只有一个，科技生活逐渐代替了传统办法和偏方，不管懂不懂，总是希望追求一些高科技的东西来改善身体和生活。同时，中国男人的保养意识一直都很强，谁有效果就信谁，在科技不发达时只能信赖偏方，科技发达之后有高新技术产品问世时，就可以完全撇开偏方了。在效果得到保证时，哪个比较方便就用哪个，因而不会有所谓的“中国神油”。

比起男性生殖美容的尴尬，女性生殖美容则显得光明磊落。谁都知道女性需要被关爱，而且在医学上女性的生殖器也比男性的复杂，所以女性生殖美容可以在许多国家大行其道。根据2010年第六次人口普查和2011年流行病学统计，中国现有成年女性人数平均每年保持在5亿，已婚女性人数平均每年保持在2.4亿。粗略估算，到医院妇科门诊就医和检查的女性数量，从1990年每年0.12亿人次增加到2010年每年

1.7亿人次。由此可见，一方面，中国女性的妇科问题不断增多；另一方面，中国女性对于自己的生殖器已经有相当的认识。

健康是永恒不变的话题。虽然，有健康并不一定会拥有一切，但是，没有健康就真的会失去一切。随着医学科技的日益发达，60%以上的人开始关注健康，同时也产生了健康美容的意识。时下流行这样一句话："健康一个女人，幸福一个家庭，和谐一个社会"，女性健康是家庭幸福的基础，是家庭健康系统的纽带。

随着女权主义的崛起，女人的要求越来越多，择偶标准也越来越高，而且中国每年至少有三千多万单身人士，这些单身汉中，肯定有不吸烟、不喝酒、不熬夜的人选。男人不健康的后果，大家是知道的；女人不健康的后果，大家是可以想象的。

女人一旦有病，就很容易会传染给自己的小孩，那么小孩就会遭罪。如果十万个女人有妇科病，社会资源就会出现失衡的状态；如果一百万个女人的生殖器存在问题，民族至少颓废一个年代，直到自身的生物细胞出现抗体和自发产生免疫为止。因此，"关爱女性，关注生殖健康，提高国民健康水平"将会为中国政府的目标和任务，主要是中国在19世纪以来对于性科学接触太少，而现在的先天遗传缺陷、后天发育障碍……一系列问题的解决都涉及性科学，因而需要中国医学界把远远落后的性科学重新发展起来。

女性生殖美容营销的硬伤

中国现有的女性生殖科学，基本是从国外"拿"来，但"拿"得很零散，尚无构成完善的体系。国外比较先进的性教育理念，各种性教育启蒙的方式、方法，还有在两性问题上的诊断及处理方式，中国目前尚未真正接触。

所以，目前中国对于女性性科学几乎是空白的，接触的人大多是临床医学的妇科出身。结合世界卫生组织2002—2005年的一项妇女美容保健调查与2005年国内妇女组织专门针对美容院的妇女保健项目的鉴别调查，我们发现：中国美容保健行业的生殖美容从业人员中，由妇科权威专家兼职担任的，占15%；做过医生护士，懂一点医学诊断的，占26%；余下的几乎没有什么医学背景。

妇科学和女性性科学两者之间有着本质的区别。妇科学研究的是女性生殖器的疾病，只要一个女人觉得自己的生殖器无痛、痒、异味，月经周期正常，生理期稳定，那么妇科医生就不会认为这个女人有病。女性性科学研究的是生殖器的功能是否达到最佳效果，同时有没有存在衰老、松紧、韧度、弹性、湿度的差异，还有很多男女之间的感觉适应性，怎样才能孕育出优秀的下一代等，这些基本上是妇科学不涉及的。

生殖美容产业如果建立在妇科学上，所能发展的前景有限。

2010年《纽约时报》依据当时公共卫生官方网站的资料得出如下结论：

90%以上的成年女性存在生殖健康问题；

85.6%的离异是因为夫妻生活不和谐所致；

75%以上成年女性患有阴道炎症；

70%以上成年女性患有不同程度的宫颈糜烂（虽然现在已经不认为是病态了）。

相关专家根据上述现象断言：生殖美容是未来50年内不会衰退的行业。但也只是20～50年，随着生物化学发展领域的不断扩大，以后的美容产品都会有生物技术水平渗透、呈现出立体化定位，光依靠妇科的诊断已无法支撑生殖美容产品所需要的拓展。我们不得不说，依赖妇科学发展起来的生殖美容，有着太多的局限性。

一个女人即将有子宫肌瘤，而且有一点点预兆，但是在妇科医生的眼中，只要诊断不出问题，这个女人就没有问题，因为肌瘤还没有形成。全球每年约有60万人被确诊为宫颈癌，每年因此死亡的人数也在15.5万人次以上。科学已经证实，HPV（人乳头状瘤病毒）是导致宫颈癌的“元凶”，成年女性有20%～50%会感染HPV，HPV感染具有相当的隐蔽性。医学发展到现阶段也只是有了疫苗生产，还没有靶向治疗HPV的技术和药物，所以死亡率依旧非常高，这引起了世界各个国家和政府的高度重视。预防HPV的市场是一个拥有巨大社会效益和经济效益的市场，中国是一个有13亿人口的大国，预防HPV市场份额高达8000亿元。遗憾的是，妇科的预防性诊断对于HPV还存在很多盲点，并不是所有的妇科专家都能诊断出HPV的预兆性，目前妇科还没有完全解决这一世界难题，只能依赖最原始的性科学和生物学的结合。

生殖美容更多的是对生殖器的健康保养，与妇科的治疗相比有点不同。就像吃营养保健品和吃药存在区别一样，从医学角度来说，生殖美容更是预防性措施。

生殖美容应该建立在性科学的基础上，进行的是立体性保养。什么是立体性保养？就是不仅仅针对出现问题以后的处理，也不仅仅是针对事前的防御，更多的是根据一个女人自身的情况，知道她的生殖器处于什么样的状态，她所需要的是生殖器的抗衰、修复、消炎还是功能的拓展，然后根据这个女人的个人意愿进行相应的调整。

因为妇科学更多的是面向疾病和缺陷状态，操作太受局限，比如面对一个宫颈癌患者，医生只能为她做宫颈切除或者全宫摘除手术，而不能顾及她的阴道是否已经松弛，或者阴道内的分泌是否已经不足以滋润阴道。

生殖美容既然是建立在性科学上，同时也有妇科学的医学技术作为辅助鉴定，有着科学性和严谨性，而且生殖器是人体最复杂的器官，直接关系到人类种族的繁衍，那么必然和其他医学产品有着本质的区别。拿着一大瓶维生素C或者维生素E，商家可以把产品的功能吹到天上去，怂恿顾客狂吃一通。因为维生素C很容易代谢，随便跑上几百米就可以了。超过就肯定是维生素C中毒，但也不是什么麻烦事，顶多荷尔蒙失调72小时。但拿着一款阴道紧缩液，或者阴道酸碱度调理液，美容企业就不能把产品的功能吹到天上去。阴道的缩紧是以阴道为核心的五个肌肉丛运动，不可能用一种产品就让肌肉运动同时调节阴道分泌的酸碱度，至少在理论上就行不通。而且拼命用阴道紧缩产品，只要稍一过量，阴道壁就会产生粘连现象，完全黏在一起是不可能的，只是会出现一种分泌物很黏稠的现象，有很多残渣，导致原有的阴道分泌失效，那么就会间接产生霉菌，可以说牵一发而动全身，这是超级麻烦的事情。

之前因为不知道相关的理论，而且妇科学在性学上也是弱项，所以大众在完全无知的状态下，只有相信那些算是接触过妇科学的所谓专家。所以，我们之前看到的所谓缩阴棒、调理液、回春术……每一样都把自己说成是灵丹妙药，拼命忽悠顾客购买，恨不得顾客24小时都在用。其结果就是过后几年里，妇科疾病横行，子宫癌、卵巢癌不期而至，都是因为滥用生殖产品所致。

生殖产品也不是完全没有作用，不管是男性的生殖器还是女性的生殖器，都属于迟缓性敏感部位。何谓迟缓性敏感部位？就是用了产品以后，不会马上产生反应，需要经过一段时间之后才会突然产生剧烈的生理性反应。最致命的是，不管用哪一种生殖产品，生殖器都需要一段时间的吸收才能真正体现出产品的效果，而出现效果时，要么很理想，要么惨不忍睹。如果没有生物化学医学背景且经验丰富的性学家，是看不清某些生殖产品对生殖器的真正作用的。

抽象的理论就说到这里，以上只是希望大家能清楚妇科学和生殖美容有着很大的区别，妇科医生一般管女患者酸、麻、胀、痛、痒，不会管患者生殖器的使用效果如何，更不会在乎生殖器的美观度。

上述就是生殖美容营销的硬伤，但往往因为暴利而被忽略。

生殖美容的确有着丰厚的利润空间，但必须从医学的严谨立场出发，让那些根本没有医学背景的冒牌货出局，也让那些没有系统学习过性医学的所谓专家靠边站，这里不是他们的施展“才华”的舞台。我们必须再次提醒：虚假的生殖美容产品不仅容易危害个人健康，而且更容易影响下一代的健康成长。

Chapter 9 美容界中的易筋经
——筋膜美容

筋膜是否重要，就要看你是不是很看重自己的身材了。如果不介意自己的身材走形，那么筋膜可以是很次要的。如果很看重筋膜，运动是必不可少的，但并不是强烈的运动就可以让筋膜得到很大的锻炼。

相对而言，四肢和身段的美容、脸部肌肉调整美容这些美容方式，都不如筋膜美容来得更有实际意义。因为从人体的组织结构角度来看，人体基本的框架就是骨骼，填充骨骼的就是肌肉，支撑起骨骼生长和肌肉运动的能量供应点就是各个内脏器官，而联系这几大系统的就是筋膜结构。

运动能减肥，这是所有人的共识，但什么运动才能真正减肥？

日常生活中我们经常看到，那些两百斤重的胖子气喘吁吁地运动，但他们恢复到原有的水平了吗？显然没有。那些爱美的女士天天做瑜伽，为什么大部分依然肥胖？其实，更多女人只是通过瑜伽锻炼了肌肉，却没有锻炼肌肉中最根本的筋膜，筋膜结构没有得到调整，肌肉就会松弛，脂肪也会反弹，很多女人对减肥可谓声泪俱下，恐怕都是因为不懂体型和体重产生反弹的原因。

不仅仅在减肥当中有明显表现，在身体的美容当中，体型的塑造，身段的恢复，水肿的消除，以及皮肤弹性的恢复，全部都和身体的筋膜组织分不开。

筋膜究竟是何方神圣

为什么筋膜在身体美容中起决定性作用?

人的筋膜结构分为三层:

第一层,浅筋膜。位于皮下,又称皮下筋膜,由疏松结缔组织构成,其内含有脂肪、浅静脉、皮神经以及浅淋巴结和淋巴管等。脂肪的多少因身体部位、性别和营养状况而不同。临床常进行的皮下注射,即将药液注入浅筋膜内。这层筋膜只是浅浅地包裹着身体,类似于我们日常所接触到的保鲜膜,主要作用是防止身体里的水分及液体往外渗漏。

第二层,中层筋膜。指包裹肌肉的筋膜,我们所看到的那些肌肉男,他们的肌肉膨胀起来时鼓鼓的,我们也能看到很粗大的静脉血管。在透视镜中,我们可以看到肌肉组织并不是很巨大,而是包裹着肌肉的一层白色的物质很粗大,而且那些白色的物质也把血管包裹住,同时也显得血管很粗大。这个就是中层筋膜,它的作用在于不让肌肉过分地膨胀而伤害到血管。

第三层,深筋膜。位于浅筋膜深面,又称固有筋膜,由致密的结

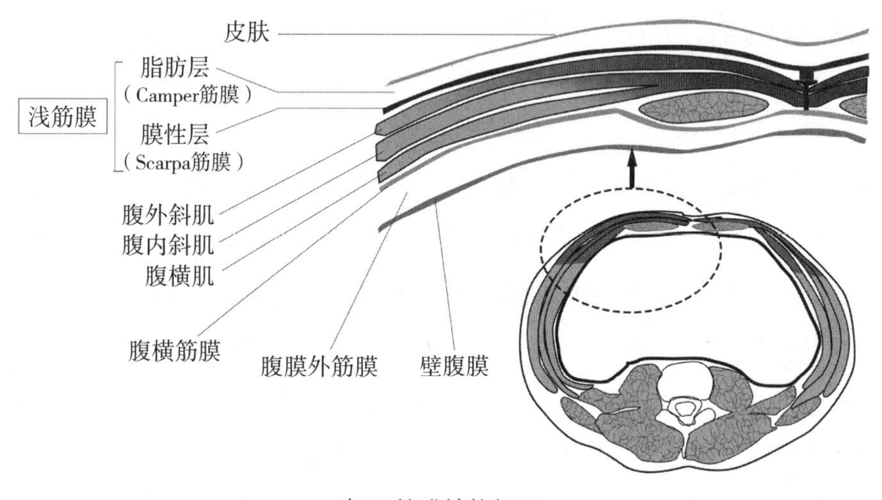

躯干筋膜结构细图

缔组织构成，遍布于全身且互相连续。深筋膜包被肌或肌群、腺体、大血管和神经等形成筋膜鞘。四肢的深筋膜伸入肌群之间与骨相连，分隔肌群，称肌间隔，它的作用就是维系内在的所有架构，深筋膜一旦被破坏，身材就会走形。

筋膜是否重要，就要看你是不是很看重自己的身材了。如果不介意自己的身材走形，那么筋膜可以是很次要的，毕竟支撑身体的是骨骼，填充身体的是肌肉，丰富身体的是脂肪。筋膜只是维系身体各个部位的平衡状态，我们不时看到“小鲜肉”忽然变成一坨“肥肉”，或者是“仙女”瞬间变“路人”，就是因为筋膜结构遭到破坏或者变形。

为什么会遭到破坏？怎么修复？这些重要且敏感的话题我们稍后会进行详细解释。

如果很看重筋膜，运动是必不可少的，但并不是强烈的运动就可以让筋膜得到很大的锻炼。在一定范围内，身体筋膜的巩固和身体的运动量成正比，但如果超出了身体的承受能力，运动量过多，筋膜就会面临撕裂和萎缩的可能性。对于一些世界运动冠军，我们不难看出，很多人因为过强的身体训练，到了最后身体肌肉产生了萎缩。其实萎缩的不是他们的肌肉，肌肉当中的纤维一点也不会少，但是因为筋膜被巨大的运动量撕裂，没有办法往肌肉中输送氧分，形成了肌肉内的生理萎缩。好比一个巨大的要塞，里面的人全军覆没，没有人启动完善的防御系统，那么一群童子军都可以把它攻陷。

筋膜的分布

筋膜主要分布在肌肉层内，协调每块肌肉之间的平衡发展，维持血管的舒张度，使血管内的血液得到正常供养。如果只是利用骨骼的活动带动肌肉，那是相当枯燥的。机械手臂就是那样的原理，有了肌肉层里的筋膜舒张，肢体才具备灵活性，老年人动作迟缓、僵硬，就是因为筋膜衰退或者脆弱，连带影响肌肉产生僵硬。

分布在肌肉层的筋膜大概占人体筋膜总量的50%左右，营养充足就会增厚，营养不够就会衰弱、软化，营养过剩就会硬化。

内脏的肌肉层也有筋膜，起到协调内脏的正常蠕动、维持内脏细胞的正常代谢的作用。每个内脏的蠕动都不一样，例如吃东西的时候，胃部蠕动会明显加快，蠕动量也增多，这时内脏肌肉层的筋膜就要协调好胃部的蠕动，还有保持与周边器官的接触，不让某个器官过度活跃而导致身体其他器官受累。

分布在内脏肌肉层的筋膜占人体筋膜总量的25%左右，依据个人饮食习惯而产生变化，只要生活规律，这部分的筋膜极少出现问题。所以长久的生活规律一旦被打破，首先产生变化的就是人体的躯干，而且多半是肚皮。

值得一提的是，男性生殖器里的筋膜比女性的多占据了5%左右。如果生殖器的筋膜产生任何劳累的现象，那么举而不硬、硬而不久就是常有的事情。

骨骼与肌肉之间有少量的筋膜，帮助骨骼牵引肌肉，以及让肌肉得到充分的能量。肌肉就是这部分筋膜相当强悍，有力地支撑了肌肉的爆炸性膨胀和巩固，整个身体可以像石头一样硬邦邦。肌肉传递的力量也可以相当惊人，拳击比赛中，不是谁的肌肉多谁就赢，而是谁能运用筋膜调动肌肉的力量，谁就能笑到最后。

分布在骨骼与肌肉之间的筋膜占人体筋膜总量的15%左右，根据个人的运动量而发生变化，运动多了，筋膜就会健康，运动少了，筋膜就会松弛。

骨骼与骨骼之间也有少量的筋膜，多用于缓冲骨骼之间的直接摩擦。其实，减少骨骼与骨骼之间的摩擦，应该是骨头上的骨胶原要干的事情，但人体分泌的骨胶原是流质性的，所以需要强大的筋膜进行巩固。我们吃鸡腿时，会发现鸡腿煮得再烂，鸡腿的筋膜还是没有发生太多的改变。尸体腐烂了几百年，只要它的筋膜还在，就不太容易散架。

分布在骨骼与骨骼之间的筋膜比重很少，不到10%，却是人体当中最不易衰老的组织，这部分的筋膜跟遗传有关，纯种人的筋膜比较扎实，混血儿的筋膜就相对薄弱。

女性不注重筋膜也是情有可原，美白与它无关，柔嫩与它无关，清爽与它无关，斑痘疹之类更是与它无关，也就是皱纹与其沾边。有肌肉的地方就一定有筋膜，但皮脂腺体附近的筋膜少得可怜，主要是维持腺体上神经和血管的运作，即便少了筋膜，血管和神经照样工作，只不过效率就低了一大截。不注重筋膜保健的女人一般都不爱运动，最终导致体型臃肿。

人体筋膜的实际作用

人体筋膜的作用主要是维持人体肌肉的舒张度，因此筋膜如果损伤，肌肉就会不可避免地产生萎缩，即便只是简单的劳损，都会导致肌肉酸软无力。当然，这还不是肌肉无力的征兆，只是身体已经无法适应大量的运动。现有的研究还不能证明筋膜是否可以再生，起码男性生殖器中的筋膜就不可能再生，所以还是好好保养比较稳妥。

当人体要运动时，筋膜负责牵引骨骼与肌肉之间的协调，如果筋膜过度劳损，血管同样无法产生足够的供血能力。新闻上也有不少运动员猝死的信息，这就是最大的原因。

筋膜可减少肌肉间的直接摩擦，保证每一块肌肉或者肌肉群都能独立完成活动，更多是维持人体的运动能力以及运动当中的协调能力。胖子的协调能力特别差，不是因为他们脂肪过多，而是没有足够的筋膜供他们进行运动时的协调。

筋膜可约束肌腱，改变肌肉的牵拉方向，起到调节肌肉的作用，避免肌肉出现过劳而没有知觉，同时预防身体的危险动作。很多民间艺术，为了达到效果，几乎都是以过量牵拉的方式破坏小孩的肌腱筋膜，让小孩可以做到最柔软的动作，可等孩子成年以后，如果不维持足够的运动量，那么身体就会臃肿不堪。看看运动员和舞蹈演员就知道了，只要一离开舞台或者退役，马上就会变成胖子。

筋膜可对外力及内部运动起到缓冲作用，长期受牵拉和压迫的部位会囤积脂肪，因此形成脂肪垫，例如臀部。臀部最容易囤积脂肪，这是因为地心引力的作用，所以很多女孩臀部连带下肢粗大，而上半身却相当苗条。

预防外伤时，肌肉因为失血而产生萎缩。所以一旦产生骨折，或者形成大面积的创伤性伤口，伤口周边的皮肤和肌肉就会最大限度地收缩起来，防止血液流失。有些伤口结痂相当严重，就是因为里面的筋膜萎缩，所以修复身体的创口前，要先修复筋膜。

让身体纤瘦，为什么要进行筋膜拉动？

"拉筋"是近年来比较流行的一种养生新法，在很多微博、微信里，"筋长一寸，寿延十年"的说法广为传播。很多明星将之作为自己的保养秘诀，乐此不疲、推崇有加。

其实，"拉筋"就是由中国传统医学诞生出的筋膜学，筋膜有足够的韧性，能带动血气的伸展和亢奋，从而让人体得到更多的活力和养分。最有名的要数《达摩易筋经》了，书中讲述的全部都是肢体伸展的内容，配合呼吸和意念，让身体筋膜得到无限供养，这样就可以让体型和容貌都保持年轻态，一直到寿终正寝。弊端就是这种修炼需要每天花费4小时左右进行锻炼，所以千百年来只有极少数人能做到，但其原理符合人体的生理科学规则。还有一点要提醒，这个筋膜舒张是自己操作，如今我们认识到，也可以让他人对自己的身体进行操作，所以就出现了筋膜操作师。

将筋膜调节到正确的位置，在筋膜的引导和维系下，人体的基本架构骨骼就可以正常地生长，以骨骼为基础，肌肉就会顺应地发展。如果筋膜错位生长，首先会产生脂肪沉淀，稍严重一点就会压迫表皮层的神经末梢，人就会产生习惯性蚁爬感觉，就是觉得经常有蚂蚁在身上胡乱地爬来爬去。再严重一点的就会压迫体内的神经丛，让人体轻易产生各种酸、麻、胀、痛，医疗技术再高明，也找不出病因。更严重的就是直接压迫各种腺体，造成人体的内分泌失衡，或者让各种器官萎缩，产生机能瘫痪。

为什么会有肥胖和体型臃肿，如果三代人都是肥胖，那么肥胖是基因的问题，跟筋膜一点关系都没有。但如果你的父母辈身体纤瘦，而你却长得虎背熊腰，那问题就在你自己。

为什么?

小时候长时间保持同一个坐姿，会产生蚁爬的感觉，但很多人都会直接忽略，因为可以忍受，但这个恰恰是筋膜错位的表现，中招的很多都是小女孩，而且都是爱吃的小女孩。到了发育的时候，她们已经习惯了那种蚁爬的感觉，甚至很多时候扭扭身体那种感觉就可以消失了。蚁爬感就是筋膜错位的信号，会让身体误以为需要很多脂肪，一旦有糖分便会转化为脂肪储存起来，久而久之，一个“女金刚”就这样被塑造出来了。

小学时代，那些成绩优秀、性格文静、相貌清纯的女生大多习惯一动不动地坐在座位上看书学习，因此获得“班花”的美誉。然而，20年后的同学聚会，同学们会惊讶地发现，不少“班花”的颜值荡然无存，而且身材走形。倒是小学时那些经常活蹦乱跳、上课没个坐相的普通女生，竟然出落得相当丰满健康，至少在身段上成了“万人迷”。两相对比，真是让人一声叹息!

因为那些坐不住的小女生不是好动，而是她们忍受不了身上蚁爬的感觉，所以不断调整自己的姿势，在这个不断调整的过程当中，筋膜的发育得到了修正和巩固，自然就形成了苗条的身段。

现在变得虎背熊腰的你是否有点后悔自己在童年时没有抓住塑造身体的机会?不要紧，接下来我们会告诉你筋膜美容的实际操作。

筋膜有自己的规则

我们先看看筋膜当中的规则，然后利用它们的内在规则帮助我们身体产生美容的效果。

从康复医疗的角度看，筋膜广泛存在于体内各个组织器官之间，其功能是对各组织器官起到支持、限制和保护的作用，是各组织器官完成功能活动时所必需的辅助装置。肌筋膜覆盖或包裹肌肉，使肌肉紧密结合。有很多的肌肉还直接附着于筋膜上，使该筋膜成为肌肉的延续部分，因此，肌肉和筋膜在功能上可视为一个整体。

当肌肉收缩时，可以同时牵拉筋膜，使筋膜受力，并将力传递到骨骼和其他组织，从而完成各种运动。筋膜常常是同时受到几个来自不同方向的力量牵拉，所以筋膜损伤的机会较其他组织更多一些。如臀部筋膜受到臀大肌、臀中肌和阔筋膜张肌三个方向的剪力牵拉，现实中多练习左右脚的钟摆运动就可以让臀部变得紧实，多练习手臂的钟摆就可以让胸部变得紧实。

筋膜直接或间接受到高压力的作用，可使其富有弹性的纤维撕裂或者弹性减退，相关肌肉反射挛缩，导致局部缺血，并有筋膜和皮肤或连同肌肉发生粘连，甚至有的筋膜变性增厚或钙化。

脸部、胸部、腹部、臀部的下垂是有原因的，不是没有运动、运动少，或者是吃油腻的东西太多。脸部的肌肉没法做大量的运动，除了经常揉动脸部，没有其他更好的方式，胸部还可以做扩胸、深呼吸运动，腹部可以有扭腰、收腹运动，臀部就是靠经常走动。只有整个身体肌肉进行了放松和绷紧运动，筋膜受到不同程度的牵拉，才能长期供应足够的血液。

我们不难发现以下现象：

（1）大腿粗的总是办公室的久坐族。

（2）腹部鼓胀的总是宅男宅女的专利。

（3）表情生动的脸部不会显得臃肿不堪。

（4）身轻如燕的总是瘦子。

（5）老是趴着睡觉的容易发生乳房下垂。

这些统统都是筋膜在起决定性的作用！

筋膜问题一般表现为以下几个方面：

最显著的，平时运动不良或完全不运动，会引发筋膜不良增生或脆化，运动不良的标准很难定位，毕竟要每个人每天都小跑半个小时是不可能的，很多心脏供血不足的人，跑上10分钟就已经是极限了，再多跑几十秒准猝死。但不运动的一般是宅男宅女。

中年过后不注重营养均衡，也会引发筋膜炎，中年发福是毫无疑问的事情，而且各种身体机能都会下降。但这并不意味着大量补充营养就是对身体有益，营养吸收不了就会成为身体的垃圾，增加身体的负担；营养吸收了但利用不了，会成为身体的累赘，同样增加了身体的负担。不管是垃圾还是累赘，统统具有一定的重量，身体当中的筋膜首当其冲，所以胡乱补充营养，身体的筋膜组织当然成为最大的受害者。

平时跌打扭伤的旧患处理不当，会产生筋膜的变异，而完全没有磕磕碰碰，几乎很难做到。扭伤了以后还硬扛着，只有一个结果，就是筋膜错位发展，也就是变异。筋膜变异不会让你的关节产生很多不必要的肌肉增生或者结节增生，却会让你天天瘸着脚走路或者没法维持自己的正确坐姿。

内分泌失调，会导致筋膜获取养分不均匀而产生断裂现象，比如久坐一族，盆骨的肌肉没有太多的运动，筋膜产生了退化现象，部分腺体就自然断裂或者不分泌了，最明显的就是皮脂腺增厚，所以久坐一族不可能出现下身苗条的特例。

筋膜出了问题当然要处理，否则后面就会有更大的问题。

在医学古籍中，古人将筋症分为筋断、筋走、筋弛、筋强、筋挛、筋萎、筋胀、筋翻及筋缩等。筋缩就是筋的缩短，筋缩会使人体活动受限，筋缩可谓人体健康的警示信号。

从出生时可以随随便便啃食自己的脚趾，到老年弯腰拉住脚都感到困难，这一过程是一种老化过程，其中筋的老化最为严重。人老了，就会出现眼花、耳聋、背弓、腿僵、浑身没劲等现象，除此之外，还会出现筋缩。

俗话说：“老筋太短，寿命难长。”过去筋缩多数发生在老年人身上，但近十几年间随着电脑的普及，中青年人甚至是在校学生这些长期伏案工作和学习的人群也出现了筋缩现象。想知道自己有没有筋缩，可通过自查：颈紧痛；腰强直痛；不能弯腰；背紧痛；腿痛及麻痹；不能蹲下；长短腿；脚跟处的筋出现放射性的牵引痛；步伐迈不大，时常密步行走；髋关节韧带有拉紧的感觉；大腿既不能抬举亦不能横展；身体不灵活；肌肉收缩或萎缩；手不能伸屈（手筋缩短）；手、脚、肘、膝活动不顺。

如果以上症状全部出现了，筋缩的寿命也就差不多了，整个人将呈现萎缩状态。许多伏案工作者容易出现颈痛、腰背痛的症状。在医生的指导下，患者在工作之余可进行“小燕飞”的锻炼，即适当地对腰背肌进行拉筋。经过一段时间的锻炼，患者腰背痛的症状能够得到很好的缓解甚至消失。这种就是对抗筋缩的方式之一。当然，除了睡觉，每隔40分钟就调整一下姿势，也可以轻松解决筋缩的问题。睡觉时，我们的身体会下意识地进行自我调整，所以此时无须担心，但如果是昏迷、晕死状态，那可就惨了，所以有些人醒来时精神抖擞，有些人却像一条软皮蛇走路都不稳，也是出于这个原因了。

筋断（筋膜撕裂）、筋走（筋膜走形）、筋弛（筋膜松弛）、筋强（筋膜硬化）、筋挛（筋膜收缩抽急）、筋萎（筋膜萎缩）、筋翻（筋膜错位）……这些都是筋膜的状态，不过都是内在表现，从人体外表上很难被发现。如最简单的筋挛，就是我们最常见的抽筋现象，但谁也不能评估身体是否出现了抽筋状态，我们只知道怎么舒缓，但当下一次发生抽筋时，我们并不知道该怎样去预防。

筋膜基础调理操作

作为筋膜调理的操作师，必须熟悉人体解剖，同时手指用力要具备一定的力度，最好是学过太极。当然，学过咏春也行，手指指力的爆发才能通过表皮深入到肌肉层的筋膜，进行有效的刺激和纠正，否则只能是在表皮上蹭来蹭去，但实际问题不会得到解决。

调理筋膜时，最好选择在内分泌相对稳定的状态，如女性在月经期不适合做筋膜调理。除非是伤筋断骨的事情，否则筋膜不会有太大的紧急状况出现，等上七八天才进行操作也不会有什么问题。

调整筋膜时，会影响关节神经丛的连锁反应，出现短暂的撕裂性疼痛，过后会有轻微的红肿现象，红肿会在两天内消除。好像把房子翻新一遍，估计也是会出现很多麻烦事，况且是比房子翻新还更复杂的身体构造，筋膜调整了，肌肉要调整，内分泌也要调整，身体的代谢也会调整，这就是最简单的连锁反应。

筋膜调整过后，也会出现酸软的感觉，这种感觉因人而异。但如果出现胀痛则是筋膜调理错误，因为筋膜在调整过程中压迫了血管。感觉酸软是筋膜调整后的疲惫、缺氧状态，不必担心，最多是两三天，只要筋膜中的养分重新到位，问题就解决了。

用薄荷精油配合筋膜调整会相对理想。其实，这是心理学的一种技能运用，因为薄荷渗透到表皮当中，让表皮产生一种清凉、舒畅的感觉，这样即便是筋膜产生不太舒服的酸软感，也会因为大面积的清透感觉而被身体忽视。

基础操作是为了让身体得到更充分的活动，它跟体型的塑造有关，但也只能从大体上对身体进行有效的改变，如果要达到筋膜美容的效果，就要针对性地进行具体部位的筋膜操作。无论是中国传统的健身气功易筋经、五禽戏、八段锦、太极拳，还是现代的体操、健身操，甚至如今流行的瑜伽，都有很多拉筋健身的步骤。在国学大师南怀瑾有关《太极拳与道功》的论述中，就提到筋长与寿命的关系。他说：“筋乃人身之经络，骨节之外，肌肉之内，四肢百骸，无处非筋，无处非络，联络周身，通行血脉而为精神之外辅。”因此，每天花上几分钟“拉筋”，有助于让血脉畅通。

这里要特别介绍一下筋膜的头部操作，一种通过调整脸部筋膜的改头换脸术。这是源于古代的脸部肌肉“易容术”，也就是通过脸部肌肉的调整，让整个脸部产生视觉上的改变。最大的前提是脸部肌肉和脂肪有弹性，同时脸部经常有表情动作，这样肌肉中的筋膜才有被改变的基础。

头部的骨头无法改变，但可以通过改变筋膜而改变脸部的肌肉丛，让肌肉产生提拉的效果，再带动脸部皮肤的提升。在中国商代就已经出现了为男女拉面皮的职业，那是从脸部按摩发展出来的技术，不过当时只有贵族才能享受。古人已经意识到脸部牵动可以维持容貌，只是极少数人会深入地探究到筋膜这个层面，只是无意中符合了生理规律而已。

做头部的筋膜美容，前提必须是脸部肌肉松弛得厉害，同时有一定后继营养补充作为基础，因为筋膜调理后需要补充大量钙质和维生素，否则脸部的养分会流失更多。有些女人做完脸部筋膜调整以后，一边脸像面瘫另一边脸不断地抽搐，那是因为身体缺乏钙质；也有些女人做完脸部筋膜以后，整张脸都干巴巴的，好像没有一点滋润，那是因为缺乏维生素。

脸部的筋膜调整后，这种状态需要维持20分钟，否则肌肉会因为舒张、松弛而使调整失去效果。

如果分次调整脸部肌肉筋膜，每一次调整筋膜，筋膜都会产生或多或少的恢复，所需要的营养供给也大，通常只有不太熟悉筋膜特性而且手指力道不足的操作技师才会有分寸。

相传日本是对于脸部筋膜操作渊源很深的国度，可以在最短的时间内，利用自己脸部筋膜的操作来达到容貌变化（即“易容术”）的效果，看看电影《甲贺忍法帖》里那个擅长变脸的忍者就很清楚了。目前这项技术已经应用在美容上。

筋膜的神奇之处

1. 免疫力

筋膜和身体免疫力没有直接关系，也就是说一个人，不管他的筋膜有多厚，他的免疫力也不会提升起来。毕竟这是两个没有直接关系的体系，彼此的养分也不可能互补，当然也不会产生直接的负面影响。

筋膜通过保护内脏在身体的稳定性，防止内脏因为蠕动而产生耗损。从作用来说，筋膜可防止肌肉和器官脱位，保证器官的正常蠕动。严格来说，只要筋膜还有足够的韧性，器官就不会衰竭；而器官没有衰竭，身体的免疫基础便可得到相应的保障。

筋膜和淋巴管共同存在，筋膜推动淋巴管输送淋巴细胞，但如果淋巴管枯萎，筋膜就无法对其产生修复作用，也不能通过筋膜的作用让淋巴管更旺盛。筋膜的舒张，只会使原有淋巴管随之舒张，把淋巴细胞更有效地输送到器官，倘若淋巴管出现问题，则会出现反效果。所以，筋膜的舒张，绝对不能调节淋巴管的病态。

真要让筋膜产生身体的免疫效果，还真有点强人所难，也不是不可能，应该注意做好以下几点：

（1）睡觉时多搓动腋下和腹股沟，或者在家人的帮助下让肢体做一下钟摆的运动，筋膜有着足够的血氧，那么睡觉的时候就不怕免疫力突然降低了。

（2）早上不必急着起床，多在床上伸展一下自己的四肢，即便是把脚挂到脖子上也问题不大，只要身体有那个能耐就可以了，这样筋骨可以因为瞬间亢奋而促使内分泌系统出现应急性反应，人体就可以自动适应外界环境了。所以喜欢赖在床上的人，适应环境能力往往是最强的。

（3）游泳的时候，不必一板一眼地游动，可以借助水力让整个身体舒展一下，如果能在温泉里游泳效果更佳，因为这样筋膜可以在运动的同时让免疫力提升上去。

2. 筋膜与人体衰老的关系

筋膜与人体衰老有一定的直接关系，筋膜维持着人体内各个器官的位置和蠕动空间，如果某个器官的筋膜薄弱，就会出现某个器官的垂脱和蠕动失常，继而产生某个器官因供氧不足而衰竭，那么人体就会不可避免地衰老，但并非是不可逆的。

当人体到达一定年龄的时候，韧带因为钙质流失而失去韧性，容易断裂，而一旦产生断裂就无法维持人体肌肉的正常运动和内脏器官的正常代谢，这样人体的衰老就会突发性加速，所以人体才需要适量的运动，就是因为人体的各种筋膜需要适当的拉伸。所以人到中年，一定要强化运动，否则逐渐萎缩的筋膜，将萎缩得更厉害。

当人体无法再吸收太多的营养物质，筋膜会处于增厚的状态，以便保证人体的正常生理性循环，所以每次大病一场，人体总会觉得筋骨酸软，原因是筋膜不再吸收身体的养分，而保持最低耗氧状态。

筋膜是人体组织中最后获取身体养分的，如果筋骨强健，那么就算病得再厉害，最后也一定会起死回生；如果筋骨劳损太严重，一点小感冒都会逐渐发展成大病。

想筋膜抗衰老是绝对可行的，上述所提到的《达摩易筋经》就是最古老的一种，我们这里有更简单的方式。

（1）早上甩动手臂一百下左右，活动上肢体筋膜，当然，不必像跳广场舞那样狂舞几个小时，因为那样身体真的会臃肿不堪。

（2）中午走动半个小时，轻轻跑一下步也是可以的，如果不是吃得太饱就尽量活动一下，溜一下小狗也是可以的。

（3）下午踢踢腿，或者玩玩儿时的毽子，也可以打打羽毛球、乒乓球，让肢体舒展。

（4）晚上有条件的可以去泡温泉，或者在浴缸里泡澡，缓冲筋膜，这样身体就不会因为白天的消耗而得不到补充。

步伐轻盈总会给人年轻的感觉，哪怕你已经六七十岁；而关节僵硬总会给人未老先衰的感觉，哪怕你才二三十岁。现在很多人是30岁的年纪，60岁的身体。一动不动的工作姿势会让自己的肌肉长期处于紧张状态，韧带也随之老化。很多人觉得“拉筋”很简单，第一次做时自信满满，在家里随便找个对着电视的门框，一边做一边看电视，很是惬意。没想到，几分钟后就会感觉后面这条腿酸疼不已。有人急于求成，可能会造成腿窝受伤。不适当的拉筋有时会造成肌腱拉伤。尤其是缺乏运动者和老年人肌腱弹性差，更容易造成不必要的损伤，跟腱和腓肠肌是较容易受伤的部位，严重时会出现肌腱部分撕裂，造成肢体肿胀、皮肤瘀斑。最根本的原因就是外力借用错误，所以现在才逐渐有了到美容院或者养生馆里做筋膜保养的项目。

即便是自己很懂筋膜运动，倘若自己做嫌累，也可以到美容院去，也算是让自己的身体享受一下，但也得睁大眼睛看清楚美容院是怎么操作的，很多美容院的筋膜操作已经落伍了，也有不少仅仅是皮肤的操作，而不是筋膜的操作。

美容行业对于筋膜的运用

第一种，接近外科手术的筋膜悬吊除皱手术。以微创手术，在发际线上开口，把脸部的筋膜往上拉扯牵引，脸部的皮肤自然拉紧向上移位。过程有点血腥，不过如果技术好，那么连带麻醉、切开、皮下筋膜提拉，然后缝合，都可以在1小时内完成。

优势：完全是冲着筋膜做文章，相当程度上可改变脸部肌肉的分布。

劣势：临床案例少，才应用了2年，副作用难以评估。

条件：必须在美容医院的手术台上才可以完成。

第二种，完全外科手术的筋膜提拉手术。即把骨膜上的筋膜层拉紧折叠后，再进行表皮、肌肉的提起，这样除皱效果便能有显著的改善。这个过程就更加血腥，已经接近刮骨疗伤的程度了，因为已经开刀到达骨头的位置，肯定涉及面部的神经丛，万一过程中出现任何意外，极易造成面瘫。

优势：从根本上解决了面部衰老问题。

劣势：手术要求精细，而且要求医生的功底深厚，极少医生能做到完美。

条件：医疗设备和医生的技术要齐备。

第三种，自体筋膜隆鼻。就是把身体其他部位的筋膜移植到鼻子上，区别于一般的脂肪隆鼻或者硅胶隆鼻，筋膜隆鼻更牢固，而且完全避免了排斥的危险。其实，这就是所谓的“拆西墙补东墙”的做法，自这项技术诞生以来，都是抽取大腿上的筋膜补在鼻子上。

优势：没有副作用。

劣势：筋膜一旦离开身体就会萎缩，所以必须进行即时性移植，手术难度极大。

条件：大腿要粗大、结实，如果仅仅是脂肪很多的大腿，就增加了手术的难度，主要是筋膜难找。

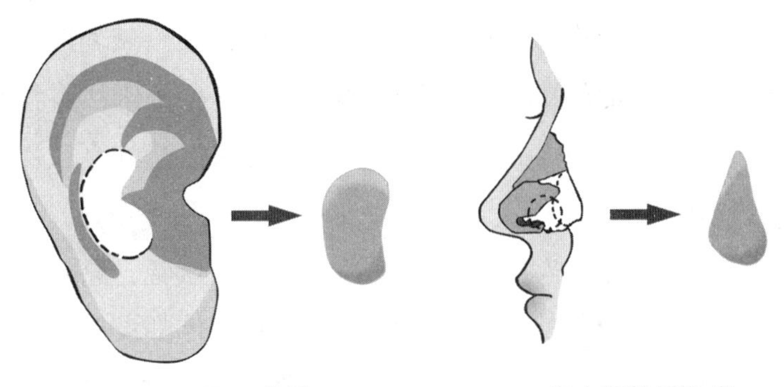

自体软骨膜移植示意图

第四种，拉筋纤体。就是通过拉筋调整整个身体肌肉的运动，把大量的脂肪完全代谢掉。这个项目相比瑜伽更加剧烈，也需要一些道具让肢体的姿态得到纠正，如果遇上比较难搞的筋骨，那么筋膜操作师可就要花九牛二虎之力去纠正，不管是谁都会觉得特别辛苦。

优势：简单，而且无创。

劣势：过程很累，需要持续，同时因为没有生物性变化的保障，所以很容易恢复原状。

条件：操作师有力气，有辅助仪器或道具。

第五种，拉筋保养。这是最廉价的，原本是医院康复科的项目，经过美容院发展，现在家庭也可以轻易做到。其实就是中国传统医学的康复操作，用简单的器具，把身体固定，以保持一个姿势，达到身体筋膜的重新运用。

优势：操作简单容易，成本消耗低。

劣势：过程很容易产生疼痛，如果不熟悉解剖学，很容易出错。

条件：熟悉解剖学。

还有一种不得不提的方法，此方法被美容界普遍使用。

皮下穿针埋线，利用针刺把一条能被身体吸收的纤维线埋在脸部皮下，收紧脸部的筋膜，让脸部呈现出瓜子脸，或者去掉双下巴，或者呈现出酒窝状态的美容方式，还有不少被命名为“针线美容”或“线雕”。具体的操作方法就是全身麻醉以后，在脸颊处插入一根细细的长针，避开脸部的主要神经丛，然后把长针中的细线直接埋入脸部皮下，通过收紧细线，把脸部的筋膜提拉起来，达到真正瘦脸和去掉脸部赘肉的效果。

这种方法操作也很安全，因为不会触及任何血管，只要不发生感染，那么不管你在脸部的皮下埋多少根线，对身体都没有影响。其性质是约束脸部的筋膜，毕竟脸部的筋膜不会产生撕裂、变形等不良现象，完全可以改造。

理论上可以把一根细线埋入脸部皮下的筋膜中，但穿刺的时候，将不可避免地对筋膜造成破坏，而且对被破坏的筋膜产生捆紧，筋膜可能会因为得不到养分而坏死，若筋膜无法向肌肉输送氧分可能会导致脸部肌肉僵硬，到那个时候，无论你是哭是笑还是产生别的情绪，你的脸上都只有一个表情，不会有变化，而且一旦产生表情，脸部会有狰狞感。

因为创口只有一两个针孔，很难出现外源性感染，既容易操作也容易达到效果，基本上只需半天就可以达到外科手术三个月的效果，最重要的是风险系数小，所以在中国被追捧。事实上，这种皮下埋线的技术早在非洲就已盛行，只是非洲埋的是金属线。埋线以后，筋膜就不可能再发育，主要原因还是被约束住，所以35岁以上的女人才适用，小女孩用了，脸部在未来的5年内会出现扭曲现象。

这种皮下筋膜埋线的方式除了可在脸部施行外，还可在生殖器中进行，如日本就研究出了在男性的生殖器中埋线使其变得格外挺直的方式，同理，在女性阴道壁内也可进行埋线，这样阴道就会永远收紧。这种方法必须经专业医生操作，脸部的筋膜好歹还有整个架构的保护，生殖器的筋膜可是比脸部的筋膜薄得多，而且极度复杂。

对于生殖器的结构，日本有着一流的外科医学学术权威，而在中国，随着人体科学的不断深入发展，现在多数人都知道要保护好筋膜，人们不仅知道抽筋或者扭伤与筋膜有关，还希望能借助美容的方式来强健筋膜。

筋膜保养在美容业的应用

凡涉及创伤性手术的项目，都要在美容医院进行，而目前美容医院筋膜类手术的比重为10%～15%，主要原因是筋膜类手术的术后恢复较慢，对医生的技术要求较高，又是新兴的技术范畴，未知情况比较多，所以短时间内不会大面积推广。几乎所有的女人都是在胸部下垂、臀部下垂时才去找保健医生，从来不会主动看看自己的筋膜质量如何。

拉筋纤体类的美容项目纯粹从瑜伽发展而来，只不过瑜伽不需要人为辅助，而拉筋纤体则必须有人辅助，开始时类似于中医的按摩，会出现疼痛，如果对象是缺乏运动的人群，疼痛就会加剧，如果操作

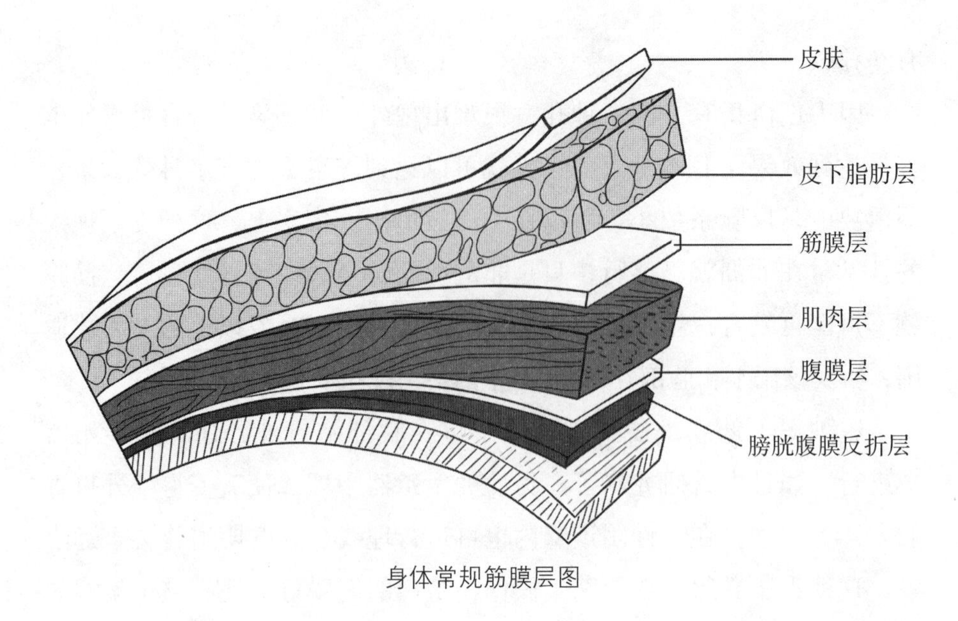

身体常规筋膜层图

师对解剖学不太熟悉，那么很容易出现错误。所以现在美容院的纤体拉筋由于美容技师水平的局限性，治标不治本。

对于保养性的拉筋，美容院可以打着弘扬中医的旗号，而且成本也极低，最重要的是容易出效果，不论效果本身是正面的还是负面的，都容易被中低水平消费者接受。在湖南、湖北、浙江、福建这些中国传统医学观念根深蒂固的地区，这个项目已经开始大面积推广。

之所以成本低，更多是因为不用附加什么东西，随便涂抹一些精油就可以操作半个小时，也就是辅助顾客完成保健操运动就可以了，不需要什么高难度的动作。还记得上中小学时做的广播体操吗？那也是一套筋膜拉伸的动作，只不过到了大学就没有了，身体的筋膜产生了萎缩的现象，所以当轻轻再做拉伸运动的时候，身体会有一点舒爽的感觉。如果能天天用十来分钟做肢体的伸展运动，根本不用做这些保养性的拉筋项目。

说到中国传统医学的拉筋，就不得不提华佗创立的“五禽戏”，即一套充分拓展筋膜属性的拉伸运动。

现在，某些地区的美容院都将拉筋保养作为噱头，不断邀约顾客进行拉筋纤体的项目，拉筋纤体打开了以后，会有不少的项目跟进。

因为筋膜一动，身体就急需多种养分，例如拉伸产生一些疼痛就是胶原不足，拉伸过后半天没有缓解酸胀就是B族维生素缺少，拉筋后觉得有点头昏脑胀肯定是缺少维生素C，所以，美容院中很多的美容项目都可以轻易找到需求点和切入点。

创口手术的筋膜项目，手术要求不低，而且对于设备的卫生条件也有点苛刻，要是出了丁点漏洞，在脸上产生了感染，那么会后患无穷，所以这个是属于医学美容的范畴。

有点逆天的筋膜项目

操作人员要相对熟悉筋膜的解剖结构，同时，要懂得把控力度。深层次的筋膜操作涉及内脏的筋膜，不仅仅是表皮上的肌肉操作，深层次的肌肉层需要很多外肢体动作的带动与牵引才能真正达到效果。所以，操作技师不能局限于已知的体表筋膜，还要对整个身体的筋膜体系十分熟悉，才能运用自如。

以最安全、稳定的拉筋作为开始，不仅要求操作技师对人体筋膜完全熟悉，而且顾客本身的筋膜状态也需要一个缓冲的过程。如果要以最安稳的方式改变深层筋膜，一定要有浅层筋膜纤体的项目作为铺垫，经过一段时间的适应后，再进行阶梯式的筋膜强化项目，让身体的筋膜体系在不断的缓冲里逐渐改变，等适应了剧烈的改变再施行本质性的深层操作。

如果希望借助手术对筋膜进行改造，德国、韩国的专家是首选，中国在这一块的技术还不太完善，需要有手术设备，前期投入太大。德国对于人体筋膜研究在“二战”之前就已经开始，对于筋膜体系有着完整的理念，已经达到了可对筋膜体系进行改造的水平。韩国的筋膜调理技术是从韩国的传统医学开始，而且多始于饮食和运动的治疗，经过了数百年的演变，终于形成一套独特的体系，所以，韩国筋膜调理的模式是“运动—反射”。中国的医疗美容更多是外来引入后的综合，欧洲、日本、美国、韩国都学，杂而不精，没有统一的标准，所以，对于仪器的操作以及筋膜体系的改变标准，都有待完善。

如果仅仅是希望脸部筋膜调整，目前的操作师可以做到分次完成，但是需要大量的矿物质养分作为补充。毕竟筋膜一旦变动，需要补充大量的维生素K和微量元素来维持，就好像要改造一个建筑物的外观，材料补充必不可少。所以，在脸部筋膜调整后，如果服用酵素会走另一个极端，因为酵素更多会促使筋膜中的矿物质成分最大限度地代谢，导致筋膜软化，很容易将调整后的筋膜打回原形。

筋膜操作的捷径

筋膜操作会牵涉神经的拉伸，对医学有所接触的人都知道，只要是神经的拉伸，疼痛的感觉是难免的，浅筋膜操作不会影响太多的神经丛。顶多因为表皮的神经末梢受到影响，而感到轻微的酸胀，但很快就可以适应，而很多人无法承受深层次的筋膜调理，更多是因为深层次的筋膜都跟内脏有关系，一旦内脏的神经产生疼痛，人就会很难受或者痛彻心扉。

如果能克服内脏神经的疼痛反射，那么，很多人都可以轻易做到强筋健骨，因为只需要外力辅助就可以了。

这里有两个捷径可以选择：

第一个是外在的共振，利用外在物理共振将内脏神经的疼痛反射中和，这样神经的疼痛反射就不会这么强烈。这和望梅止渴是一样的道理，就是用一种强烈的感觉掩盖另一种负面的感觉。

第二个是强制固定，利用外力捆绑或者囚笼的方式，把肢体完全定位，同时让神经缺氧，这样就感觉不到筋膜在改变时候的疼痛，或者只会在瞬间产生不适，过后因为部分位置缺氧而产生麻木。最常见的就是在厕所蹲上20分钟，双腿会因为血液暂时无法回流而失去知觉，一旦站立起来，血液回流以后，就会感觉相当舒爽。

对于外在的共振，可以设置一个有共振效应的按摩器，通过对身体的神经末梢进行刺激，渗透到肌肉中的筋膜里面，就能使筋膜更快地修复和供养。

用新研发的音波共振设备，配合自身的呼吸和脉络，首先引起皮下神经细胞的共振反应，然后使筋膜舒展，可缓解筋膜调整时的疼痛反应。利用音波共振设备，在表皮擦拭精油也可以发挥出最佳的效果，这样筋膜的纤体操作就有很大的卖点。如果先对头部、脸部进行筋膜操作，然后再进行音波共振，就可以完全调节头部神经中枢，使后续效果尽快呈现。

在有外力共振时活动筋膜也有讲究：

在活动筋膜之前必须先热身；比如，利用小跑使体温升高，提高拉筋的成效，减少受伤的可能。

活动时动作要缓慢而温和，千万不可猛压或急压，或让别人施加外力帮忙。用力不当，容易造成伤害，如果能够均匀地借助外力，就可以避免伤害。

筋膜活动的极限应达到感觉有点张力或酸胀，但一般不到痛的程度。锻炼筋骨到痛，离受伤的程度便十分接近了。为了防止这种情况的发生，训练者把肌肉和筋膜作最大限度的放松，这样，人体就可以很快觉察到酸胀得厉害，而让肌肉和筋膜得到最大限度的放松就是通过外力的共振。

对于筋膜的强制固定，最原始的就是一种日本军队中的锻炼方式，这种方式能使身体的各项机能得到充分锻炼。肢体经过捆绑后，筋膜得到了相应的固定和锻炼，在短时间内达到了一种修复身体的作用，当然，它需要遵循一定的规则，并不是把人捆成粽子一样就可以了。

只要沿着骨头和肌肉的纹路捆绑，就可以限制骨头和肌肉之间的氧气供应，就好像要对身体的筋膜供养进行强行管制一样，这样做对身体绝对是有好处的。

近几年，有人发现用绳子似乎有点危险，若绳子使用不当，很容易使身体形成血栓，或者造成人体窒息，所以后人多改用布条。布条既安全又具有柔韧性，能最大限度地包裹皮肤、筋骨、肌肉、筋膜，用布条捆绑的方式在日本逐渐流行起来。

人们对布条包裹感觉良好，更多是因为这种方法安全且具有实际效果，毕竟这和绳子捆绑如出一辙，彼此的作用点都是在筋膜上。之前人们不知道身体的内在结构，只是抽象地认为捆绑有效，随着人们对筋膜认识的逐渐加深，就发展出对筋膜的捆绑训练。

身体大部分的筋膜都在维持身体的外在运动系统，所以不太爱运动的人估计不太重视，但是身体也有少数内在的筋膜结构，主要是为了维持身体内部平衡也是为了满足种族繁衍的需要，因此和生殖美容有着密切的联系。

Chapter 10 美容技术和S级“禁招”

——禁忌的美容方式

这里所介绍的美容方式，都有着各自的独特之处，大部分是独门秘籍中的禁招，并非适合所有人。

前面我们说到的是美容的整体定位、美容业的方向和方式，以及美容院赖以生存的模式。而这一切，都是在人们摸索的过程中诞生出来的。不可否认，我们从事美容业是为了赚钱，毕竟只有赚钱，行业才具备生命力；任何行业，一旦无法获利，都将难以持久。

美容能给人们带来实际性的享受，这一点毫无疑问，只是在方式上不断地发生着变化。

20世纪80年代的美容院，美容师们一对一地对顾客进行脸部美容，一做就可以耗上大半天。

20世纪90年代的美容院，已经开始往身体美容方面进行探索。美容师当中出现了美容顾问，专门解决顾客的疑难问题，而且专门制定顾客的美容项目，从咨询到完成操作不过也就是小半天。路边小摊式经营的美容方式被淘汰，取而代之的是专业化的操作。

21世纪初的美容院，美容已经和养生结合在一起，大批所谓的专家应运而生，开始有了五花八门的美容项目，而且普遍以制定疗程为主，没有五六次的调理是不能完成的，什么都讲究搭配，组合性的项目选择让单品式美容退出市场。

21世纪10年代的美容院，网络资讯的普及化让美容业的竞争完全白热化，顾客群体、代理渠道都被锁定，方式、方法、风格都被划分档次，没有创意或者项目过时的美容院无法继续生存。

还有很多的“山寨”产品流入美容市场，一旦产生负面效果的时候，就影响了正常产品的口碑。“山寨”产品的唯一优势就是成本低廉，所以，至今依然有很多美容院对“山寨”美容产品锲而不舍。

当产品的口碑受到质疑的时候，最快的解决方式就是通过快速起效让熟客再次建立起对产品的信任，如果是陌生的顾客，那就让他们体验产品的成效。这一切都是要建立在产品强悍的技术支持上，如果做不到，那么这种产品将很快被市场淘汰。

美容产品在演变

什么样的产品技术最强悍？

我们回顾一下美容产品的发展历程，不难看出，美容技术的诞生不是一个很复杂的过程，只是对生活沉淀所形成的一种东西。

从人类有美容记载开始，美容产品的演变大概经历了或正在经历以下十个时代：

第一代是使用天然的动植物油脂对皮肤做单纯的物理防护，即直接使用动植物或矿物来源而不经过化学处理的各类油脂。古埃及人4000多年前就已在宗教仪式、干尸保存以及皇朝贵族的个人护肤和美容中使用了动植物油脂、矿物油和植物花朵。古罗马人对皮肤、毛发、指甲、嘴唇进行美化和保养，因而那不勒斯地区一度成为商业中心。最早的芳香物有樟脑、麝香、檀香、薰衣草和丁香油等，除有令人愉悦的香味，也可放在衣橱内防虫蛀。

这一代美容产品的特色就是香，怎么能发香就怎么弄，因为当时人们的视觉审美还没有完全形成，劳动人民都要经受风吹日晒，每个人的脸型看上去都差不多，所以只能在气味上下功夫。

自7世纪到12世纪，阿拉伯国家在化妆品生产上取得了重要的成就，其突出表现是使用蒸馏法加工植物花朵，从而大大提高了香精油的产量和质量。与此同时，中国化妆品也有了长足的发展，在古籍《汉书》中就有画眉、点唇的记载；《齐民要术》中介绍了具有丁香芬芳的香粉；中国宋朝韩彦直所著的《枯隶》便是世界上记录芳香物较早的专著。

就这样，诞生了我们现在最常见的香薰精油！

第二代是以描绘及粉饰技术为基础的化妆品。人们懂得洗脸以后，就意识到脸部保养的重要性了，同时人们审美的意识发展起来，就会往脸上涂抹一些简单的化妆品。中国的上古三代时期，“禹选粉”“纣烧铅锡作粉”“周文王敷粉以饰面”等都真实记录了护肤美容与帝王的切身联系，表现出人类追求美的迫切愿望。春秋战国时期，“粉敷面”“黛画眉”盛极一时，华夏美容史正式揭开了序幕。盛唐时期，长安流行一种时世妆，即在白妆的基础上，不用红色，画唇改用乌膏，画愁眉，给人一种忧伤的印象，故又称“啼妆”。还有“飞霞妆”，即在面部薄薄施朱，以粉罩之。后来又出现了一种在淡妆基础上，将大小、形状各异的茶油花籽贴在额上，就形成了唐代独有的“北苑妆”。

其实，日本面具取代了把形形色色花瓣贴在脸上的美容，同时将描绘的技术往文身拓展，非女士专用，男士也可以呈现一种威武的仪容，所以文身到现代依然流行。

第三代是染发染眉，只要能让毛发变得漂亮，什么都可以。中国汉代已有染发之风，史书中有明确记载，新朝皇帝王莽在公元23年就已经染须发了，自西汉末以后，历代男子都希望自己的头发和髭须乌黑。特别是唐朝，当时的人都喜欢打扮得年轻漂亮，男子则很注意染黑须发。“近来时世轻前辈，好染髭须事后生”就是当时的写照，可见当时的人怕因年老、须发斑白而被人轻视，纷纷染黑须发冒充年轻人。有人即使已被皇帝提拔做了官，因为头发斑白也要染黑。唐代的《明实录》中记载，唐玄宗（明皇）的宠臣李林甫，他的女婿郑年做了明皇侍从，但因为满头白发，很不美观。李林甫请明皇特赐贵重药物“甘露羹”，食后白发变黑。以此可知唐代重视染发的风气，到宋代文人大夫中，染须发、美容的风气依然流行。“膏面染须聊自欺”“染须种齿笑人痴”写的就是人老了、脸上已有皱纹、须发已斑白时，仍用膏脂涂面使皮肤润泽，染黑须发来聊以自慰。

染须发或使白发变黑的风气已流传逾千年，其方法多种多样，如服食药物使白发变黑。神医华佗传下的“漆叶青粘散方”“久服可以使人头不白”；南梁刘峻《类苑》中所记载的《西岳华山峰碑载治口齿乌髭歌》，用疗方药物涂抹胡须头发可由白变黑。《东斋记事》引《本草》载：“蔓菁子压油涂颈能变斑发（年少发白称斑发）。”又如家喻户晓服食首乌能使白发变黑的例子。染发之风气、方法在中国流传已久，而且首先是男子开创先河，这可能出乎很多人的意料。

到了现代，把头发染成彩虹般的也大有人在，也不会被批判。

第四代是以油和水乳化技术为基础的化妆品，当人们发现油脂能让脸部呈现更多光泽的时候，就普遍用油脂性的提取液来进行美容。不过这一美容方法是建立在中草药运用的基础上的，一些民间的赤脚医生常常以植物或动物的某些组织为原料，按比例配成药，长期使用，收到了良好的预防和治疗效果。唐代“药王”孙思邈在《千金翼方》中收录了治疗痤疮、雀斑、润泽肌肤的验方80余个。可见，当时利用中药美容护肤已经相当普遍。相传中国唯一的女皇帝武则天曾以益母草泽面，皮肤细嫩滋润，到了80多岁仍保持美丽的容颜。她的女儿太平公主曾用桃花粉与乌鸡血调和敷面，其面色红润，皮肤光滑。在民间，人们还把美容药品制成面脂，在喜庆佳节相互馈赠，因而诞生了具有面脂性质的面膜。唐代著名歌妓庞三娘常用薄纱贴面，再将云母等中草药、细粉和蜜拌匀涂于面部，称为“嫩面”。唐代宫廷中使用的面膜以名贵中药提炼，其中有珍珠、白玉、人参等，研制成粉，并配以上等藕粉一起调和。这类面膜不但可以使皮肤白嫩光泽而富有弹性，还可以将毛孔深处的污垢及坏死细胞清除。到了宋代，人们同样注重皮肤的养护，并沿袭和发展了唐代以来的美容秘方，美容术不断提高，制出了专门的珍珠膏。

想必大家都应该知道，我们常见的面膜是怎么来的了吧。

19世纪欧洲工业革命后，化学、物理学、生物学和医药学得到了空前的发展，许多新的原料、设备和技术被应用于化妆品生产，随着表面化学、胶体化学、结晶化学、流变学和乳化理论等的发展，引进了电介质表面活性剂，并采用了HLB值的测定方法，解决了正确选择乳化剂的关键问题。也就是说，科技的发展解决了往脸上胡乱涂抹油脂或者药油的问题。

第五代美容产品在性质上有点像第四代的升级版，因为都是用油脂作为基础性化妆品，但是第五代美容产品已经不局限于脸部美容，而是拓展到全身性美容。中国明代，已经广泛用珍珠粉擦脸，使皮肤滋润。“药圣”李时珍将医学与美容养生紧密结合，编撰出巨著《本草纲目》，书中记载了700多个既营养肌肤又美丽容颜的验方。在这些美容养颜方法中，有外用的也有内服的，药用原理主要是根据皮肤反映出来的现象，或从内部调养，或从外部加以润泽和保护，既科学又少有副作用。清代宫廷的美容方法集历代之大成，进而再筛选和补充，同时比较注重饮食营养，形成一套养颜健体的独特方法。慈禧太后在美容上大下功夫，脸抹鸡蛋清，身洒西桂汁（一种乔木植物，榨成汁后很香），口服珍珠粉，沐浴用人乳。能把这些油脂性的美容产品用到如此极致，也都是出自宫廷御医的手笔。

当医学和美容相结合，美容就产生了翻天覆地的变化，因为只有医生才懂得怎么更科学地运用身体里的各种资源。

第六代美容产品开始完全依赖医学与生物技术，添加各类动植物萃取精华的化妆品。诸如将从皂角、果酸、木瓜等天然植物或者从动物皮肉和内脏中提取的深海鱼蛋白和激素类等精华素加入化妆品中。提取方法中比较先进的有超临界CO_2萃取法，提高了有效物质的获得率和萃取纯度，由此制作成的美容产品在国外已经流行了四五十年，使人们始终追求的美白、去粉刺、祛斑、祛皱等成为可能，至今，这些化妆品有的还很受欢迎。成本低，能解决绝大部分爱美人士的需求，最重要的是效果的标准容易定位，不用专家分析也知道美容产品的效果好还是不好。

这一代的美容产品已经和电子设备密不可分，常常可以看到很多激光美容、激光祛疤等美容项目，有没有变白、疤痕去了没有，操作过后肯定会有一个结果。与此同时，这一代的美容产品对操作的技术要求更严格。

第七代美容产品已经与医学紧密结合，完全属于技术性的革新，最大的亮点就是外科隆胸。相比起隆鼻、削骨、割双眼皮这些危险性操作，隆胸的技术含量算少了，美观的精致度和身体的排斥反应都已经全部在计算之内。在网页上随便点击一个美容医院的网站，美容项目五花八门，有针剂、填充、增厚、膨胀等隆胸形式任君选择。

这个时代的美容产品已经逐渐向技术方向转移，也就是美容产品的操作者不可能是普通人，必须是对医学有深入了解的医务人员，而且这一代美容产品对技术要求精益求精，粗制滥造的“山寨”产品没法滥竽充数，而且技术的好坏立竿见影，有没有把胸部隆起来、鼻子有没有挺起来、眼皮有没有割歪等同样不需要什么专家鉴定。

不过，这一代的美容产品具有相对的危险性，毕竟都会对身体产生创伤，凡是创伤肯定多少有感染或者排斥的可能，或者是后续性的身体机能失调，短时间内没法修复。

第八代美容产品诞生的时候，人们已经进入了高科技元素的精致生活时代，在讲求效果的同时，也要求技术先进，最理想的就是像传说中的神仙，随便念上一句半句的咒语，就可以变得如花似玉。这时主要是荷尔蒙大量运用到美容产品中，而美容产品的常规化操作使得普通人也能轻易做到。

荷尔蒙在美容产品中的运用是一把双刃剑，它一方面可以快速地让美白、嫩肤、祛皱因子进入皮肤的深层，让皮肤迅速达到我们所期待的白、嫩、柔，另一方面它也可以让发育不稳定的细胞快速变异，形成变异细胞，也就是我们经常谈之色变的“癌细胞”。

迄今为止，对于荷尔蒙的研究就没有停止过，因为它给人们带来了极具诱惑性的利益，试想一下，当多年沉积在脸上的斑块一下子消失，而且没有痕迹；当粗糙的皮肤几天后就变得嫩滑，好像重回婴儿时代；当皮下的肉粒一下子被化成油脂代谢出体外，摸上去光滑无比。

如果把荷尔蒙用于丰胸，那危险系数就更大了，因为荷尔蒙可以让脂肪细胞迅速增生，但是没有上限，也就是可以无限增生，负面效果就是副乳也增生了，平白无故多了两个乳房的肿块。

荷尔蒙用于生殖系统，有以下三种类型：

第一种是男士的生殖器使用荷尔蒙，会让其生殖器产生可喜的变化，但随之而来的副作用是影响精子的质量。

第二种是年龄超过35岁，完全没有性生活的女士的生殖器，使用了荷尔蒙以后，可以让其生殖器在长时间内保持原有的代谢状态，因为腺体此时已经趋于稳定，荷尔蒙只是起到巩固的作用，极少发生变异的情况。但未满35岁的女士则不能使用，因为她们的内分泌系统还没有达到完全稳定的状态，用了会导致内分泌失调。

第三种是有性生活的女士，对于这一群体就没有年龄限制了。主要是有了性生活以后，女性体内的分泌就会产生相应的调节，荷尔蒙会加速这种调节，让女性生殖器的免疫功能处于保护状态。但如果产生了什么感染，荷尔蒙也会使感染扩大。

第九代美容产品建立在基因医学与核医学发展的基础上，通过改造基因的手段为人体缺陷部分进行美容，我们称之为“基因美容”。因为最了解身体需求的，不是精准的科学仪器，而是身体本身。身体每个细胞的代谢都是由自身的基因说了算，掌控住基因，或者将拥有健康肌肤的人的皮肤基因序列复制到其他人身上，使其他人也可以轻松拥有同样健康的肌肤。不过这种基因克隆技术涉及医学伦理。

这种基因美容的操作方式是通过粒子共振仪器，对皮肤和腺体做一次根本性的调整，如果遇上顽固性或者已经老化的皮肤结构，就用激光解决。美容产品到了这一代，激光的操作已经变得很小儿科，因为技术的重点在于对基因的调整。只是这种美容产品一旦拓展起来，90%的美容院或美容会所都将面临倒闭，因为这种美容产品依靠的就是高精尖的技术，没有高端的技术支持，美容院将无法存续。

第十代还在研发过程当中，这一代的美容产品就更具备个性化特征了，它更多是诱导皮肤的荷尔蒙变化，让皮肤在不同的环境下具有不同的气质表现。因为在不同的环境或者在不同的状态下，我们身体的荷尔蒙会相应地进行调节分泌，让身体能完全适应当下的环境和状态，而当美容产品和荷尔蒙诱导分泌直接挂钩的时候，荷尔蒙分泌量的不同，会使美容产品在皮肤上呈现出不同程度的变化，这样，人的皮肤就具备了极大的“灵活性”。到这一代，美容就不会固定在特定的状态下，而是会随着外界的变化而变化。

这一代美容产品还有一个特点，就是和个人的心情融在一起，并且与中枢神经建立联系，由生物电主导。使用了产品以后，如果你希望在某个场合中成为焦点，产品就让你的气质呈现出最佳状态；若你不希望别人注意你，那么产品也能把你的气质隐匿起来。就好像是齐天大圣孙悟空手里的如意金箍棒，可以随心所欲，或许这就是美容产品的“变形金刚”时代。要是这一代美容产品风靡起来，90%以上没有掌握相关技术的美容师将面临失业。

但这一代还不是美容产品的终极，因着人们丰富的想象力与无穷的欲望，还会有更多有创意的美容产品被研发出来。

不管美容产品怎样研发和拓展，重要的是接受的人群有多少，也就是人们常说的“美容市场”，以普遍人群的需求为导向，就是传说中的“市场导向”。

很多美容产品的发明以及很多美容疗程的诞生，都是由市场导向决定的，也就是人们需要什么样的美容，美容公司就发明或者创造什么样的美容项目。但有时市场导向也是盲目的，因为很多人都不知道自己需要什么样的美容，例如最简单的隆胸，所有隆胸的人都不知道该把自己的乳房调整到多大，只知道越大越好，最后的结果就是胸前悬挂着两个“巨无霸”，这还能算美吗，恐怕已经显得怪异了吧。

美容产品或者项目的设计需要市场的导向作用，但并不完全依赖市场导向，它需要某种理念作为带动，产品才更能被人们接受，就好像现在韩国的黄金比例美容，它不是像别人所期待的那样，拼命把胸部撑大，而是根据个人的身体比例，把最能表现出个人气质的数字比例模拟出来，再制订出手术前后的调理计划，让顾客有足够的期望值才进行隆胸。这样塑造出来的，就一定是彼此都能认同的美丽。同样的，这样的花费不是小数目。

但市场导向的负面效应就是容易产生复制，而复制是为了降低成本，但从来没有一个美容复制品的效果能比得上原版。就像马来西亚、泰国等地的隆胸，就没有那么复杂，随便一个懂解剖的外科医生都可以操作，麻醉、腋下开创口，在脂肪组织下植入硅胶，缝好所有切开的创口，皮下缝针，等顾客醒过来再注射荷尔蒙以巩固效果。价钱便宜，没有什么后续保障服务。

为什么美容事故频繁发生，无一例外就是女人想自己变得漂亮，无奈钱包羞涩，消费不起高档次的美容，只好求助一些低消费的“山寨”美容项目。“山寨”美容项目价格低，技术含量也低，效果稳定性低，安全保障更低，把一个原本算不上丑的人变成“四不像”。

这些都是市场导向的消极作用，但如果抛开市场导向，自己独树一帜，那是需要技术或产品研发者的眼光与胆量的。

而我们要告诉大家的是，在美容业的技术定位和产品拓展中，有很多都是禁招。

之前我们就说过，为了美容，很多人可以不顾一切，什么事情都敢做，从胚胎中提取的干细胞植入人体中，美其名曰“干细胞移植技术”。自体脂肪移植，甚至低劣技术条件下的冒牌超声刀都敢于尝试。

美容不管是为了取悦自己，还是为了取悦他人，使用者都希望自已成为别人赞赏的焦点，所以一开始的美容都是在自己身上，后来人们慢慢觉悟，美容并非是一厢情愿地在自己身上装饰，而是要有针对性。比如说为什么要美白，一开始只是知道自己喜欢，到后来是知道别人喜欢，到最后是知道别人喜欢哪一种美白。

我们在这里向大家介绍未来20～60年内即将出现的美容方式，但这些美容方式都有着各自的独特之处，其中大部分是独门秘籍中的禁招，并非所有人都能用，只能部分人用，甚至只能小部分人专用。有些是因为成本、技术的限制，有些则是因为不能广泛使用，因为它们的功效会让女人热捧，也会招致很多男人怨恨。

生化性的美容方式

这一类美容方式，是把身体里的香味或者脸部的审美功效发挥到极致，同时能永久性保持，以便把个人的特质完全在人群中凸显出来。

第一种，香体疗法。香薰的美容在现阶段并不少见，普通的香薰不过是心理作用，在美容操作间里点上香薰的精油，或者在身体上涂抹精油，整个人就会散发出一阵阵醉人的香气。普通的香薰有一个明显的缺点，就是没有持久的效果，甚至绝大部分的香薰在使用后洗一次热水澡，便使身体失去了香气。

和我们在排毒美容章节中所提到的香体排毒不同，这里的香体疗法不是把精油涂抹在身体表面，而是通过内服药物来改造身体腺体的代谢水平，让代谢出体外的汗腺带有一种香味。相传在清朝乾隆时代，乾隆皇帝身边有一个妃子叫香妃。为什么会有这个称号，就是因为她遍体生香，不管是在什么时候都是如此，而且她根本不用什么香料，也就是经常洗澡。

身体的分泌物一旦分泌出来，受到了氧化的作用，就会发臭，绝大部分生物都如此，唯独三种生物的气味除外，一种是麝香，一种是龙诞香，还有一种是狐臭。众所周知，麝香是雄性麝鹿的腺体，龙涎香是抹香鲸的分泌物，狐臭则是狐狸的腺体，只要经过足够的氧化，麝香和龙涎香会变得很香，狐臭会变得很骚。但三者都有相同之处，就是富含钾、钠、钙、镁、铁、氯、硫酸根离子、磷酸根离子，同时胆固醇、碳酸铵、氨基酸氮三者占据一定的比例，按照同样的比例让女性吸收了以后，女性的巴氏腺会产生相类似的物质。唯一不同的就是，女性的巴氏腺分泌出这种物质以后，不会形成臭味，而是会形成一种诱人的香气，而且这种香气只有使用的女性特有。

如果只散发香气那真不算什么，当一个女人可以随心所欲地控制香气，那才是超级香体疗法的特别之处。

女性的巴氏腺与男性的尿道球腺相当，为两个黄豆大小的圆形或卵圆形小体，呈红黄色，位于阴道口两侧，前庭球的后内侧，与前庭球相接，且往往与其重叠在一起，其深部依附于会阴深横肌，其表面覆盖球海绵体肌（阴道括约肌）。巴氏腺属于复泡管状腺，质较坚硬，在唇后连合附近隔皮肤可以触及，其排泄管长1.5～2cm，向内前方斜行，开口于阴道前庭，阴道口两侧，在处女膜或处女膜痕附着部与小阴唇后部之间的沟内，其分泌物黏稠，有滑润阴道前庭的作用。分泌量的多少与女性的年龄、精神状态、兴奋程度、性欲望强弱有关。

当女人吸收了以一定比例混合的胆甾醇、碳酸铵、氨基酸氮后，会直接改善巴氏腺分泌物的气味，此时再用仪器活动一下巴氏腺，让女人懂得自己巴氏腺兴奋和抑制的感觉，那就可以了。

这个项目只有女人可以做，因为只有女人才有巴氏腺。

这算是一种具有独特魅力的美容方式，但也不是每个女人都能产生香体的作用，以下三种情况就不能产生作用：

（1）有过前庭大腺囊肿的不行，因为前庭大腺已经被破坏了。

（2）有宫颈癌、卵巢癌、阴道癌、直肠癌的不行，因为这个项目可能会诱发癌症的转移。

（3）没有充足睡眠的不行，因为得不到充足的养分，腺体就会枯竭。

不仅使用人群受到限制，产品本身的材料多少也会有限制，如果要使用化学合成的，势必要加入不少外体荷尔蒙成分，使用起来就危险了，但如果要使用天然萃取的，有多少只狐狸、多少条抹香鲸、多少只麝鹿可以供应呢？

这种美容方式在未来会占据高档消费的一席之地，如果狐狸不幸灭绝了，还可以用生化的手段对动物腺体分泌物进行合成，因为它的香体效果让男女都为之着迷。

香体疗法是否有效的验证方式：

（1）有没有两周持续的身体香味，如果有，则是有效。

（2）香味浓淡是根据个人的生理循环而定，特浓是因为个人的荷尔蒙分泌旺盛，反之就是特淡。

（3）变得腥臭就是产生了反效果，赶紧停用产品，或者去医院就诊。

（4）女人的巴氏腺受刺激后分泌一般是在72小时内产生反应，如果没有产生反应，则完全是产品的问题，与人无关。

香体疗法在世界的应用

区域	应用程度
日本	应用率3%左右，普遍是高薪白领使用
美国	应用率不足6%，主要是女学生使用
韩国	应用率10%以上，主要是30岁以上的女人使用
欧洲	应用率5%左右，都是高端会所才会使用
东南亚	泰国使用率最高，达30%以上，但产品99.99%都是山寨的
中国	应用率在0.1%以下，只是概念性的炒作，绝大部分地区没有实际的项目引入

资料来源：2016年《纽约时报》。

第二种，晶体皮肤定位美容。这种美容方式是把皮肤所有的代谢通道全部固定，使每个新生的细胞都有固定的生长、发育及代谢途径，不会出现紊乱。就好像皮肤有了一层有弹性的水晶膜一样，不仅不容易受到伤害，而且不会呈现衰老的迹象。

这种美容方式依赖的是高科技对每个皮肤细胞的精细化改造，皮肤的白、柔、嫩都离不开细胞的组成，只要某一部分细胞残缺，皮肤要么不白，要么不嫩或者很僵硬，每个皮肤细胞都会有细胞膜，当每个细胞的细胞膜同时增厚，这样组成的皮肤就有了对外界刺激的防护力。

让每个细胞的细胞膜同时强化，在过去可能是异想天开的事情，但是在生化技术的基础上，要做到这件事并不困难，只是有点危险，因为要把原有的细胞替换掉，而其与化疗同理。只不过化疗是因为身体得了癌症，必须把所有细胞杀死，产生新的细胞，而这种晶体细胞的化疗，就是要让所有原有细胞产生良性变异，达到所需要的美容效果。

既然是一种化疗，副作用肯定不少，所有的免疫细胞多少会受到影响，如果原有的体质不是那么强大，这就是一种极端的冒险行为。

晶体皮肤定位美容尚处于生物美容的尝试阶段，结果如何还是未知数，未来20年会占据一定的市场地位，但不会风靡，而且只有少数人群使用。

这种美容方式的效果让人充满期待，拥有水晶般的皮肤，而且不容易衰老，是多少女人梦寐以求的状态，应该会有爱美女性群体冒险一试。既然大量涉及医学的范畴，那么操作一定要相当严谨，还要考虑成本费用。

如果生物干细胞移植技术成熟，在干细胞的生物基础上进行改良，那么这种晶体皮肤定位美容就可以得到技术的支持，在未来就可以无限拓展。

晶体皮肤定位美容是否有效的验证方式：

（1）效果呈现比较慢，因人而异，超过30岁的人起效期是两个星期内，超过50岁的人起效期是在一个月内。

（2）皮肤会充满弹性，而且在两个月内逐渐呈现光泽。

（3）人体会出现短暂性低烧状态，主要是体表皮肤细胞产生剧烈更替。但如果是高烧则是因为人体无法承受这种皮肤细胞的更替，是人体本身的问题。

（4）不会产生什么呕吐、便秘、皮肤烧焦的状态，如果有就是产品的问题。

晶体皮肤定位美容在世界的应用

区域	应用程度
日本	率先研发，已经投入使用，但被炒作得相当昂贵
美国	投入使用了两年，还处在临床观察阶段
韩国	仅仅停留在理论的探讨当中
欧洲	已经在德国、意大利开始投入使用
东南亚	连概念都没有
中国	有初始概念，正在尝试研发

第三种，精灵之血。这个完全属于医疗改造型的生化美容，也就是把改造过的干细胞移植到人体的血液和免疫系统当中，对人进行气质塑造，同时提高人体免疫力。

为什么叫精灵之血？因为在最开始这种美容的使用人群就是传说中的女巫，她们不断地喝下毒蛇或者蟒蛇的血液，然后身体的皮肤就好像蛇蜕皮一样产生蜕变，让外形保持一贯的美丽年轻。这种方式之所以被禁止，是因为长期喝没有煮熟的蛇血，身体会产生各种寄生虫，招致很多疾病。

现在无须直接喝蛇血，可以使用干细胞提炼技术，通过干细胞的移植产生美容的功效。其实干细胞美容也不是最近才出现的项目，早在人们知道注射羊胎素能保持美容的时候科学家就已经在研究移植干细胞在人体的美容效应，只不过当时用的是从动物的胚胎中提取的比较廉价的胎膜干细胞。最开始的干细胞是从蛇血蛋白（因为具备大量的活性物质）中提取的，一条成年的蛇大概能提取50克的干细胞，经过生化合成，能用于人体的也就1/10左右，要让一个成年的女性产生美容的效果，一年需要30～50克不等。换言之，为了一个女人的容貌就要牺牲数十条蛇，幸好这项技术难度很高，否则会招致天怨人怒。

后来发现可以从刚出生的小白鼠中提取，或者从植物蛋白中提取，这样就避免了过量的杀戮，同时材料也不会短缺，只是这样做，效果就不容易呈现，主要是因为合成的干细胞中活性物质含量过低。

身体当中存在大量的外体干细胞，分化出来的血液细胞就会让体质产生改变，同时也改变原有的气质。只是这种改变维持时间不长，最多也就是两三个月左右。

要让这种干细胞移植技术提升上去是一件相当烧钱的事情，因此，干细胞移植技术一直停留在分子蛋白的注射层面，无法改变基因。尽管如此，也足够让已经变老的女人看上去没有那么苍老。

现阶段干细胞移植技术已经相当成熟，危险系数仅为3%～5%，如果过敏性体质的人用了以后，就会让身体产生连锁性的细胞变异。

在未来的15年内，只要产品和技术过硬，这种干细胞美容会占据美容业的一大块，因为其操作方便，同时容易辨识效果。最重要的是，15年内不太可能有同等的技术替代。或许20年后，等干细胞改造技术完全成熟，或者出现新型基因改造，干细胞移植美容才会逐渐退出历史舞台。

干细胞移植美容是否有效的验证方式：

（1）效果呈现速度一般，在一个星期内不太明显，会在两个月内出现，没有年龄限制。

（2）如果两周之后身体出现红斑、丘疹或者静脉曲张，那就是身体排斥性反应，可以去医院解决，是体质的问题，不是产品的问题。

（3）如果24小时内起红斑、丘疹，伴随低温发烧，是产品的问题。

（4）如果在两个月内皮肤都没有明显改善，是产品的问题。

干细胞移植美容技术在世界的应用

区域	应用程度
日本	大面积使用，覆盖率80%，使用人群没有任何区别
美国	小部分使用，大概在30%，都是高薪人士才会使用
韩国	全国性使用，同美容项目相搭配，费用不一，效果也有很大差异
欧洲	高端会所使用，也有70%医院使用，效果有保证，但价格比较昂贵
东南亚	使用率在40%左右，产品的使用效果一般
中国	全国性使用，以引入欧洲的产品为主，也有国内生产的，但技术含量很低，副作用很大

第四种，病毒美容技术。利用温和病毒对消减皮下脂肪、收紧表皮、紧致肌肤有明显效果。

利用温和病毒进行美容，最开始使用的就是肉毒素，肉毒素实际上是肉毒杆菌毒素的俗称，又名“Botox”和“Myobloc”，是肉毒杆菌在繁殖过程中分泌的毒性蛋白质，具有很强的神经毒性。

肉毒素最早被用来作为生化武器，因为它能破坏生物的神经系统，使人出现头晕、呼吸困难、肌肉乏力等症状，后来被医学界用来治疗面部痉挛和其他肌肉运动紊乱症。1986年，加拿大一位眼科教授发现肉毒素能让患者眼部的皱纹消失，他的这一发现，引发了美容史上的所谓的"Botox革命"。此后，整容界将它的功能扩大，比如用它瘦脸、塑小腿等。肉毒素具有很强的毒性，注射进人体是否安全？用于整容的肉毒素比用于生化武器的肉毒素的量稀释了40万倍，肉毒素能阻断神经和肌肉之间的"信息传导"，使过度收缩的肌肉放松舒展，皱纹便可随之消失。

对于肉毒素在中国的使用历史，没有人说得清楚，但据资料显示肉毒素已经被临床使用了10多年。中国是继英国和美国之后第三个能自行生产这种肉毒素用于美容产品的国家，刚开始国内部分肉毒素产品曾因提纯过程出现问题致使产品质量受影响，但是后来生产厂家很快解决了这些问题。

对于其安全性，不少专业美容医生表示，只要肉毒素的使用非常微量，是不会对人体造成影响的。相对于其他除皱产品，肉毒素的作用和安全性是无可替代的，是目前祛除动力性皱纹最好的产品。但是如果遇上有潜在重症肌无力的人，那么再微量的肉毒素也会造成致命的器官衰竭。

以下四类人不能使用肉毒素：

（1）体质过敏者，严格来说是组氨酸缺少者，一旦身体内没有组氨酸，就失去了驾驭肉毒素的资本，稍稍一接触肉毒素，身体的免疫系统就会崩溃。

（2）有重症肌无力家族史的人。

（3）孕妇还有产后一年内的女性，肉毒素的代谢一定会对子宫产生影响，所引起的宫缩反应会使内分泌不稳定的女性雪上加霜。

（4）心、肝、脾、肺、肾出现问题的人，肉毒素会引起他们的器官无法恢复正常。

在未来，肉毒素将大面积使用，随着生物科技的发展，人们将有能力驾驭肉毒素，不会让肉毒素对人体产生危害。

肉毒素美容是否有效的验证方式：

（1）产品的安全系数一般，不管是注射还是外敷，会在12小时内使皮肤产生绷紧的感觉。如果没有产生任何反应，则是产品本身的问题，与人体无关。

（2）除上面四种禁忌人群不能使用外，使用过后产生小面积红肿的人也不能使用，一旦出现，需尽快去医院解决。

（3）可以用从手臂进行试验，手臂产生相应的效果，则产品有效，如果没有，则产品无效。

病毒美容技术在世界的应用

区域	应用程度
日本	使用率不足10%，主要是对这种美容方式持鄙视态度
美国	使用率为15%～30%，几乎是运动人士使用
韩国	由于技术还不太成熟，仅仅在试用阶段
欧洲	使用率在10%左右，德国、意大利、瑞士比较常用，但其他地区则不常用
东南亚	概念的原创者，率先使用，不过方式较原始
中国	使用率在30%左右，但技术比较落后，因此副作用几乎在60%以上

综上所述，凡是涉及生化一类的美容方式，都是一把双刃剑，效果与危险性同时存在。当人类逐渐挖掘出生化美容的好处，就会不顾一切地展开追求和试验，这些都可以理解，但“产品再好，不敌仿造”这条必然的定律也不容忽视。当面对巨额成本的时候，很多商家或者厂家都会以仿造的方式生产山寨产品，这样就会造成生化美容的负面影响，因为现阶段，人们还不太会分辨生化美容效果的好与坏，更不可能推测出长远的效果，这样就给了那些奸商乘虚而入的机会。

以生化技术作为方式的美容在未来一定占据美容市场的主导地位，因为此技术可给予皮肤最有效的保养和调理，现阶段只是受操作技术水平的限制，才在局部使用。当生化技术得到进一步的发展，生化性的美容方式就会普及。

接近“鸡肋”的美容方式

“鸡肋”，顾名思义，弃之可惜，食之无味。现在美容界中有一些美容项目可以收到很好的美容效果，但是限于成本以及技术的苛刻要求，无法为大部分人所用，所以被称为“鸡肋”项目。

第一种，磁波美容。佩戴高磁力的金属物件，利用金属物件中的磁场，把身体里的微量元素集中起来或者代谢掉，调节身体内的微量元素水平而达到美容的效果。

这种美容方式早就在中国流行开来，不过最开始的发起人是一帮不学无术的骗子，总以为通过穿戴某些饰品，可以让人体从中获取生命力或者某些健康的元素，或者是某个山坳里的灵气可以随水晶玉石而转移到城市人群当中。

这种美容的实质是以生化磁力学为基础，的确是可以通过物件的磁场反应，让人体得到某种好处，不过，它所需要的前提条件却相当苛刻：

（1）物件的磁场要很大，通过肉眼就能看到磁力作用，肉眼都无法看到磁场的变化根本不可能作用于身体当中。

（2）人体有大量的微量元素，身体要对磁场有反应，最起码要让身体中有足够的微量元素，如果只是人体的生物细胞，是很难对磁场产生反应的。

（3）磁场需要专业定性，人体本来就是一个大的生物磁场，它有着自己的平衡法则，一旦平衡被打破，疾病或者厄运便随之而来。

（4）并不是身体每个部位都能接受一致的磁场反应，身体躯干部位和四肢所沉淀的微量元素都不一样，所需要接受的磁波反应也不同，头部更是如此，如果经常接受同一种磁波的影响，可能会导致精神出现问题。

其实还有好几个生物性的前提条件，因为本书不是学术探讨的书籍，所以略过。

随着生物科技的发展，磁波美容在20年后会占据一定的地位。其操作很简单，只需要把一些装饰品戴在身上。困难的是这种美容涉及人体生化磁场的问题太复杂，不是一般人可以鉴定或者论证。因为没有办法分辨真假，很容易被假货鱼目混珠。

磁波美容的产品一定是高技术，伴随高技术的一定是高成本和高要求，不可能成为一般消费品，只有中高档的消费人群才能使用，对于其他人而言，就是一种可望而不可即的“鸡肋”。

磁波美容是否有效的验证方式：

（1）必须是高标准的磁波检验才能检测出产品或仪器的功效，否则无法明确到底是什么产生了作用。

（2）可以用精密度高的军用指南针验证，但如果指南针产生大幅度摆动，也只能证明仪器本身是能发放高浓度磁波。

（3）身体生物磁场反应，在现有的科技阶段，还无法精准验证。

磁波美容在世界的应用

区域	技术程度	造假程度
瑞士	100%，高技术研发	0，严厉的法规保障研发技术和流程的规范
东南亚	20%，大部分仿照外国的技术	60%，科技相对落后
德国	100%，自主性研发	0，本身的民族素质要求
意大利	60%	0，不屑造假
澳洲	70%	0，造假的成本相当高
法国	50%	15%，纯属容易模仿
美国	80%	0，有生产法律保证

（续表）

区域	技术程度	造假程度
加拿大	60%，受限于应用面，人数太少	0，没有造假的必要
日本	100%	10%，监管不到位
韩国	70%，更多依赖美国的技术支持	50%，纯粹为了赚取外汇
中国	10%，没有太多的生物技术支持	80%，没有相关的鉴定机构
中国台湾	20%，主要依赖引入的概念自主研发，但研发能力极弱	90%，没有实在的资源，更多是作为圈钱手段

第二种，镭射激光美容。就是设置轻微的镭射装置，对人体发出低密度的镭射光波，从而舒张人体表皮毛孔，提升皮肤的新陈代谢，或者净化皮肤和腺体内的杂质，最常见的就是市面上经常看到的超声刀。

这种美容方式接近辐射的范畴，只是镭射光波是低焦点，不会轻易对皮肤产生损伤，或者是以定点熔化皮下胶原或者皮下脂肪，促进新的皮下胶原尽快生成。不过这些都只不过是科技概念的炒作，对中学时代生物学内容还有点印象的人都知道，皮下胶原的熔点和皮下脂肪的熔点不可能一样，如果两者同时被高热的光波熔化，短时间内皮下可能会出现中空状态，人在那个时候还真的是一副“臭皮囊”。这种方式对于人体美容没有一点改变，你原来是怎么样的还是怎么样，顶多皮肤饱满一些，主要是微循环被破坏，产生渗漏，所以看上去皮肤很饱满，但只要用手指一戳就是一个印。

最开始的时候是激光祛掉斑痘疹之类，后来发现激光仪器使用起来有点危险，就用功率小一点的镭射光波，逐渐将祛除斑痘疹的治疗型美容转换为养护型美容，只是这种美容不是所有人都可以使用。

（1）使用者本身需要具备足够的营养作为支撑，皮下的脂肪和胶原蛋白被熔化以后，要赶紧生成新的皮下脂肪和胶原蛋白，没有营养作为最终的支持，皮肤是支撑不下去的。

（2）操作者必须知道顾客的皮肤状态，同时具备一定的医学诊断基础，毕竟每个人的皮下胶原蛋白含量和脂肪层的厚度都是不一样的。

（3）仪器必须是有高密度精准化的，而且镭射光波的频率一定要受到限制，频率过高就会大面积损伤皮肤，频率过低只会灼烧表皮。

（4）过后必须补充大量的胶原蛋白。倘若没有胶原蛋白的补充，新的胶原蛋白就没有办法在皮下生成，这样就会促使皮肤进一步老化。

（5）使用者的年龄不能超过50岁，一旦进入皮肤的衰老阶段，新的胶原不容易快速生成，用了只会衰老得更快。

（6）过敏性皮肤不能使用，用了会让皮肤完全失去了养分，同时过敏状况会加剧。

（7）疤痕性皮肤不能使用，用了会在皮下留下创口性裂层，时间长了会出现各种皱褶或者让老人斑提前出现。

由于大部分人还没有像样的科学观念，对科技还没有完全透彻的理解，这种美容方式才能大行其道，严格来说有六成以上是欺骗行为。更可怕的是，有了“科技”头衔，很多劣质的镭射激光产品都混进市场坑蒙拐骗，最疯狂的就是台湾地区把十几个灯泡安设在一张填满碎石会发热的毯子上，美其名曰“能量光子床”，以几百块钱的成本卖出十几万元的价格。之所以会有这种离谱而且荒谬的现象，就是因为人们知识落后，完全不知道怎么去区分镭射光波和普通灯光。

还有一种更可怕的现象，就是大陆地区的简易版“山寨”生产线，把高精密度的镭射仪器进行仿造，变成成本低廉的低精密度仪器，保存聚焦功能，但已不具备实际对皮下脂肪的熔化过程，所以会使皮下脂肪或者胶原细胞变异，提升诱发癌症的概率，至少也会让皮肤变坏。

采用“科技”的字眼，这类的美容方式会持续存在，只是几年以后当人们看到了“科技”的效果和实质，便不再信任。

镭射激光美容在未来是一种趋势，必然会普及，只是发展高科技和高精密度的技术和仪器是烧钱的事情，眼光一般或者成本不够的商家是绝对做不来的。而且随着科技深入发展，前一代的产品很容易被后一代的产品替。即便尽力研发新一代的产品，三年内就要面对同类产品的竞争，五年后就不得不面临被淘汰的危险。没有高利润是无法承受这样的更新换代，而事实上极少镭射激光美容能产生高利润。

镭射激光美容是否有效的验证方式：

（1）4小时内起效，如果出现大面积红肿现象，是身体素质问题。

（2）如果出现灼伤、红疹，则是仪器本身的问题，或是附加产品的问题，与身体素质无关。

（3）身体产生大量的代谢，并不是什么好迹象，而是皮下胶原过度溶解，是仪器本身问题。

（4）如果身体出现任何负面作用，头晕、乏力或者高烧，都是产品设计不合格的问题，和身体没有任何关系，赶紧报警处理。

镭射激光美容在世界的应用

区域	技术程度	造假程度
瑞士	100%，每年投入大量的资金进行研发和改造	0，严厉的法规保障研发技术和流程的规范
东南亚	5%以下，没有任何研发技术支撑	80%，人们完全不懂识别真假
德国	100%，自主性研发	0，本身的民族素质要求
意大利	20%，不太重视这个项目的技术研发	0，不屑造假
澳洲	20%以下，没有太多受用人群	0，造假的成本相当高
法国	20%，研究机构太少	0，没有造假的必要
美国	100%，本身就是这种技术的先驱者	0，有生产法律保证
加拿大	30%，没有多少人愿意用	0，没有造假的必要
日本	100%	0，受到严格控制
韩国	80%，更多是为了支持美容行业	40%，纯粹为了赚取外汇
中国	40%，综合引入国外技术	90%，商人投机性改造仪器
中国台湾	30%，没有多少研发机构和研发能力	90%，商人投机性改造仪器

综上所述，看似很有意义的美容项目，做起来都受到技术或者成本的限制，而且在假货横行的市场，对科技一知半解的顾客群体不会分辨真假，所以不少人对于这一类的美容方式持观望的态度。这种美容方式如果完全是高科技，那么成本无论如何都不可能下调，如果不是高科技，那么时间一长口碑就会受到一定影响。

“鸡肋”的美容都会在中国市场占据一定的比例，只是不能扩大而已，原因如下：

（1）中国市场还有很多高端消费群体，俗称“土豪”，这些“土豪”文化素质不高，对科技也没有深入的认识，但他们极具好奇心，很多商家只不过打着“科技”的旗号，用不同的方式来欺骗这些土豪。

（2）高科技的仪器因为太复杂，以至于外人没有办法了解太多，被认为是一个神秘地带，这让很多投机者趁机把伪劣的东西冒充成高科技项目。

（3）绝大部分人对于科技产品还是停留在无法辨析的状态，即便一种伪科技的项目被识穿了，只要商家投机地换另一种模式，大众还是继续被欺骗。

这种“鸡肋”的美容方式是否能成为潮流，不是依靠科技的拓展，更多依靠的是市场的营销模式，毕竟能消费“鸡肋”的美容方式的，都是素质偏低的暴发户，或者是病急乱投医的投机者。

由癖好而来的美容方式

这种美容方式不是针对普罗大众，而是针对具有特殊癖好的人群，或者为满足特殊需求而诞生，对大部分人群而言，这种美容方式并没有存在的意义。

第一种，面具化美容。实质就是骨膜移植整形，把整个脸型变成一个倒三角、耳朵尖锐状态，塑造一个“精灵”脸型，或者在额头上产生角度沉淀，塑造一个“蛇精”或“魔鬼”脸型，这些都是外科的骨膜移植整形。操作上没有太多的门槛，只要没有面瘫，能适应一般麻醉的人都可以进行。

这种外科手术完全是为动漫卡通迷而生，模仿动漫当中唯美的人物外形进行科学的塑造，产生视觉上的冲击，只要达到以下的三个条件都可以：

（1）没有骨质疏松，新的骨膜容易生成。

（2）对某一外表有执着的追求。

（3）有一定的营养基础。

虽说现在的外科手术已经可以达到完全整容的效果，面对这一种面具化的整容，是没有任何危险性可言，但麻醉药过敏引起的死亡例外。

这个项目的美容会随着动漫的发展而发展，不会被中断，只会不断地变化各种奇怪的外形，并没有太多实际意义的美容效果，应对的群体也是变相自虐的特殊癖好人群。

可能30年后，当针剂对骨膜抽取移植技术达到完美的时候，骨膜移植整形就不需要外科手术，只需要注射固定的针剂就可以，就好比现在市场上流行的超声刀一样。

面具化美容是否有效果的验证方式：

（1）手术完成的时候就知道效果如何了。

（2）如果器官出现萎缩、畸形变化，是手术过程中忽略了神经线的接驳，是整容医生的问题。

（3）如果器官出现长期红肿、化脓的反应，则是身体素质的问题，也有可能是补充产品的问题。

第二种，寄生虫美容。利用寄生虫对皮肤坏死部分进行吞噬的原理，让皮肤重新恢复亮丽透白，其实这是人为地加快皮肤新陈代谢的进程。

这种美容不是始于现代，早在1000年前的中国云南、贵州一带，已经有女人为了让自己变得更漂亮而吃蛇鳞或生喝蛇血，导致全身皮肤表皮产生角质沉淀反应，皮屑全部脱落，皮肤就呈现出一种原始的亮丽。就好像是破茧而出的蝴蝶，因而美其名曰“美颜蛊”。

古人误打误撞地使寄生虫通过微循环在皮下繁殖，造成皮肤养分的提前消耗、更新，所以才会形成皮屑的积厚，还有皮屑大面积脱落，就呈现新生的皮肤，和蛇成长时的蜕皮是一样的原理。

别以为这是传说，在古巴和马来西亚，现在还有人将活生生的蟒蛇或者蜗牛放在身上爬来爬去，借此产生美容的效果。

其实，蟒蛇爬来爬去并不会对身体产生任何按摩作用，只是蛇鳞当中的寄生虫可以停留在人体的皮肤上，然后深入人体内进行繁殖。

要寄生虫产生美容的效果，必须满足以下条件：

（1）身体要很健康，免疫力要很强大，甚至要达到强悍的级别，谁知道寄生虫会不会循着微循环到达身体各处，这需要身体有足够的资本去防范和排斥寄生虫。

（2）要经常接触各类蛇虫鼠蚁，便于身体免疫系统对寄生虫的识别能力。

（3）不能接触太多激素，因为寄生虫遇上皮肤真皮层中的激素会猛然大量繁殖，届时皮肤就是寄生虫最好的食物。

（4）不能接触酵素，因为酵素会让寄生虫变得很活跃，随时在身体里到处乱窜，产生巨大的破坏力。

（5）心理承受能力要达到强悍级别，一条大蟒蛇在身体上爬来爬去，这可是恐怖片中才会出现的情景。

寄生虫的美容方式会继续存在，毕竟安全系数低，仅仅为满足特殊癖好人群的需求，发展前景不大，顶多作为美容业的娱乐项目。

寄生虫美容是否有效的验证方式：

（1）完全因人而异，可验证结论偏低。

（2）如果出现身体的红肿、炎症、酸麻胀痛痒感，都是美容过程产生的寄生虫影响，赶紧去医院。

综上所述，区别于一般的美容项目，这类美容完全没有实际意义，同时存在一定的危险性，只是为了满足人们的某些特殊癖好，在营销的角度只能作为娱乐性的噱头，丰富美容业界的内容。

别指望这类癖好美容方式会成为潮流，因为真正有特殊癖好的人群并不多，也不可能产生高消费。

美容的S级“禁招”

这类美容方式需要通过人际互动才能体现出来，因为美容不是个人的事情，它需要有人欣赏，并且乐意接受。很多女人并不是不懂美容，或者并非没有意识去美容，而是她们得不到别人的认同。至于当中的原因有很多，这里我们以生物性的改变为前提，来谈谈可使女性魅力四射的S级“禁招”。

第一种，生命契约香水。

相传在辽国时期，萨满人把曼陀罗炼制成药物，专门提供给辽国的公主使用，这样辽国的公主无论嫁到什么地方，都不会被男人抛弃。

这不是什么神奇的魔法，而是利用人体内荷尔蒙的诱导及锁定原理，将男人对女人的喜悦感牢牢锁定。做法是从曼陀罗的花茎和叶子中提取生物碱，锁定人体中枢神经系统中荷尔蒙的产生。男女发生亲密关系时，体内的荷尔蒙分泌达到最高值，一旦遇上曼陀罗的生物碱，彼此的荷尔蒙就会相互锁定，往往都是女性的荷尔蒙被男性的神经细胞记忆，这样男性的荷尔蒙只有在遇到特定的女性时才会被唤起。生化的原理过程不是那么重要，重要的是人体的生物系统已经产生了取向性的改变。

生活中往往会出现这样一种情况，就是一个男人费尽心思得到一个女人的芳心后便转身离去，这种事情对于女人来说是致命一击。但当女性的荷尔蒙被男性的生物系统锁定，只要她还能有效分泌荷尔蒙，男性的生态系统便会始终如一地围绕女性循环，这是一份最稳固的生物“契约”，任何人都无法撤销和违背，对于女人来说这是一份美丽的保障，自己的美丽总有一个人可以欣赏。

男性的神经细胞只能记录属于同一个人的荷尔蒙，多出一个人，神经细胞乃至神经系统就会出现紊乱。当这种曼陀罗生物碱侵蚀男人的中枢神经系统，男人中枢神经系统中的荷尔蒙就会自发地对特有的女人的荷尔蒙产生敏感反应，而且只会对特定的女人的荷尔蒙产生反应。当然，这种生命契约香水除了曼陀罗的生物碱以外，还有其他成分，可以将之简略地称为一种结晶体与动物卵泡素的结合和应用。

为什么这种香水对女人不会产生影响？

因为女性的染色体为XX，男性的染色体为XY，在一个种族的遗传基因上，女性的稳定性要比男性高出几倍，女性体内的腺体和荷尔蒙的种类也要比男性多得多，于是女性的神经细胞对男性荷尔蒙的记录具有相当大的包容性，可以同时记录十个以上不同男性的荷尔蒙，即便超出了范围，也顶多会让女性出现暂时性的情绪化，只要神经细胞一更新，女性又可以重新恢复状态，而且女性体内神经细胞的更新速度要比男性体内神经细胞的更新速度更快速和彻底，所以魔鬼香水的荷尔蒙锁定原理对绝大部分女性来说一点作用都没有（在染色体为XXX的女性身上可能会有偏差，但现阶段还没有足够的临床证明这一点）。

通过复杂的原理解释，我们能明白一点，如果男女同时使用生命契约香水，香水对于女性完全没有影响，只对男性才有深刻的影响。在男女深入交往中，女性相对处于弱势，有了这种生理契约作为保障，女性就不必提心吊胆了。

这种香水使用起来并不复杂，只需要女人洗完澡以后，喷上生命契约香水与异性亲密接触，和情趣香水用法一样。

生命契约香水是否有效的验证方式：

（1）女性自己会感觉到一种很柔和的舒适感。

（2）如果有一种刺鼻的感觉，要么是产品的问题，要么是女性本身体弱多病。

（3）如果感觉香气很浓郁，那是个人的荷尔蒙分泌失衡，与产品无关。

第二种，美神香液。

在欧洲中世纪以前，很多超过20岁的女人因为没有人娶，所以求助女巫，而女巫配置了一些药水涂在她们身上，当这些女人遇上追求者时，那些男人会觉得自己完全沉浸在爱河之中，甚至会忘记过去的妻子或者情人，不惜一切代价想要和涂了药水的女人在一起。所以，这种香水被称为“美神香液”。

从科学的角度看来，这种现象同样是利用人体内荷尔蒙的诱导，不过会带有轻微的信息干扰素，影响中枢神经系统，让中枢神经产生暂时性的轻度麻痹。其实，这种轻度麻痹的状态也不难形容，有吸烟、喝咖啡习惯的人，偶尔也会产生这样几种瞬间的感觉，整个身体有种飘飘然的轻快感，这个时候，看到任何东西都觉得很愉悦，并且不会产生排斥感。

在日常交际中，有一些人接触的时候让别人感觉很好，说什么、做什么都令人轻松愉快，这个就是异性接触的时候释放出的信息干扰素所产生的效果。最典型的表现便是当男人在亲密行为过后，会对身边异性说的话言听计从。这并不完全是女人迷惑的作用，其实是男人的副交感神经释放出信息干扰素抑制了交感神经的活跃，所以在短短的几分钟内，男人没有分辨的意识，只有执行的意识。同时亲密行为结束以后，男人体内的荷尔蒙处于枯竭状态，新的荷尔蒙首先将补充各个内脏器官，同时在亲密过程中脑垂体分泌出的多巴胺会随同中枢神经系统快速渗透到男人身体的各个角落，干扰男性其他器官组织的活跃，这个时候男人无疑是最感性的，也是最懂得欣赏身边女人的时刻。

美神香液就是在不需要发生亲密接触的基础上，让男人对使用美神香液的女人产生无条件的欣赏。用法也相当简单，几乎和前面的生命契约香水一样，在洗完澡以后，女人把香液涂抹在手腕和脖子上就可以了，只要和男性有小于0.5米的近距离接触，都可以让男人产生一阵阵喜悦的感觉，这时女人说什么都会是圣旨。

美神香液的成分也不是那么复杂，主要成分是从狐狸分泌物中提取出来的富含钾、钠、钙、镁、铁、氯的结晶体，再融入从雌性荷尔蒙和活性酶提炼出的结晶体。强化氯离子的渗透功能，就对人体有绝对的亲和力，有了荷尔蒙与活性酶形成的信息干扰作用就可以让中枢神经产生短暂性兴奋。

氯离子的活化对神经细胞有轻微的干扰作用，这种特质为了促使人体副交感神经活跃，不可能对人体构成实质性伤害。使用量再大，顶多会让人产生5分钟的迷幻效应，仿佛看到了自己最喜欢的人或者事物，效果也持续不了多久，因为5分钟过后，荷尔蒙就会被代谢，中枢神经会重新恢复正常。别指望能把它当麻醉药使用，因为它只有单一的氯离子活化，产生瞬间的喜悦感，正如喝一杯浓咖啡不外乎是让人体保持几个小时的精神状态，而不至于让人失眠一个星期。

美神香液的影响是无差别的，对于女性也有一定的效果，只是因为有大量雌性荷尔蒙作用，所以对男性特别有效果。这种香液之前是专门给心理咨询师或催眠师使用，因为很容易让患者产生共鸣，起到辅助治疗的作用。

美神香液的操作要求：

（1）23岁以上的女性，不能有任何吸烟史。

（2）具有一定的人际阅历，至少能平稳沟通。

（3）性格稳定，没有熬夜的习惯。

美神香液的验证方式：

（1）产生半小时轻松的感觉，有自我意识，不会产生任何暴力倾向。

（2）感受力会在12小时内不断增强，整个人呈现一种感性的状态，但不会出现任何亢奋的迹象。

第三种，倾国传承。

希腊神话中的特洛伊战争中有这么一句话："女王生出来的女婴，也将会是女王。"这句话对遗传做出了定位。事实上，美女生下来的女婴，长大以后60%都会是美女，毕竟遗传基因摆在那里。但能不能让女儿完全继承母亲的美貌？过去这只是一个传说，现在则可以实现了。

这属于基因美容的技术升级版，使用了以后只能生女孩，而且不断地巩固本身的基因链，一代比一代颜值高。因为女人的染色体是XX，男人的染色体是XY，当要发生遗传的时候，同时拿出X染色体组成一个新的生命体，就是女孩；如果从男人那拿出的染色体是Y，则生下的是男孩。利用染色体组合搭配的原理，只要让女人的染色体得到固化，同时在卵泡素中附加对X染色体的诱导蛋白，这样女人的一对XX 染色体无论怎么分裂，最终都只会合成XX或XXX（XXX合成的概率是1/64，能完全成长至出生的概率仅有万分之一左右）。

由于染色体XX被锁定，所有的基因序列都不会轻易被改变，而且排斥了Y染色体，多毛、声音粗犷、皮肤粗糙、体格庞大、骨骼粗大、个性粗鲁这些男性的特质将统统被排斥掉，这些特征均不可能出现在下一代当中，也就是把母亲的特质全部继承下来。如果母亲是一个大美人，女儿可继承90%以上；女儿在智力开发方面也有一定的积累，那么孙女除了继承外祖母的美貌外，还会把母亲的智商、情商一并继承，并且使自身的遗传基因得到进一步巩固，当一代一代继承下去，每一代女性都会是智慧与美貌并存。

为什么男性无法达到这样的效果？主要是男性的染色体是XY，再怎么固化也只是一半一半。

这种基因性的美容，从一开始就决定了你是一个美人，再怎么发育也不会轻易改变你的容貌。只要你是一个美人，就不用担心你的女儿会成为一个丑八怪，只要是你的亲生女儿，颜值就一定不会低。

但凡基因美容，必然有着诸多的制约因素：

（1）没有男性Y染色体就没有强悍躯体的遗传，同时身体的免疫力也在某些方面存在缺陷，比如容易得重症肌无力，当真是“红颜薄命”。

（2）如果遇上XXX的变异，那就只能自认倒霉，虽说概率非常小，依然比中彩票的概率要大。

（3）在男性沿袭的传统观念很强的一些家族中，这种美容肯定会被排斥。

（4）每一代都需要固化，却只能是生物性的固化，你愿意生出来的是女儿，但你的女儿也跟你一样的想法，她就只愿意生女儿吗？

（5）对人类的传统伦理有所冲击，如果都是白富美的可人儿在延续人类的历史，男人反倒会沦为生育工具。

“倾国传承”，顾名思义，世代都是倾国倾城，它所表现的特性造成它必然的局限——价钱昂贵。

这种美容方式暂时无法验证，毕竟是基因的改造方式，没有几十年的观察是不可能有验证结论的。

第四种，爱神护盾。

14世纪之前的欧洲，女人到了生育的年龄都会去信仰爱神，以求遇上心上人的时候，能保持自己的健康和美丽，当她们信仰的时候，就会使用一些泉水作为妇科用药，那么她们的健康和美丽就能得到保证。

看似有点荒诞，但其实这是一种保健性的美容，所以被称为爱神护盾。

无独有偶，中国东周时代，有一个女人叫夏姬，会采补术和永保处女之身，使自己童颜不改、青春常驻，不论岁月怎么变化，依旧美丽窈窕、妩媚动人。即便深知她情史的男人因贪恋她的美色，也忍不住与她来往，因而发生多起争风吃醋的事件。

“采阳补阴”，从科学的角度来看，其实是一种两性之间通过亲密行为完成异体之间胶原转换的现象，即把男性身上容易流失的胶原蛋白全部补充到女性身上。人体的皮肤中，以黏膜部分最容易分泌和吸收身体内外的胶原蛋白分子，人体绝大部分的黏膜都处于封闭状态，包括眼睛、口腔、鼻腔、耳腔、肠道、尿道、阴道中的黏膜。肠道的黏膜主要吸收肠胃消化营养中的蛋白成分，尿道则是代谢水分，耳鼻喉的黏膜也可以吸收胶原蛋白，但面积不够大，无法吸收太多，剩下有足够面积吸收胶原蛋白的就是阴道了。

胶原蛋白有这么一个特性，就是容易从高温的位置转移到低温的位置，男性的生殖器官产生作用的时候是一个发热体，温度在40℃左右，而女性阴道内的温度不会超过37℃。女性阴道扩张的同时也做着呼吸运动，这样男性体内很多胶原性分泌就会从生殖器的黏膜位置不断渗出，然后让女性阴道黏膜直接吸收，从而完成异体之间胶原蛋白细胞的传递。这种现象如果遇上避孕套，则不会产生任何效果。

在亲密行为中可以完成异体之间胶原蛋白的传递，根据这种原理，人们科学地发明了一种女性的滋补美容用品——胶原转化催动剂，后来直接沿用原有的名称“爱神护盾”。

这种药剂使用起来也很简单，只需要像妇科用药那样，把药丸塞入阴道，药丸自然融化后会在阴道内形成一种海绵状包裹物，深入接触的时候不管是成熟的胶原细胞还是未成熟的胶原细胞都会强烈地分泌和渗透出来。女性黏膜会全部吸收并且选择性应用，好比城市里的易耗品重复利用一样。

男性流失的胶原经过黏膜接触的相互转化，变成对女性身体有益的无机盐，含量较多的有钙、镁、钾、锌等，酶类中主要是碱性磷酸酶、乳酸脱氢酶和透明质酸酶等，它们通过阴道壁上的黏膜进入女性的微循环当中，并迂回性地进入女性的身体，使其达到抗衰老的效果，同时强化女性身体的免疫系统。

是不是遇上所有男人的前列腺分泌物，都能产生胶原蛋白转化渗透的作用？当然不是。

有以下情况者，“爱神护盾”无法起效：

（1）70岁以上的男人，因为他们的精子普遍不可能含有大量的胶原蛋白。

（2）阴道黏膜有炎症的女人，因为阴道黏膜一旦产生呼吸作用，首先被吸收的就是这些炎症，会造成妇科炎症反复发作。

（3）阴道中有变异细胞（癌细胞）的，因为在那时候，阴道黏膜的呼吸作用都会被终止，补充再好的胶原蛋白也是白费。

（4）有吸烟史的男性，因为只要有吸烟经历，尼古丁都会沉积在男性的前列腺当中，所以很多貌美如花的女人一旦嫁给了有钱的烟鬼，就会变成残花败柳。

别指望这种美容方式能产生排毒、纤体之类的附加效果，它对于容易流失的胶原只有吸收和再吸收，女人会变得丰满和娇媚，但那是对于体质的影响，并不会促使容貌发生相应的改变。

“爱神护盾”是否有效的判别方式有以下三种：

（1）用过了知道，女人的身体会有强烈的被滋润感，体态会变得标致，这是异体胶原吸收、运用的结果。

（2）使用过后，女人的身体或许会呈现出少女般的气息和韵味，这是由于过量胶原蛋白被吸收和代谢的关系。

（3）使用过后，不会有妇科炎症的反复发作。

第五种，雅典娜之凝视。

严格来说，这不是一种美容方式，而是鉴别胶原细胞是否衰老的一种技巧。我们知道，一旦体内的胶原蛋白代谢停滞或者失去作用，身体就会快速老化，重要的是外貌会变得奇丑。可身体当中到底有多少胶原蛋白，没有多少人清楚，市场上补充胶原蛋白的美容养生产品有很多，但自己的身体需要补充多少胶原蛋白才合适呢？补充的胶原蛋白过多，就会产生沉淀，沉淀在血管中就是血脂，沉淀在器官中就是毒素，沉淀在肌肉中就是增生，沉淀在骨骼中就是变异。少了不行，多了也不妥，不少医学专家为此头疼不已，主要是不能完全确定每个人的身体到底能承受多少胶原蛋白细胞。

其实，胶原蛋白细胞除了能从高温地带向低温地带转移，它还有一种潜藏的功能，就是变异识别。

生活当中，禽类的蛋卵一旦从外面打破，里面的蛋白就会在空气中发酵，过一阵子，就会产生二硫氧化氢的臭味，这就是蛋白发酵变异现象。而人体的胶原蛋白一旦过多，就会产生大量的代谢，代谢的蛋白一定会暴露在空气当中，即一定会出现发酵变异的现象，不过人体的蛋白发酵很少产生极端刺鼻的气味，因此经常被忽略。

让气味明显化也不是什么难事，途径有以下几种：

（1）吸收大量的含硫食物，例如榴梿、菠萝和禽类的屁股，让体内的气味变得锐化，等同于随身携带一台人体胶原蛋白测量仪，自己时刻都能知道，关键是周围的人也很清楚。

（2）用一种比空气更容易和二硫氧化氢产生化学作用的物质，一旦吸收进体内的胶原蛋白产生了沉淀，自己马上就可以知道，或者在不动声色的条件下也能知道别人的胶原蛋白状态。

“雅典娜之凝视”就是应用了第二种途径。相传在希腊神话当中，智慧女神雅典娜最能看懂一个人的美与丑，以及这个人日后是否很有成就，只要被她一注视，眼前这个人的本质就会完全呈现，其将来是否美丽也可以轻易被洞悉。

这种产品的成分也不是那么复杂，就是将从老虎粪便中提取的类固醇结晶体做成香水，把这种香水喷在身上，就会形成一个直径为两米的嗅觉结界，只要有人进入了这个结界，气味都会因不同的进入者而产生不同的变化。根据每个人不同的气味变化，就可以知道他们体内的胶原蛋白程度，即清楚每个人的细胞衰老状态。

类固醇结晶体更进一步提纯，就可以与人体胸腺中分泌的T淋巴细胞产生同步反应，即胸腺能分泌多少T淋巴细胞，类固醇结晶体就会随之密集多少。

T淋巴细胞是什么?

人体整个淋巴器官的发育和机体免疫力都必须有T淋巴细胞，胸腺为周围淋巴器官正常发育和机体免疫所必需，T淋巴细胞代表了一个人的免疫能力，一旦T淋巴细胞停止分泌，人将在36小时内迅速衰老，最后变成人干。

“雅典娜之凝视”这种产品，能根据香味的变化而显示出人体的衰老状况，在还没有有完全衰老之前马上补救，那百岁童颜也不是梦。

然而，这种产品也有缺陷，遇上鼻炎或者嗅觉中枢发育不太好的人，没法嗅出气味的改变，也是白费。

为什么这种产品会被列为禁忌产品之一，并不是因为它的成分，而是使用以后会使人产生自卑感。“雅典娜之凝视”这种产品让很多爱美之人无从掩饰，一旦大面积使用，你能美多久或者已经衰老到了哪种程度便不再是秘密，这样人的自卑就会无处遁形，这是人类无法接受的。

忽略掉人的因素，作为美容的趣味用品，可以占据一定的市场地位，但顶多也就是维持30年左右，因为晶体性的纳米锁定技术太容易发展了，估计在30年后就会有一种更便捷的衰老检测方式问世。至于这种美容方式效果的验证，只要在使用了以后，多接触人就知道了。

第六种，BHC（Best Human Cells，优化人类细胞）因子技术。

最上选的美容产品，莫过于直接补充脸部的细胞，或者直接支持脸部生理结构的因子。干细胞、胶原蛋白补充、针剂注射之类，几乎都是自欺欺人。渗透性与融合度根本不会产生理论上的效果，因为环境污染和基因遗传的影响因素太大了。

即便是本书中所提到的干细胞变异移植、胶原蛋白转换技术、性腺体荷尔蒙运用，都需要有一定的前提条件，完全不可能像传说中的灵丹妙药那样，用了以后就出现立竿见影的效果。

有没有美容界的灵丹妙药呢？有！

可以完全无视环境污染和遗传基因的影响，并且不需要任何前提条件，吃下去就可以让脸部变得漂漂亮亮的只有一种活化因子——BHC。

只要看过电影《超体》的都知道，女主角吸收了一种叫CHP4的因子，变得超级无敌，那是物理学的终极形态，生活中几乎不可能出现。而BHC因子就是生物学的终极形态，与CHP4因子相接近。当卵子遇上精子，两者结合在一起的时候，受精卵就会依照遗传基因分裂，而分裂的动力就来自本身分泌的BHC因子，如果胚胎失去了BHC因子，它就会变异成我们所看到的怪胎，如无脑儿、偏瘫，出生以后要么夭折，要么存活下来。即便侥幸存活下来的，将来也只能进入特殊学校接受教育。

当人体开始自觉分泌荷尔蒙的时候，BHC因子才会退出人体，这时人体已经基本定型，不会产生太大的改变。BHC因子是人体各个组织形成的基础，如果把人的形成比喻成画画，那么基因就是画像的轮廓，发育就是画像的着色，BHC因子则是画画时用到的工具。

一个成年人吸收了BHC因子会有怎样的反应？BHC因子会在24小时之内，或者更短的时间内重新调整人体的分泌状态，如果BHC因子充足，人体的器官发育水平将会恢复到婴儿时期，像婴儿一样具备旺盛的生命力，正如一副已经成型的画经历了时间的磨损，重新用画笔着色一样。

BHC在什么时候最多？在胚胎发育的时候。为什么在非洲原始部落当中，会有一些体格十分强壮的人，是因为这些人吃了刚出生的小猴子，吸收了灵长类生物体内大量的BHC 因子，使得体内的细胞得到一次又一次重生。

其他动物的胚胎有没有BHC因子成分呢？根据2006—2008年《自然》对于生物因子项目的研究表明，只要是脊椎胎生的动物都有BHC因子，只不过物种之间的BHC因子会产生很大的排斥作用，不同物种的BHC因子含量也有较大的差异，最易于被人体吸收和利用的就是猿科类，可以吸收35%；其次是蹄科类，可以吸收27%；犬科类，可以吸收16%；猫科类，可以吸收9%。所以，用其他物种代替人类的BHC因子，至少在科技上还不成熟。

中国人最先认识到胎盘素的作用，传统中药紫河车就是胎盘，胎盘是人类妊娠期间由胚膜和母体子宫内膜联合长成的母子间交换物质的器官，它可以合成多种荷尔蒙、酶和细胞因子等，以维持正常妊娠。因为在胎盘当中还保留着一定的BHC因子，可以让人体吸收。

人体吸收BHC因子，可以黏膜下吸收，或是口服、注射吸收，一个成年人的起效量大概是100mL，分次无效。BHC因子如果产生变异，那么将会是人类的灾难，例如衍生出埃博拉病毒。

利用BHC因子美容是否有效的验证方式：12小时内可看到立竿见影的效果，有效就是真品，无效就是假货，与人体无关。

第七种，爱神维纳斯凝露。

很多女人都希望心仪的男人一看到自己，就会产生一见钟情的感觉，或者是期望自己能成为男人眼中的“唯一”。

新科技的发展，让女人的这种奢望成为现实，因为任何人的脑垂体都会分泌一种叫β内啡肽的物质，当一个人高兴时，脑垂体会分泌出β内腓呔，并将这种感觉向体内转送，启动以下生理机制：分泌β内腓呔→使血管收缩正常→血流顺畅，使体内细胞活性化→使情绪激动（可防止生长过速及老化）→脑部晶体记忆被强化（免疫力也会因此而增强）。也就是生物性β内啡肽会促使人记住自己所看到的异性，并且难忘记，换一种角度，就是诱发脑垂体分泌β内啡肽从而促使“一见钟情”变为现实。

所以，别再天真地以为“一见钟情”是缘分天注定，现在我们也可以运用科学方法达成。女性的阴道腺体分泌物中有一种氢氨乳酸杆菌，这种杆菌平时不显山露水，只是专门负责杀灭进入阴道的精子，没有发生亲密行为时它便不会起作用。这种氢氨乳酸杆菌与河豚毒素TTX（自然界中所发现的毒性最大的神经毒素之一）相结合，散播在空气中是无害的，一旦经过女人的汗腺发酵，它便会瞬间让男人脑垂体中的β内啡肽大量分泌，让男人有一种莫名的兴奋冲动。

不过现有的研究证明，只能是女人自身的氢氨乳酸杆菌与河豚毒素TTX相结合才有意义，如果用A女士的氢氨乳酸杆菌与河豚毒素TTX结合制成香水用在B女士身上，则完全不会起作用，因为氢氨乳酸杆菌要和女士汗腺中的荷尔蒙一致，才能诱导男士脑垂体的β内啡肽的释放。

综上所述，S级美容“禁招”不能轻易使用，因为这些方法会改变人体的生物性，使用不当会产生难以逆转的副作用，如何选择正确的美容方式是每一位爱美人士必须理性思考的问题。

产品再好，没有一个好的身体作为平台，也很难起作用，所以有一个好的身体是一切的前提，此时再把美容产品的功效发挥到极致才具有实际意义，接下来我们就用一个章节来说一说女性自身的生理规律。

Chapter 11 算好你的生理期
——女性经期与美容

在适当的时候做适当的事情，女人才能活出真正的滋味。年轻时肆意妄为，等到了24岁以后，身体各种腺体分泌大致定格之时，则追悔莫及。

在适当的时候做适当的事情，女人才能活出真正的滋味。年轻时肆意妄为，等到了24岁以后，身体各种腺体分泌大致定格之时，则追悔莫及。

每个女人都要为自己年轻时的任性埋单，特别是在美容方面。

然而，上天也不会不给女人扭转的机会，只是很多人都抓不住。该怎么抓？我们知道，每个女人都有固定的生理周期，只要她还没有过60岁都还有希望。

只要在16～60岁时，女人按照自己固有的生理规律进行美容，那么容貌还是可以维持在较年轻的状态。

女性生理周期的美容方式

月经周期	身体状态	应对方式	原因	异常状态
月经干净第一天	①内膜剥落完整 ②身体失血 ③出现贫血	①脸部的美白效果可以得到提升 ②脸部细胞代谢状态开始新生 ③代谢的提升效果按年龄区分	①快速补充血糖到血液当中，强化血液的再生能力 ②血液还没有更多地补充到脸部的血液循环当中	容易产生贫血和低血压

（续表）

月经周期	身体状态	应对方式	原因	异常状态
月经干净第二天	①身体的血液还没有补充完整 ②免疫力缓慢回升	①浸泡温泉是最好的选择 ②对身体做润肤的项目 ③对脸部进行补水	重新补充自身的抵抗力，各种荷尔蒙会因应环境状态进行重新调整，同时各个器官会相应地做出调节	抵抗力下降，容易产生衰老现象
月经干净第三天	①身体血糖已经恢复到一定水平 ②各腺体开始正常分泌	①千万不能做任何排毒，因为这时候最需要补充营养 ②增加运动量,适当做一些健身运动	补充胶原蛋白，同时补充各种腺体因为代谢而产生的缺失	代谢失去平衡，身体严重走形
月经干净第四天	身体急需补充胶原蛋白，如果没有摄取到新的胶原蛋白，就会从身体各处抽取	①重点补充胶原蛋白，脸部的皮肤可以重点养护，因为效果最容易呈现 ②适当做筋膜的项目，例如纤体之类，效果容易呈现	蛋白体内的胶原会有目的地进行代偿，并补充到需要的地方去	①骨内胶原蛋白流失，骨质疏松 ②器官容易因为缺少胶原蛋白而开始枯竭
体温微升第一天	身体各种腺体开始大量分泌，血管会得到最大的补充，身体各养分调配达到黄金比例	①可以做腺体排泄或者淋巴排毒 ②补充大量的维生素C，血液循环得到强化的结果最容易看见 ③可以补充B族维生素，易于身体吸收	人类的生物体质属性，为了让女人能展现出最完美的姿态	缺乏维生素A

（续表）

月经周期	身体状态	应对方式	原因	异常状态
体温微升第二天	身体的代谢能力会明显提升，女人在食欲和性欲上都会加强	①做生殖美容项目，这个时候盆腔肌肉锻炼可以得到很快提升 ②做脸部的除皱祛斑项目，不易产生副作用	当食欲和性欲都提升的时候，代谢的协调能力得到很大程度的强化	身体养分吸收比例失衡，出现不可逆的疾病
体温微升第三天	肌肤会达到最佳的稳定状态，同时会有多余的养分代谢出体外	①多运动，排出身体多余的水分 ②不断促进腺体的排放，可以轻易清除腺体内的杂质	为了让卵子成熟，同时淘汰劣质的精子，腺体会不断分泌，同时会分解腺体内多余的杂质	身体养分残留过多，形成毒素
排卵期第一天	身体对养分的吸收能力大大提升，同时会有很强烈的性欲	①调节内分泌 ②不必补充大量的荷尔蒙，也无须使用富含荷尔蒙的产品 ③可以轻易去除盆腔中的炎症	为卵子创造更舒适的生育环境，女人的各种状态都达到最佳	荷尔蒙分泌失调
排卵期第二天	①卵子已经成熟，同时离开卵巢 ②各种腺体为了卵子与精子的结合而大量分泌	①皮脂腺最容易排泄，减腰部的赘肉最容易看见效果 ②适当运动大腿和盆腔，对身形的塑造有很大帮助	①卵子在通往子宫的过程中，需要助力 ②身体分泌需要很大的动力	产生大小不同的囊肿

（续表）

月经周期	身体状态	应对方式	原因	异常状态
排卵期第三天	卵子到达子宫位置，各腺体重新被吸收，包括各皮脂腺体	①重点强化对子宫和肾脏的补养，适当补充胶原蛋白 ②可以补充少量羊胎素或者胎盘素，效果很容易呈现 ③可以做丰胸项目，皮脂腺容易得到巩固	要把多余的腺体代谢物尽快排出，同时清理腺体中的沉淀杂质	容易长胖
体温微降第一天	体格会产生轻微变化，同时脑细胞会过度活跃，中枢神经系统得到强化	①补充荷尔蒙，对怀孕有帮助 ②多去运动散心，适当放松身体的筋膜组织 ③可以做各种镭射激光美容，皮肤最容易得到修复	确保中枢神经稳定协调，不受外界的刺激	神经调节紊乱，容易患得患失
体温微降第二天	各种分泌状态会趋于稳定，同时皮肤会呈现出完美状态	①爽肤、润肤在这个时候会产生最大效果 ②给皮肤补充大量水分 ③适量用香水，女性的魅力更容易得到释放	卵子排出后，皮肤所有细胞会充分活跃起来，恢复女性最完美的皮肤状态	出现的皱褶会永久性残留

（续表）

月经周期	身体状态	应对方式	原因	异常状态
体温微降第三天	血液饱和，会发展脂肪腺体以外的腺体	①皮肤要继续补水，同时需要有一定的运动量来维持自身代谢 ②避免摄取脂肪含量高的食物 ③身体相对处于最平稳的状态，可以尝试新的美容项目	唯独这个时候皮肤不会排斥和代谢脂肪，所以会不断吸收脂肪，让皮肤和身体都丰满起来	身体会快速发胖
黄体酮期第一天	心血管系统会最大限度地完善，身体的供养能力会提升	①强化淋巴循环，多做身体按摩 ②可以吸收大量微量元素 ③适当补充维生素D，或者到郊外活动，多晒太阳 ④可以去做外科整容手术，身体安全系数能提升	腺体重新吸收后，生理循环会优先得到处理，所以女人在这个时候精力最旺盛	肤色变枯黄，免疫力下降
黄体酮期第二天	器官会产生最大效果的自主修复，对于外来刺激会有明显反应	①对生殖器进行养护，最容易看见效果 ②适当补充孕激素，就不会产生痛经	当循环系统被激活后，随之而来的就是体内各个器官因为快速供养而不断得到修复	生殖器萎缩
黄体酮期第三天	体内的胶原蛋白会得到最大限度的合成，同时会把分解的养分提供给盆腔	①不要久坐，经常走动 ②可以适当做灌肠 ③做除痔疮的项目 ④去除体毛相对容易，主要是氧分不会往皮下运输	盆腔得到最大限度的供养，盆腔肌肉会优先得到身体的照顾	臀部额外变大，身材变形走样

（续表）

月经周期	身体状态	应对方式	原因	异常状态
黄体酮期第四天	神经系统会最大限度地完善，变得分外敏感	①大量补充B族维生素 ②多听音乐，多与人沟通 ③容易消除水肿现象	女人的神经在这个时候会活跃，甚至达到亢奋的状态；同时吸取养分也是最多的，以保证后续的身体状态可以持续到月经到来	记忆力变差，过于情绪化
黄体酮期第五天	淋巴结会最大限度地得到完善，对外来物的察觉能力大大提升	①做身体及四肢的按摩 ②补充维生素C、D、E ③多晒太阳	淋巴管道的收缩最强劲，对外来的杂质辨析度最高，为了保证女人月经期不会轻易受到感染	腋下和腹股沟肿大，天气变化时手脚很容易长冻疮
安全期第一天	身体内各个器官的消炎能力会逐步下降	①补充各种微量元素 ②稳定血糖，可以吃素食 ③多吃水果蔬菜，水肿容易消除	当各种协调能力相对稳定的时候，会因为糖分的代谢不稳定而产生缺失，糖分的代谢容易产生失衡状态	容易诱发糖尿病
安全期第二天	身体内的器官修复能力会有所下降	①适当让腺体进行排放，消除过敏现象 ②脸上的斑、痘、疹很容易祛除	糖分吸收不平衡，血液容易产生沉淀，输氧能力开始阶段性下降	容易在腺体当中产生结石

（续表）

月经周期	身体状态	应对方式	原因	异常状态
安全期第三天	汗腺会大量排出身体油脂	①强化运动，千万不能闷着 ②不能吃太多杂乱的东西 ③可以进行脂肪消解，即溶脂的项目	油脂如果残留在表皮，会导致表皮细胞对油脂的重新吸收；皮下脂肪比例会发生改变	分泌的油脂产生大量的反流，小肚腩形成
月经期第一天	子宫内膜大量剥落而产生失血现象，各种代谢明显减慢	①补充维生素A ②补充骨胶原蛋白，适量运动 ③不要化妆，否则容易产生黑色素沉淀	子宫内膜要剥落，新的内膜要长出来，所有血液会输送到盆腔的血液当中	伤口不易愈合
月经期第二天	子宫因为继续流血，而从身体各部位抽调养分供应	适量补充维生素K	血管的养分已经枯竭，急需从其他血管和循环中抽取养分供应	容易产生贫血现象
月经期第三天	子宫会产生短暂性收缩，同时身体各种腺体进入休眠阶段	适量补充水分	因为缺血，所以内脏几乎降低供养能力，降低身体的消耗状态	皮肤水分容易流失
月经期第四天	子宫内膜剥落大半，不会出现大面积出血，同时产生宫缩	①适量补充各种营养，补充糖分及脂肪 ③状态稳定后，喝牛奶	盆腔的肌肉运动开始扩散，连带影响周边的器官一并开始收缩，其间会产生对肠道或者其他器官的牵扯	智力下降，痛经

（续表）

月经周期	身体状态	应对方式	原因	异常状态
月经期第五天	身体各种腺体的休眠期结束，开始排出月经的残渣，同时腺体的分泌开始重新提升	①促进各种腺体细胞的代谢 ②补充维生素C	子宫和阴道会加快频率地收缩和舒张，连带影响其他器官，让它们协调运动才是健康的保障	身体会出现不可逆性的水肿；残渣沉淀积压，诱发癌症
月经期第六天	子宫排出残余血渣，然后随同各种腺体的分泌而进入复苏状态	①给身体进行适当按摩 ②做脸部的放松项目，祛痘祛斑之类的都可以	随着子宫和阴道的稳定，身体各个器官都会进入稳定的状态，不会产生强烈的变化	会产生盆腔器官的粘连

是不是很复杂？即便按照上述表格去做，也是相当头疼的事情，但如果不这么做，那么麻烦就会接踵而至。

当月经快来时，女性都会患上或轻或重的“经前综合征”，包括躁动不安、情绪不稳、容易与人冲突、胸部或腹部肿胀、体重增加、全身浮肿、食欲改变、口腔溃疡、长青春痘、头痛等。这些情况通常在月经前10~14天出现，月经开始后的24小时内结束，情况的严重程度及好发时间则因人而异。此外，女性在经期还可能出现下腹坠胀性疼痛、腰酸背痛、月经量不正常或周期难以掌握等异常情形。事实上，欲改善这些症状，除了生活有规律、养成运动的习惯外，依不同体质、状况摄取适当的营养，也可以让经期月月顺。

女性的经期是件麻烦的事，以现有的研究成果来看，只能从饮食角度去补充女性月经期的营养不足。

女性经期的七大饮食原则：

（1）不要刻意吃甜食。各种饮料、蛋糕、红糖、糖果等最好别碰以防止血糖不稳定，避免加重经期的各种不适。冰淇淋是一定不能吃的，因为其富含脂肪，脂肪会完全补充到骨髓中去，并且巩固起来。

（2）多吃高纤维食物。蔬菜、水果、全谷类、全麦面包、糙米、燕麦等食物含有较多纤维，可促进动情激素排出，增加血液中镁的含量，有调整月经及镇静神经的作用。女性的生理期特点决定了她们必须这么做，否则当低血糖、痛经来袭，看谁都不顺眼，乱砸东西，脾气暴躁，那个时候就更难伺候了。

（3）在两餐之间可以吃一些核桃、腰果等富含B族维生素的食物。常备干果类的零食是必要的，但每天的摄取量也不可过多，300克以内就可以了，毕竟干果类食物除了含有B族维生素，还有一定的微量元素，而微量元素是需要代谢的，否则沉淀到血液当中就影响血液循环了。

（4）摄取足够的蛋白质。午餐及晚餐多吃肉类、蛋、豆腐、黄豆等高蛋白食物，补充经期所流失的营养素、矿物质。同时要定时定量，可避免血糖忽高忽低，减少心跳加速，以及头晕、疲劳、情绪不稳定等不适。

（5）避免饮用含咖啡因的饮料。咖啡、茶等饮料会增加焦虑、不安的情绪，可改喝大麦茶、薄荷茶，避免吃太热、太冰或温度变化太大的食物。事业心过重的女人很容易忽略这一点，经常加班熬夜接近工作狂状态，喝咖啡、浓茶就是为了提神。30岁之前大可以这么随心所欲地去做，但30岁以后就万万不能了，因为身体已经不能承受你的任性。

（6）有大失血情形的女性，应多食菠菜、红枣、红菜薹、葡萄干等高纤质食物来补血。

（7）面临更年期的妇女，应多摄取牛奶、小鱼干等富含钙质的食品。这种更多是巩固性饮食，为的是防止更年期综合征。

除了生理期，对于女性来说还有一件事情比较头疼，就是毛发，不管是头发、腋毛、耻毛，还是大腿或小腿的毛发，处理起来都会让人有种投鼠忌器的感觉。

身体的毛发需要摄取皮下的养分才能长出来，任由其生长会对身体造成一定的负担。因为要维持毛发的生长且不脱落，皮下就一定要把养分及时补充到毛囊当中，以促使毛发的根部稳定，同时使表皮增厚。

所以最开始刮毛的时候，会发现刮完毛发后的皮肤相当粗糙，清理毛囊以后，过几天皮肤就会变得光滑细腻。为了保证皮肤有充足的养分，女性朋友都觉得有必要去除毛发。

除毛的方法有五种：直接剃毛、狠心拔毛、蜜蜡除毛、醣类除毛和药剂除毛。

五种除毛方法简介

除毛方法	程度	方式	不良影响
直接剃毛	可以大面积刮除毛发	使用剃刀；过后用水清洗皮肤	皮肤可能会出现红肿
狠心拔毛	一根一根地拔，疼痛在所难免	用镊子夹紧毛发，使毛发脱离毛囊	易引发毛囊炎
蜜蜡除毛	可以大面积拔除毛发	蜜蜡加热后涂于皮肤表层，等蜜蜡凝固后再逐一去除	会出现毛发倒插现象
醣类除毛	可以大面积拔除毛发	包括涂抹与擦洗两道工序，过后要注意清洁	偶尔会出现毛发倒插现象
药剂除毛	可以溶解大面积毛发	经皮肤测试后直接在皮肤上用药	会对皮肤产生刺激，甚至造成皮肤灼伤

记住，千万不要在经期除毛，否则很容易造成感染，一旦感染就很棘手。女性适合在黄体酮期处理自身的毛发，因为这个时候皮肤供养稳定，身体也有足够的修复能力去应对除毛所造成的表皮伤害。

除了毛发以外，女人最在乎的就是自己的乳房了。

前面我们也介绍过乳房的美容，因乳房会伴随女性生理期的变化而发生变化，有部分女性在月经前总是觉得乳房胀痛，或者觉得自己在某一段时间里乳房特别小。

哪个女人不希望自己的乳房能丰满一些呢？但乳房也有自己的生理周期，很难随心所欲。据近几年的《美容杂志》调查显示，隆胸手术有6%左右的失败率，13%左右会导致内分泌失调，15%左右会失效。乐观一点看，即使是完美的隆胸也会有一半以上的概率后期出现不良反应；悲观一点看，就是隆胸也存在极大的风险。

月经期做隆胸，估计没有多少个外科整形医生敢冒这个险，只有在女性月经干净了或者排卵期时，才会安排手术，因为手术结束后，紧接着就是黄体酮期，身体能够快速恢复。

此外，也不是所有的女人都愿意冒险去隆胸，部分人宁可使用膏霜类的半胸产品，让乳房快速饱满起来。

我们来看看女性乳房的生理周期：

（1）未发育期。

八九岁之前，男孩和女孩完全没有区别，乳房几乎都是平的，乳头很小但稍微会凸起，原始的乳腺导管被上皮组织包围，乳腺组织摸不到，乳晕周围没有色素存在。

这个时期就是乳房的原生态，美观与否就不予评论了，也不可能出现什么样的疾病，如果乳晕出现一些分泌物，那肯定是基因出了问题。

（2）发育期。

时间是10～14岁，乳房组织近邻乳晕部位开始生长，乳晕直径变大，由垂体前叶分泌出滤泡荷尔蒙产生的雌性荷尔蒙刺激乳导管生长及分支，乳房组织发育且不断膨大，乳晕变大且色素形成，乳头与乳晕分开，乳头就显得特别突出。

这个时期的心理发育相当重要，心理素质的稳定会让垂体前叶分泌得到持续性分泌，女孩活泼好动，她的胸部就不可能是平胸。如果头部受过重击或者产生颅内感染，乳房的发育就会受到影响，所以女孩刁蛮任性、老是发脾气，有心理阴影，或者持续性抑郁，她们的胸部就不会出现波涛汹涌的状态，甚至比男孩还要平。

（3）成熟期。

14岁以后，此时乳头仍会生长，乳晕退缩与乳房合成一体。影响女性乳房形状的是垂体前叶分泌的黄体酮，它会促进肌腺泡的发育，这时候对荷尔蒙的敏感度及营养吸收的状态有较为苛刻的要求。

此时，基因好、营养充足，乳房成熟起来就和身体形成黄金比例。因为对荷尔蒙特别敏感，所以乱吃或吃错东西都会对乳房造成重要影响，如果体弱多病那就更不用想了，乳房随时可能会停止发育。

基因好，但营养不足的女孩，胸部可以坚挺，但不会饱满。

基因不好，但营养足的女孩，胸部会饱满，只是容易产生下垂，不容易坚挺。

（4）生殖期。

这个时期，女性与异性有了持续的性爱活动，乳房受到包括卵泡生成荷尔蒙、黄体生成荷尔蒙、肾上腺皮脂激素及甲状腺素等荷尔蒙的影响最大，还有来自异性身体的荷尔蒙，尽管量极少，但也足以使女性乳房大小造成差异。

这个时候就真的讲究乳房的保养了，因为乳房受到了不同种类荷尔蒙的刺激，如果稳定，那么就彼此相安无事，如果稍有不稳定，乳房都会产生各种莫名的胀痛、干瘪、乳头凹陷、副乳膨胀等许多让人头疼的症状。

女性不同生理周期时乳房的状态及保养方法

生理周期	乳房状态	保养方法
月经期	对所有刺激都十分敏感，对非自体性质的荷尔蒙尤其如此	这个时候最好不要碰乳房，如果乳房胀痛得厉害，可以进行轻微的按摩；但这个时候用按摩棒、丰胸贴、丰乳霜之类的，会导致乳房内的乳导管闭塞
升温期	乳导管适当膨胀；乳头外凸；乳晕上的乳晕腺代谢很快	可以做乳房外部的各类美容项目，如润肤、清洁、祛斑、祛痘等，也可以给乳晕润色
排卵期	乳导管容易产生增生现象；乳房体积会相对增大；乳房会呈现出坚挺的状态	这时吃木瓜炖水鱼才真正有意义，随便补充什么营养，乳房都会继续增大
降温期	乳房的皮脂会增大；乳晕变黑	疏通一下乳腺导管，按摩乳房；可以做丰胸的外科手术
黄体期	乳房内脂肪填充最大化，乳房会有饱满的感觉；乳房表皮会变粗	适当做乳房的清洁项目；可以给乳晕润色
安全期	乳房开始下垂；乳导管容易产生闭塞而引发酸胀感；乳头开始内凹	可以贴丰胸贴；继续为乳房做润肤项目

（5）怀孕期。

自有了新生命以后，由黄体带来的黄体酮及由胎盘带来的雌性荷尔蒙和黄体酮进一步刺激乳导管和腺泡的生长，乳房可以自发性地增大2～3倍。乳晕及乳头更突出，而且色素变深，乳房内的静脉更容易充血。

这个时期没有什么美感可言，乳房变大是为了有更多的乳汁哺育新生命，这是一种生物属性，乳房大乳头也大，当哺乳期过后，乳房会自动缩回去，如果没有什么按摩之类的康复活动，那么乳房就会下垂和干扁。

除了胸部有生理周期外，女性的私密部位也有生理周期。现在时下最流行的私密部位保养，也并不是月经期外所有日子都适合，因为生殖器本身也有腺体的代谢，而且腺体也相当复杂。

女性非月经周期时生殖器的状态及应对方式

月经周期	生殖器状态	应对方式
月经干净第一天	①外阴唇极度缺水，皮肤起皱 ②小阴唇色素沉着 ③阴道有少许月经残渣，弹性逐渐恢复 ④阴蒂不饱满，没有光泽 ⑤偶尔会有腥臭味	①多喝水，多运动 ②不必喷香水 ③做外阴按摩 ④适当让外阴补充胶原蛋白
月经干净第二天	①子宫内膜清洁干净，恢复正常状态 ②外阴的柔韧性逐渐恢复 ③前庭大腺分泌开始增多 ④阴道内壁腺体重新活跃	①让大阴唇适当补充水分，这个时候补水很重要，可有效避免以后的大阴唇癌 ②让小阴唇得到舒张，这样就不会产生小阴唇一团乌黑的现象
月经干净第三天	①阴蒂重新饱满 ②各腺体开始正常分泌	①清洁阴蒂包皮的污垢 ②清洁小阴唇与大阴唇之间的前庭大腺分泌口，预防前庭大腺囊肿
月经干净第四天	①阴道内的弹性完全恢复 ②阴蒂敏感度提升120%，稍有刺激就会产生大量腺体分泌	①在阴道壁上补充大量胶原蛋白，可以让阴道更容易收缩和舒张 ②让阴蒂亢奋一下，可以促使生殖器的所有腺体产生更多的代谢
体温微升第一天	①身体各种腺体会开始大量分泌 ②大阴唇和小阴唇重新饱满起来 ③外阴皮肤变得顺滑	①让阴道产生节奏性的收缩，排出后穹隆的污垢，就可以很大限度地防止子宫糜烂的发生 ②清洁大阴唇上的耻毛，就不会轻易长出阴虱 ③多喝酸奶，可以让生殖器的分泌呈弱酸性，对提升生殖器的免疫力有帮助

（续表）

月经周期	生殖器状态	应对方式
体温微升 第二天	①生殖器会有大量的雌性荷尔蒙分泌 ②阴道中斯基恩氏腺分泌量增大	①注意对外阴的清洁 ②刺激斯基恩氏腺，带动整个盆腔肌肉剧烈运动 ③刺激阴蒂，让身体有强烈荷尔蒙分泌
体温微升 第三天	①阴道内会排出多余残渣 ②阴蒂敏感度提升150%，几乎集中了所有末梢神经的兴奋性	①刺激阴蒂，能轻易知道身体各个部位的健康状况 ②适当对阴道进行收缩（即提肛运动），可以一定程度上预防痛经 ③适当对外阴进行按摩，可以强化外阴皮肤的韧性
排卵期 第一天	身体对养分的吸收能力大大提升，同时会有很强烈的性欲	①子宫内膜增厚 ②适当让阴道壁上的腺体产生代谢，可以防止阴道癌症
排卵期 第二天	①卵子已经成熟，同时离开卵巢，各种腺体为了卵子与精子的结合而大量分泌 ②大阴唇呈现最完美的肤色 ③小阴唇会代谢掉所有黑色素	①补充大量微量元素，就可以让卵泡更有活性和生命力 ②补充B族维生素，可以让生殖器更敏感 ③对小阴唇进行按摩，敏感度就会持续提升 ④对子宫进行按摩或宫缩活动，可以有效预防子宫肌瘤的产生
排卵期 第三天	卵子到达子宫位置，各种腺体被重新吸收，包括各种皮脂腺体	①大量运动，可以代谢生殖器中的大量油脂 ②补充大量胶原蛋白，盆腔吸收了以后就可以很大限度地预防女性的盆腔炎症
体温微降 第一天	卵巢会出现短暂性缺血	①做卵巢保养项目，对卵巢位置进行按摩，就可以维持卵巢分泌，预防卵巢癌 ②做暖宫项目，对无法吸收的腺体残渣进行有效代谢，就可以防止子宫内膜的变异

（续表）

月经周期	生殖器状态	应对方式
体温微降第二天	①各种分泌状态趋于稳定，同时皮肤呈现出完美状态 ②生殖器的免疫力大量提升	①可以用香水帮助散发体香 ②可以做和荷尔蒙相关的美容项目，这时不会轻易产生荷尔蒙变异 ③吸收干细胞素，生殖器就会持续性地获取新细胞补充
体温微降第三天	①女人的血液饱和，会发展脂肪腺体以外的腺体 ②外阴的毛孔会产生明显舒张 ③生殖器容易吸收外体的荷尔蒙	①这时是和异性亲密接触的最佳时机 ②清除外阴腺体末端的残渣，可以预防子宫癌 ③强化阴道收缩，可以让阴道持续获得收缩弹性
黄体酮期第一天	①生殖器的末梢血管容易充血 ②外阴黑色素很容易被代谢	①整理耻毛，或者剃掉所有耻毛，可以让外阴的皮肤更柔滑、亮丽 ②对外阴补充水分，可以更大程度地代谢黑色素，外阴就不会显得瘀黑一片
黄体酮期第二天	器官会产生最好效果的自主修复，对于外来刺激会有明显反应	①清除阴蒂包皮污垢，这样阴蒂就不会轻易萎缩，身体的敏感度得到保障，就可以知道身体出现的不适 ②对外阴进行滋养，就不会轻易产生色素沉淀
黄体酮期第三天	①体内的胶原蛋白会有最大程度的合成，同时把分解的养分提供给盆腔 ②生殖器可以承受所有的环境温差	①保养大小阴唇，令外阴保持饱满状态 ②补充维生素E，促进女性阴道更有弹性
黄体酮期第四天	神经系统会得到最大限度的完善，变得分外敏感	①补充荷尔蒙，身体会自动散发女人味 ②对盆腔筋膜进行护理，盆腔肌肉就更活跃 ③清理耻毛，去除阴道杂质，就不会产生任何不适感

（续表）

月经周期	生殖器状态	应对方式
黄体酮期 第五天	淋巴结会得到最大限度的完善，大大提升对外来物的察觉能力	①清理阴道杂质，减轻阴道壁的负担 ②清理腺体杂质 ③对生殖器进行全方位补养
安全期 第一天	①身体内各个器官的消炎能力会逐步下降 ②内分泌容易产生失调的现象 ③阴蒂敏感度下降150%	①补充维生素、蛋白质，就可以预防月经的血崩现象 ②多进行户外运动，尽量扩展盆腔肌肉，防止盆腔肌肉产生粘连
安全期 第二天	①身体内各个器官的修复能力会有所下降 ②阴蒂向包皮内收缩	①适量补充脂肪，强化盆腔器官的保护 ②适当进行阴道松弛按摩，可以缓解经常性痛经 ③适当做暖宫运动，可以让子宫收缩更有张力
安全期 第三天	①大阴唇会产生油脂的代谢 ②小阴唇产生收缩现象 ③阴蒂出现短暂性萎缩现象	①适当按摩外阴 ②稍做运动，晒太阳

保证了生殖器的安稳，女人的下半身和下半生也算有保障了。

还有现在比较流行的艾灸美容养生，点燃用艾叶制成的艾炷、艾条，熏烤人体的穴位以达到保健治病的目的。根据历史学家的考察，艾灸虽然在中国最早有文字记录，但是灸法的运用是在人类掌握用火之后，时间是在旧石器时代。在古希腊就已经有，只不过不是用艾叶，而是用其他材料。流传得最久的就是荷马史诗《伊利亚特》中的阿喀琉斯，自小被母亲悬挂在火堆上，因而变得格外英俊和敏捷，这就是对灸法最早的描述。

艾灸通过热力对皮肤的渗透让皮肤微循环得以改善，如果材料用得好，还可以把热力渗透到皮下，使身体散发出一阵清香，埃及艳后就常干这事。但也不是全年都能艾灸，艾灸多了，皮肤的微循环会遭到破坏，敏感性大幅度提升，一丁点花粉都会痒得半死不活。

特别是女人，如果要想艾灸的效果好，那么就得遵循自己的生理周期来进行。

女性月经周期的艾灸方法

月经周期	艾灸次数及部位	艾灸效果	艾灸过度的不良影响
月经干净的三天之内	①只能两天艾灸一次 ②如果身体产生感染发烧，可以一天一次 ③艾灸部位可以是全身，最好是背部	①保持皮肤和身体表面的微循环通畅 ②提升皮肤的恢复能力	①身体脱皮、发红 ②表皮产生坏死现象
到排卵期之前	①可以一天艾灸一次，也可以一天艾灸数次 ②部位随意	①增加皮肤的弹性，提升个人的活动能力 ②强化皮肤的代谢能力	无
排卵期到排卵期第三天	①只能一天艾灸一次 ②下腹部的艾灸要慎重	①燃烧皮下脂肪，但不要过分指望可以减肥 ②强化皮下的胶原蛋白吸收，但不要过分指望有明显效果	①内分泌被扰乱 ②身体容易产生过敏现象
到月经之前	①次数随意 ②部位随意 ③最好是脚底	①强化手、脚的微循环 ②强化面部的血液循环	无
月经来到月经结束	①尽量不要艾灸 ②痛经的时候就对腹部艾灸	①抑制痛经 ②不让经血产生子宫性瘀积	烧伤

古老的方法能流传到现在，效果肯定是的，但是也不能滥用，更不要一厢情愿地认为艾灸次数多了就可以让自己的容貌变得倾国倾城，这是不太可能的。只有科学地运用艾灸才是对身体最大的保障。

只有生理期平稳了，女人的美容才是真正意义的平稳，否则必定会一波三折。

后 记

《新概念美容》是国内首次聚焦时下最潮的生殖美容项目的书籍，并详细介绍了与生殖美容相关的原理和技术，对于性学的冲击很大，不得不谨慎对待。该书的完稿可谓一波三折，主要是资料的收集以及对书稿学术审查时的各种争议。

在此，特别感谢性治疗学奠基人之一的阿道夫·冯·玛丽娜·凯瑟琳夫人及其弟子为荷尔蒙精细美容所提供的素材。

脱离了医学的美容犹如无源之水，无本之木，无法进行有效鉴定和科学提升。如果没有鉴定，那么美容界将充斥着圈钱的骗子；如果没有提升，那么美容对于整个人类而言都是鸡肋。因此，拓展科学严谨的医学美容才是美容业可持续发展的王道。

根据2012年香港大学学报对于国内美容行业营销模式的初步调查，同时也对照广东省内有美容科医院的官方挂号统计，得出一个结论，就是中国境内现有的美容行业90%以上是夸大宣传，平均每年有7.59%在美容医院整容失败的案例，有19.88%在普通美容医院整容失败的案例，有37.26%在低劣美容机构整容失败的案例。这些失败的案例中，或是顾客毁容，或是引起其他病变，或是出现异常反应，最终结果都是顾客被转送到医院。

我们来看看这些美容机构的宣传口号：

（1）所有的美容院或者美容机构都宣称：我们的医师都有训练证书。

——但永远不会向外界说明，他们这些证书是通过什么渠道得来的。

（2）80%的美容院都在说：医学美容师如果不是从整形外科、皮肤科出身，可能不够正统。

——他们都分不清楚，整形外科是对损伤皮肤的矫正，而皮肤科是针对皮肤的疾病状态，他们自己还没弄明白医学美容的真正定义。

（3）75%以上有镭射激光仪器的美容院都在宣称：我们所用的是“最新一代的激光”。

——但他们不会说，他们自己都没有弄懂最新的激光到底先进在哪里，甚至有50%的美容院都不清楚激光对皮肤所产生的副作用。

（4）80%的美容院在促销的时候都宣称：可以免费体验。

——但他们永远不会说：天下没有免费的午餐。

（5）90%的美容院都会张贴前后对比的相片，或者是一些科技操作的相片。

——但只要你有网络，百度、GOOGLE一下，就知道这些相片的真正出处。

（6）60%以上使用仪器的美容院都在宣称：我们用的是最新的第N代机器。

——事实上，他们自己也未必愿意使用，而且永远不会说：最新的不一定是最好的。

（7）100%的美容院都不会向顾客保证，如果整容失败，他们后续的补偿将有些什么。

——无论是专业知识还是人员技术，他们自己都没有信心。

（8）60%以上打玻尿酸针剂的美容院都宣称：我们的产品是永久性玻尿酸。

——他们不太清楚永久性玻尿酸是不是真正意义上的玻尿酸。

（9）80%以上用肉毒素减肥的美容院都宣称：我们的肉毒杆菌是最便宜的。

——但他们永远不会透露，他们用的肉毒杆菌已经稀释了多少倍，跟生理盐水已经没有多少差异了。

（10）90%以上打美白针的美容院都在引用科学依据：我们的美

白针真的可以美白。

——但他们完全没有弄清楚科学依据后面跟着的是定量，要用多少剂量才可以让身体美白，人类的身体是否能承受这个剂量。

（11）100%用干细胞的美容院都在宣称：干细胞生长因子的产品能使任何人都青春永驻。

——但他们永远不会说，原理没有错，但实际上有很大困难，特别是干细胞的培养很昂贵，他们只能用山寨货中的山寨货。

（12）90%以上用激光美容的美容院都在宣称：激光治疗需要几个疗程才能真正看见效果。

——但他们无论如何都不会说激光对皮肤的效果是立竿见影的，几个疗程不过就是让操作技师练练手而已。

（13）100%用激光波治疗的美容院都在说：想要效果好就要选择对的激光机器。

——但他们也许不知道，激光机器的操作还取决于操作技师的判断和技巧。

上述的宣传方式稍微夸张一点并无不妥，但浮夸成风气的话就脱离了美容的根本，这样于谁而言都是得不偿失。

美容营销是为了让美容产品更好地满足人们的各种需求，而不是平白无故地欺骗顾客。要让医疗美容得到真正的确立和发展，只能有赖于民众的觉悟和国家的政策了。

由于时间仓促，水平有限，书中难免存在不足，有待日后修订时不断完善，也请各位专家同行和读者朋友们多提宝贵意见。

最后，特别感谢方敏编辑以及她的朋友李勒、王雅琪、郭海珊和周优绚。她们在书稿的审读过程中提出了许多宝贵的意见和建议，对书稿的编辑、校对更是付出了令人感动的努力！